中国水利教育协会　组织

全国水利行业"十三五"规划教材（职业技术教育）

普通高等教育"十一五"国家级规划教材

# 节水灌溉技术

## （第三版）

主　编　李宗尧

主　审　拜存有

U0280848

中国水利水电出版社

www.waterpub.com.cn

·北京·

# 内 容 提 要

全书共分六章，内容包括：喷灌技术、微灌技术、低压管道灌溉技术、管道灌溉工程施工与运行管理、渠道衬砌与防渗、地面灌溉节水技术等。本书着重阐述节水灌溉工程规划设计的基本理论和方法、管道灌溉工程施工与运行管理、渠道防渗以及地面灌溉节水技术等基本知识。

本书为全国高职高专院校水利工程、水文与水资源工程、水利水电工程管理等水利类专业的通用教材，也可供本科院校及地、市（县）水利部门从事农村水利工作的技术人员参考。

## 图书在版编目（CIP）数据

节水灌溉技术 / 李宗尧主编. -- 3版. -- 北京：
中国水利水电出版社，2018.8（2022.7重印）
全国水利行业"十三五"规划教材. 职业技术教育
普通高等教育"十一五"国家级规划教材
ISBN 978-7-5170-6732-0

Ⅰ．①节… Ⅱ．①李… Ⅲ．①农田灌溉－节约用水－
高等职业教育－教材 Ⅳ．①S275

中国版本图书馆CIP数据核字(2018)第185598号

| | | |
|---|---|---|
| 书　　名 | 全国水利行业"十三五"规划教材（职业技术教育）<br>普通高等教育"十一五"国家级规划教材<br>**节水灌溉技术（第三版）**<br>JIESHUI GUANGAI JISHU | |
| 作　　者 | 主编　李宗尧<br>主审　拜存有 | |
| 出版发行 | 中国水利水电出版社<br>（北京市海淀区玉渊潭南路1号D座　100038）<br>网址：www.waterpub.com.cn<br>E-mail：sales@mwr.gov.cn<br>电话：(010) 68545888（营销中心） | |
| 经　　售 | 北京科水图书销售有限公司<br>电话：(010) 68545874、63202643<br>全国各地新华书店和相关出版物销售网点 | |
| 排　　版 | 中国水利水电出版社微机排版中心 | |
| 印　　刷 | 天津嘉恒印务有限公司 | |
| 规　　格 | 184mm×260mm　16开本　12.5印张　296千字 | |
| 版　　次 | 2004年2月第1版第1次印刷<br>2010年2月第2版第1次印刷<br>2018年8月第3版　2022年7月第3次印刷 | |
| 印　　数 | 5001—9000 册 | |
| 定　　价 | **39.00元** | |

# 前　言

《节水灌溉技术》（第三版）是根据中国水利教育协会《关于公布全国水利行业"十三五"规划教材名单的通知》（水教协〔2016〕16号）要求编写的全国水利行业"十三五"规划教材（职业技术教育）。

近年来，随着工业化飞速发展、城镇化快速推进和全球气候变化影响加剧，我国水资源短缺、水生态恶化、水环境污染等问题愈加凸显。国家明确提出"节水优先、空间均衡、系统治理、两手发力"的新时期治水思路。节水优先是建设节水型社会，保障国家水安全的战略选择。节约水资源、高效利用水资源，事关"四个全面"战略布局，事关民族永续发展，事关国家长治久安。当前和今后一个时期，大力发展旱作节水农业，突出农艺节水与工程节水措施集成配套，提高水肥资源利用效率，大力发展农业节水灌溉，因地制宜普及推广喷灌、微灌等先进适用节水灌溉技术，全面实施区域规模化高效节水灌溉等是新时期的重要任务。

本书第二版于2010年2月出版，至今8年有余。期间第二版先后印刷多次，印数达18000册。由于新技术、新规范、新工艺等的普及和应用，以及新时期新的治水思路和新的发展理念要求，本书迫切需要修订再版。此次再版工作，在吸收教学、科研、设计和生产部门意见和经验的基础上，对第二版的部分内容做了补充和修改，既保持了原书的风格，又突出实用，内容上力求深度、广度适宜，并尽可能反映近年来节水灌溉工程技术方面的新技术、新知识、新成果。

全书共分六章，由安徽水利水电职业技术学院李宗尧任主编，河海大学缴锡云、山东水利技师学院赵建东任副主编，杨凌职业技术学院拜存有任主审。其中李宗尧负责绪论、第一章、第二章的修订和补充工作，赵建东负责第三章的修订和补充工作，安徽水利水电职业技术学院陶家俊负责第四章的修订和补充工作，安徽水利水电职业技术学院张身壮负责第五章的修订和补充工作，缴锡云负责第六章的修订和补充工作。

在编写过程中，曾得到河南、山东、山西等地高职高专院校及各位编审人员所在单位的大力支持和中国水利教育协会的指导，在此一并表示感谢！

由于编者水平和时间所限，书中难免存在缺点和错误，恳请广大师生和读者批评指正，以促进本书的进一步完善。

**编者**

2018 年 6 月

# 第二版前言

《节水灌溉技术》（第二版）是根据《教育部关于印发普通高等教育"十一五"国家级教材规划补充选题的通知》（教高函〔2008〕3号）要求编写的全国高等教育"十一五"国家级规划教材。

本书第一版于2004年2月出版，至今已有5年多时间。这期间除作为全国水利类高职高专院校水利工程专业、农业水利技术专业等专业用书和有关本科院校参考书外，适逢全国"大型灌区续建配套与节水改造"工作的开展，对本书的需求量很大，第一版先后印刷3次，印数达9100册。由于新技术、新标准、新工艺等的应用，迫切需要进行修订。

我们本着实用性、先进性、新颖性的要求，基础理论以必需和够用为度，并及时反映新技术、新标准和便于学习的原则进行了修订。此次修订工作，在吸收教学、科研、设计和生产部门意见和经验的基础上，对第一版的部分内容作了较大调整、补充和修改，增加了学习指导、小结和复习思考题，使体系更趋合理。修订中既保持了原书的风格，又突出实用；内容上力求深度、广度适宜，并尽可能反映近年来节水灌溉工程技术方面的新技术、新知识、新成果。

全书共分六章，由安徽水利水电职业技术学院李宗尧任主编，河海大学缴锡云、山东水利职业学院赵建东任副主编，安徽水利水电职业技术学院李兴旺、杨凌职业技术学院崔智武任主审，其中李宗尧负责绪论、第一章、第二章第一节至第三节、第四章的修订和补充工作，赵建东负责第二章第四节、第三章的修订和补充工作，缴锡云负责第六章的修订和补充工作，安徽水利水电职业技术学院张身壮负责第五章的修订和补充工作。

在编写过程中，曾得到山西、河南、黑龙江等省高职高专院校及各位编审人员所在单位的大力支持和教育部高职高专水利水电建筑工程专业教学指导委员会的指导，在此一并表示感谢！

由于编者水平和时间所限，书中难免存在缺点和错误，恳请广大师生和读者批评指正，以促进本书的进一步完善。

**编者**

2010年1月

# 第一版前言

本书是全国高等教育"十五"国家级规划教材。

《节水灌溉技术》是水利工程专业和农业水利技术专业等的一门专业课。我们本着实用性强，基础理论以必需和够用为度的原则进行编写的。编写中注重理论联系实际，多举示例，突出应用；内容上力求深度、广度适宜；并尽可能反映近年来节水灌溉方面的新技术、新知识、新成果。

全书共分六章。第一章至第三章为节水灌溉规划设计部分，第四章为管道灌溉工程施工与运行管理，第五章为渠道衬砌与防渗，第六章为地面灌溉节水技术。主要阐述节水灌溉规划设计的基本理论和基本方法，管道灌溉工程施工与运行管理以及渠道防渗等基本知识。

参加本书编写的有杨凌职业技术学院张清林（第四章、第五章）、沈阳农业大学高职学院闫玉民（第二章第一至三节）、山东水利职业学院赵建东（第二章第四节、第三章）、河北工程技术专科学校缴锡云（第六章）和安徽水利水电职业技术学院李宗尧（绪论和第一章）。全书由李宗尧任主编，缴锡云任副主编，杨凌职业技术学院崔智武任主审。

在编写过程中，曾得到山西、河南、江西、黑龙江等高职高专院校及各位编审人员所在单位的大力支持和全国水利水电高职教研会的指导，在此一并表示感谢。

书中难免存在错误和不妥之处，恳请广大师生和读者批评指正。

编者

2003 年 5 月

# 目 录

# 绪　　论

## 一、节水灌溉的涵义及技术体系

节水灌溉是指根据作物需水规律和当地供水条件，高效利用降水和灌溉水，以取得农业最佳经济效益、社会效益和生态环境效益的综合措施的总称。其涵义是，在充分利用降水和土壤水的前提下高效利用灌溉用水，最大限度地满足作物需水，以获取农业生产的最佳经济效益、社会效益、生态环境效益，用尽可能少的水投入，取得尽可能多的农作物产量的一种灌溉模式。不同的水资源条件、气候、土壤、地形条件和社会经济条件下，节水的标准和要求不同。节水灌溉的根本目的是提高灌溉水的有效利用率和水分生产率，实现农业节水、高产、优质、高效。其核心是在有限的水资源条件下，通过采用先进的水利工程技术，适宜的农作物技术和用水管理等综合技术措施，充分提高灌溉水的利用率和水分生产率。

灌溉用水从水源到田间，到被作物吸收、形成产量，主要包括水资源调配、输配水、田间灌水和作物吸收等环节。在各个环节采取相应的节水措施，组成一个完整的节水灌溉技术体系，包括工程节水技术、农艺及生物节水技术和水资源优化调配及节水管理技术等。

### 1. 工程节水技术

工程节水即通过各种工程手段，达到高效节水的目的。常用的工程节水技术有：渠道防渗、管道输水灌溉、喷灌、微灌、改进地面灌溉技术等。

（1）渠道防渗技术。是指减少渠道水量渗漏损失的技术措施总称，即为了减少输水渠道渠床的透水或建立不易透水的防护层面而采取的各种技术措施。根据所使用的防渗材料，可分为土料压实防渗、三合土料护面防渗、石料衬砌防渗、混凝土衬砌防渗、塑料薄膜防渗、沥青护面防渗等。渠道是我国农田灌溉主要输水方式。传统的土渠输水渗漏损失大，约占引水量的 $50\%\sim60\%$，一些土质较差的渠道渗漏损失高达 $70\%$ 以上，是灌溉水损失的重要方面。所以，在我国大力发展渠道防渗技术，减少渠道输水损失是缓解我国水资源紧缺的重要途径，是发展节水农业不可缺少的技术措施。渠道防渗不仅可以显著地提高渠系水利用系数，减少渠水渗漏，节约大量灌溉用水，而且可以提高渠道输水安全保证率，提高渠道抗冲能力，增加输水能力，并加快了输水速度。

（2）管道输水灌溉技术。是指由水泵加压或自然落差形成的有压水流通过管道输送到田间给水装置，采用地面灌溉的方法。管道输水灌溉具有省水、节能、少占耕地、管理方便、省工省时等优点。输配水的利用率可达到 $95\%$，另外还能有效提高输水速度，减少渠道占地。由于管道输水灌溉技术的一次性投资较低，要求设备简单，管理也很方便，农民易于掌握，故特别适合我国农村当前的经济状况和土地经营管理模式，深受广大农民的欢迎。截至 2020 年年底，全国节水灌溉工程面积 3779.6 万 hm²，其中低压管灌面积 1137.5 万 hm²。实践证明，低压管道输水灌溉是我国北方地区发展节水灌溉的重要途径之一，是一项很有发展前途的节水灌溉新技术。

（3）喷灌技术。是指利用专门设备将有压水流通过喷头喷洒成细小水滴，落到土壤表面进行灌溉的方法。即利用自然水头落差或机械加压把灌溉水通过管道系统输送到田间，利用喷洒器（喷头）将水喷射到空中，并使水分散成细小水滴后均匀地洒落在田间进行灌溉的一种灌水方法。同传统的地面灌溉方法相比，它具有节水、节省劳力、节地、增产、适应性强等特点，被世界各国广泛采用。喷灌几乎适用于除水稻外的所有大田作物，以及蔬菜、果树等，对地形、土壤等适应性强。与地面灌溉相比，大田作物喷灌一般可节水 30%～50%，增产 10%～30%，但耗能多、投资大，不适宜在多风条件下使用。世界上许多国家都非常重视这项节水技术的应用。

（4）微灌技术。是指通过管道系统与安装在末级管道上的灌水器，将水和作物生长所需的养分以较小的流量，均匀、准确地直接输送到作物根部附近土壤的一种灌水方法。包括滴灌、微喷灌和涌泉灌等。是一种现代化、精细高效的节水灌溉技术，具有省水、节能、适应性强等特点，灌水同时可兼施肥，灌溉效率能够达到 90% 以上。与地面灌溉和喷灌相比，它属于局部灌溉，具有省水节能、灌水均匀、适应性强、操作方便等优点，主要缺点是易于堵塞、投资较高。微灌是一些水资源贫乏的地区和发达国家非常重视的一项灌水技术。截至 2020 年底，全国喷灌、微灌面积 1181.6 万 hm²。

（5）改进地面灌溉技术。是指改善灌溉均匀度和提高灌溉水利用率的沟、畦、格田灌溉技术。主要有：小畦灌、长畦分段灌、宽浅式畦沟结合灌、水平畦灌、波涌灌溉等优化畦灌技术；封闭式直形沟、方形沟、锁链沟、八字沟、细流沟、沟垄灌水、沟畦灌、波涌沟灌等节水型沟灌技术；膜上灌、膜孔沟（畦）灌等地膜覆盖灌水技术；激光控制平地技术、田间闸管灌溉技术等改进地面灌溉技术。

**2. 农艺及生物节水技术**

农艺及生物节水包括农田保蓄水技术、节水耕作和栽培技术、适水种植技术、优选抗旱品种、土壤保水剂及作物蒸腾调控技术、各种节水灌溉制度等。不同的农作物需水规律不同，各自的灌溉制度及管理措施也不同。灌溉制度包括作物播种前（或插秧前）以及全生育期内的灌水次数、每次灌水的日期、灌水定额与灌溉定额几方面。节水灌溉制度是根据作物的需水规律把有限的灌溉水量在灌区内及作物生育期内进行最优分配，达到高产高效的目的，主要包括不充分灌溉技术、抗旱灌溉和低定额灌溉技术、调亏灌溉技术、水稻"薄、浅、湿、晒"灌溉技术等。此外，还可利用各种化学制剂调控土壤表面及作物叶面蒸发达到节水的目的，如地面增温保湿剂、抗旱剂、保水剂、种子包衣剂等；利用植物基因工程手段培养高效节水品种等。如采用保水剂拌种包衣，能使土壤在降水或灌溉后吸收相当自身重量数百倍至上千倍的水分，在土壤水分缺乏时将所含的水分慢慢释放出来，供作物吸收利用，遇降水或灌水时还可再吸水膨胀，重复发挥作用；喷施黄腐酸（抗旱剂 1 号），可以抑制作物叶片气孔开张度，使作物蒸腾减弱等。秸秆覆盖一般可节水 15%～20%，增产 10%～20%。覆盖塑料薄膜可节水 20%～30%，增产 30%～40%。

3. 水资源优化调配及节水管理技术

（1）水资源优化调配技术，主要包括地表水与地下水联合调度技术、灌溉回归水利用技术、多水源综合利用技术、雨洪利用技术。

（2）节水管理技术，是指根据作物的需水规律控制、调配水源，最大限度地满足作物对水分的需求，实现区域效益最佳的农田水分调控管理技术。包括用水管理信息化系统、输配水自动量测及监控技术、土壤墒情自动监测技术、田间管理技术等。其中，输配水自动量测及监控技术采用高标准的量测设备，及时准确地掌握灌区水情，如水库、河流、渠道的水位、流量以及抽水水泵运行情况等技术参数，通过数据采集、传输和计算机处理，实现科学配水，减少弃水。土壤墒情自动监测技术采用张力计、中子仪、TDR 等先进的土壤墒情监测仪器监测土壤墒情，以科学制定灌溉计划、实施适时适量的精细灌溉。田间管理方面可通过平整土地、秸秆覆盖、地膜覆盖、少耕免耕技术以及合理调蓄、综合利用、定量调配灌溉水源等方法以达到节水的目的。随着信息技术的发展，遥感（RS）、地理信息系统（GIS）、全球定位系统（GPS）及计算机网络技术等被用来获取、处理、传送各类农业节水信息，为现代农业的发展提供技术支持。

## 二、节水灌溉的意义

水是人类生存和发展不可替代的资源，是实现经济社会可持续发展的基础。我国是一个水资源相对不足的国家，淡水资源只占世界总量的 8%。我国多年平均河川径流量为 27115 亿 $m^3$，多年平均地下水资源量为 8288 亿 $m^3$，扣除重复计算水量，多年平均水资源总量为 28124 亿 $m^3$，居世界第 6 位，而人均水资源占有量约为 2200$m^3$，只相当于世界人均占有量的 1/4，居世界 109 位；北方地区缺水尤甚，人均水资源占有量仅为世界人均占有量的 1/21。目前我国用水总量已经突破 6000 亿 $m^3$，但缺水量仍达 500 多亿 $m^3$，近 2/3 城市不同程度缺水（在 699 个建制市中，400 多座城市缺水，106 座城市出现供水紧张）。随着经济社会不断发展，今后相当长时间内，水资源供需矛盾将更加突出。随着人口的增长和经济的快速发展，我国水资源紧缺矛盾更加突出。这种水资源紧缺和水土资源组合不平衡，导致了我国水旱灾害频繁发生。从东南到西北几乎所有耕地的绝大多数作物都需要不同程度的灌溉。

干旱缺水限制了灌溉，也限制了农业和农村经济发展。2010 年，全国因旱作物受灾面积 1325.86 万 $hm^2$，成灾面积 898.65 万 $hm^2$，全国因旱粮食损失 168.48 亿 kg，直接经济总损失 1509.18 亿元；2013 年，全国有 26 个省（自治区、直辖市）发生干旱灾害，作物因旱受灾面积 1121.99 万 $hm^2$，成灾面积 697.12 万 $hm^2$，因旱粮食损失 206.36 亿 kg，直接经济损失 1274.51 亿元，占当年 GDP 的 0.22%。2015 年，河北、山西、内蒙古、辽宁、甘肃、陕西和宁夏等地阶段性干旱较重。20 世纪 90 年代以来，全国平均每年因旱受灾的耕地面积约 2667 万 $hm^2$，正常年份全国灌区每年缺水 300 亿 $m^3$，城市缺水 60 亿 $m^3$。据统计，1950—2014 年，全国平均每年受旱面积为 2098.86 万 $hm^2$，成灾面积 937.21 万 $hm^2$，平均每年减产粮食 162.88 亿 kg；2006—2014 年，因旱直接经济损失 1009.6 亿元。由此可见，随着国民经济迅速发展和人口急剧增长，干旱缺水状况呈不断加剧趋势。到 2030 年前后，我国人口将达到 16 亿，人均占有水资源量将减少 1/5，降至

1700m³ 左右，是世界公认的警戒线；2050 年前后形势将更加严峻。西北地区土地辽阔，水资源稀缺，水土流失严重，生态环境极为脆弱，水资源状况将是制约西部大开发的一个重要因素。

干旱缺水的基本国情决定了我国农业必须走节水的道路。我国目前水资源紧缺，除与水资源本身特性、水污染严重有关外，还与水资源的浪费有关。我国用水大户是农业，2021 年全国总用水量 5920.2 亿 m³，其中农业用水 3644.3 亿 m³，占总用水量的 61.5%。农田灌溉水有效利用系数为 0.568，仍然大大低于发达国家灌溉水利用率0.7~0.8、单方水粮食生产率 2.0kg 以上的水平。通过采用现代节水灌溉技术改造传统灌溉农业，实现适时适量的"精细灌溉"，对促进农业结构调整、农民增收，提升我国农业竞争力以及改善生态环境，具有重要的现实意义和深远的历史意义。由此可见，农田灌溉用水量占绝大多数，农业水资源持续利用将对水资源的可持续利用产生重大影响。长期以来，我国自然资源特别是农业水资源无偿使用，已造成资源严重浪费。由于灌溉技术和管理水平落后、灌溉设施老化失修等原因，目前我国农田灌溉水有效利用系数仅为 0.57 左右，比发达国家低 15%~25%，农业节水潜力很大。如果灌溉水利用率提高10%~15%，每年可减少灌溉用水量约（300~500）亿 m³。因此，加快推进节水农业，是缓解我国水资源供需状况日趋恶化的希望所在，是农业持续发展的重要基础。实施节水灌溉，对实现我国水资源可持续利用，保障我国经济社会可持续发展，具有十分重要的意义。

### 三、我国节水灌溉发展现状与存在的问题

#### （一）节水灌溉发展现状

（1）发展速度快，成绩显著。中华人民共和国成立以来，我国在节水灌溉技术的研究推广、节水灌溉设备的开发生产、节水示范工程的建设、节水灌溉服务体系的建立等方面做了大量的工作，取得了较为显著的成绩。20 世纪 60 年代开始进行节水灌溉技术试验研究；70 年代大面积推广应用渠道防渗、畦田改造；80 年代大面积推广低压管道输水并大范围进行喷灌、滴灌、微喷等先进节水灌溉技术的试点示范；90 年代节水灌溉全面推广普及，节水灌溉技术水平越来越先进，工程标准越来越高，推广范围越来越广。进入 21 世纪，按照"节水优先、空间均衡、系统治理、两手发力"的新时期治水思路，节水灌溉事业得到了快速发展。

在多年的实践探索中，各地摸索总结出了一套适合各自特色的节水灌溉技术与方法，包括各种渠道防渗和管道输水技术；适合小麦、玉米等大田使用的管式、卷盘式、时针式移动喷灌以及常规的土地平整沟畦灌；适合棉花、蔬菜和果树等经济作物使用的滴灌、微喷灌、膜下滴灌、自压滴灌、渗灌等技术；南方水田的控制灌溉技术和园田化建设；西北干旱、半干旱地区的雨水集流、窖水滴灌技术；东北、西北等干旱地区的"坐水种""旱地龙"、保水剂等抗旱措施。节水灌溉在全国迅速推广普及，取得了显著的经济效益和社会效益。

2020 年全国水利发展统计公报显示，当年安排中央投资用于大中型灌区续建配套与节水改造 70.8 亿元，新建大型灌区工程 42.1 亿元，中型灌区节水改造 60.9 亿元，全年新增耕地灌溉面积 87.04 万 hm²，新增节水灌溉面积 105.9 万 hm²，新增高效节水灌溉面

积 71.72 万 hm²。全国已建成设计灌溉面积大于 133.3hm² 及以上的灌区共 22822 处，耕地灌溉面积 3794 万 hm²。其中：3.3 万 hm² 以上灌区 172 处，耕地灌溉面积 1234.4 万 hm²；2 万～3.3 万 hm² 大型灌区 282 处，耕地灌溉面积 547.8 万 hm²。截至 2020 年年底，全国灌溉面积 7568.7 万 hm²，其中耕地灌溉面积 6916.1 万 hm²，占全国耕地面积的 51.3%；全国节水灌溉工程面积 3779.6 万 hm²，其中：喷灌、微灌面积 1181.6 万 hm²，低压管灌溉面积 1137.5 万 hm²，农田灌溉水有效利用系数提高到 0.565。

（2）节水意识增强，水权制度进一步完善。随着可持续发展战略和节约型社会的理念深入人心，节水灌溉也越来越为农民和用水户所接受，成为提高水资源利用效率的保障。政府部门一方面通过管理措施提高用水户自我节水意识，加强节水环保宣传；另一方面加大水利基础设施建设的投资，增加节水灌溉工程配套设施建设，确保水资源环保与节约。国家对节水灌溉行业的支持以及用水户节水意识的增强，极大地促进了节水灌溉技术的进步和节水灌溉行业的发展。

未来随着水权制度的进一步完善，各地区的水权交易市场的建立，使水权明晰，用水户可以将采用节水灌溉技术而节约的水资源通过水权交易或水权储蓄的方式，有偿地转让或储蓄给水资源紧缺的地区；同时，用水户通过转让水权获得的收入还可再用于灌溉设施的管护、改造甚至是采用更为先进的节水灌溉技术。因此，水权制度的进一步完善将提高用水户实施节水灌溉技术的积极性，推动节水灌溉行业的快速发展。

（3）国家产业政策扶持节水灌溉行业发展。近年来，随着水资源紧张状况日益严峻，政府接连发布节水灌溉规划，鼓励节水灌溉设备的使用，节水灌溉面积逐步扩大。其中，2015 年 5 月农业部印发的《全国农业可持续发展规划（2015—2030 年）》中提出，"到 2020 年发展高效节水灌溉面积 0.192 亿 hm²；到 2020 年和 2030 年全国农业灌溉用水量分别保持在 3720 亿 m³ 和 3730 亿 m³；确立用水效率控制红线，到 2020 年和 2030 年农田灌溉水有效利用系数分别达到 0.55 和 0.60 以上。"根据上述政策，自 2016—2020 年，我国每年喷滴灌耕地面积需新增 200 万 hm²，喷滴灌设备市场容量约为 300 亿～400 亿元。

（4）土地流转为节水灌溉快速发展提供了机遇。过去，我国目前农业生产存在着农户生产规模小，种植面积大小不一，种植地块零散，机械化程度低，劳动强度大，生产成本高，经济效益低的特点。在这种情况下，农民投资节水灌溉设备的能力和积极性都不高，节水灌溉设备的推广受到制约。十八届三中全会鼓励有条件的农户流转承包土地的经营权，鼓励承包经营权向专业大户、农民合作社、农业企业流转。截至 2020 年年底，全国土地流转率 34%。随着土地流转加速，发展规模化、现代化的农业，将提升对节水灌溉的需求，节水灌溉行业将会面临行业发展的重要机遇期。

**（二）节水灌溉发展存在的问题**

综上所述，我国的节水灌溉发展成就显著，但远不能满足农业稳定发展和产业结构调整的需要。众所周知，我国是个贫水国家，北方广大地区水资源供应已严重不足，在未来 30 年内，随着人口、经济的高速增长，工业和城市用水必然大幅度增加，农业供水只能保持在目前 4000 亿 m³ 的水平上，唯一的出路只能是节水灌溉，提高灌溉水利用率，把灌溉水利用系数从目前的 0.57 左右提高到 0.65。我国现阶段的节水灌溉还处于低水平发展阶段，田间灌溉多属传统的地面灌溉方式，喷灌、微灌及管道输水灌溉等先进节水灌溉技术覆盖率还比较低。我国节水灌溉发展还存在以下问题：

（1）基础研究滞后。节水灌溉效益的充分发挥需要建立在一些基础研究上，我国基础研究相对比较滞后，如农田水分遥测遥感技术、SPAC水循环运移规律、非充分灌溉理论及应用技术、水净化技术研究及应用、灌区灌水自动控制技术等，总体比国外先进水平落后；改进地面灌水技术的节水机理还不完全清楚，各种改进地面灌水技术的适用条件，灌水均匀度对作物产量的影响，改进地面灌水质量评估体系和方法，各种改进地面灌水技术要素之间的优化组合方式等问题无明确的结论；在激光平地基础上开展水平畦灌技术在我国尚属空白，一些关键性的技术问题尚未得到很好的解决，与波涌灌溉等灌水技术相适应的田间灌水控制设备及设施还没有生产，亟须开发适合我国国情的波涌灌溉灌水设备和系统设计技术等。这些都严重制约了节水灌溉技术在我国的大面积推广应用。

（2）节水灌溉设备质量差、配套水平低。主要表现在系列化、标准化程度低，设备种类少、配套性差，技术创新与推广体系不健全，产品的性能及耐久性同国外先进技术相比存在较大差距。

（3）综合性不强。目前节水工程技术单打一的较多，缺乏与农艺技术等的综合。由于农、水专业各自的局限性，以及各专业多侧重于本专业的技术研究，在农、水两方面的适用技术如何紧密地相互配合，形成有机的统一体，使水的利用率和利用效益都能充分发挥的研究还不够深入，远远满足不了节水农业发展的需要。如各种节水灌溉技术条件下的水肥运动、吸收、转化利用规律；耕作保墒、覆盖保墒技术如何与节水灌溉技术的配水相结合；各种单项农艺节水技术如何在不同的作物上及不同的节水灌溉技术条件下综合应用等问题都需要进行深入、系统的研究，才能保证综合节水农业技术的持续发展。

（4）管理体制和机制不完善，管理技术落后。目前，水费收入是大中型灌区维持正常运行的主要经费来源，而绝大部分灌区主要为农业灌溉服务，节水后水费收入随供水量的减少而减少，而且灌区为节水还要付出一定的人力、物力和财力，节水的社会要求与灌区管理单位的直接利益不协调，影响其节水的积极性。许多灌区按灌溉面积收取水费，用水户节约用水不能在经济上得到补偿，认为购买节水灌溉设备得不偿失。如果缺乏用水户的积极、主动参与，节水灌溉将是一句空话。此外，国际上普遍认为灌溉节水的潜力50%在管理方面，可见充分发挥灌溉管理机构的作用，调动管理人员发展节水农业的积极性具有重要意义。目前不少灌区经费短缺，灌溉管理比较薄弱，工程老化失修，效益衰减，信息技术、自动控制技术等高新技术在灌溉用水管理上的应用还很少，与发达国家相比，差距很大；田间灌排工程不配套，土地平整差，管理粗放；推广应用上缺乏与生产责任配套的管理体制，造成不少工程效益不能发挥；适应市场经济发展要求的农业用水体制还没有完全建立，缺乏鼓励农业合理、高效用水的机制和调控手段等。

（5）重工程技术，轻农艺技术。长期以来，我国农业节水存在重工程措施轻农艺措施的倾向，忽视农艺技术在节水中的地位与作用。许多经济成本较低、水资源利用率高、农民容易接受的农艺节水技术因得不到重视而无法发挥其应有的作用。这与节水灌溉农艺技术是公益性技术有关，对于各级农技推广部门而言，节水农艺技术只有社会效益与生态效益，因此对农民的无偿服务减少。

### 四、我国节水灌溉发展目标与任务

2018 年 2 月，水利部印发《关于加快推进新时代水利现代化的指导意见的通知》中提出新时代水利现代化战略目标："十三五"期间，新增高效节水灌溉面积 667 万 hm²，农田灌溉水有效利用系数提高到 0.55 以上；从 2020 年到 2035 年，农田高效节水灌溉率达到 50%，农田灌溉水有效利用系数提高到 0.60 以上。在重要举措中，首先是大力实施国家节水行动。抓紧制定并推动出台国家节水行动方案，全面推进节水型社会建设，使节水成为国家意志和全社会自觉行动；大力推进重点领域节水，继续把农业节水作为主攻方向，大规模实施农业节水工程。

水利部、国家发改委于 2021 年 8 月印发了《"十四五"重大农业节水供水工程实施方案》，明确在"十四五"期间优先推进实施纳入国务院确定的 150 项重大水利工程建设范围的 30 处新建大型灌区，优选 124 处已建大型灌区实施续建配套和现代化改造。方案实施后，预计新建大型灌区可新增有效灌溉面积 100 万 hm²，改善灌溉面积 65 万 hm²；124 处实施续建配套与现代化改造的灌区可新增恢复灌溉面积 47 万 hm²，改善灌溉面积约 540 万 hm²，年增粮食生产能力 57 亿 kg，粮食总产量将达到约 800 亿 kg。到 2025 年，水旱灾害防御能力、水资源节约集约安全利用能力、水资源优化配置能力、河湖生态保护治理能力进一步加强，国家水安全保障能力明显提升。"十四五"期间要抓好 8 个方面重点任务。一是实施国家节水行动，强化水资源刚性约束。按照"严管控、抓重点、建机制"的思路，实施国家节水行动方案，推动水资源利用方式进一步向节约集约转变，加快形成节水型生产、生活方式和消费模式。二是加强重大水资源工程建设，提高水资源优化配置能力。三是加强防洪薄弱环节建设，提高流域防洪减灾能力。四是加强水土保持和河湖整治，提高水生态环境保护治理能力。五是加强农业农村水利建设，提高乡村振兴水利保障能力。六是加强智慧水利建设，提升数字化网络化智能化水平。按照"强感知、增智慧、促应用"的思路，加强水安全感知能力建设，畅通水利信息网，强化水利网络安全保障，推进水利工程智能化改造，加快水利数字化转型，构建数字化、网络化、智能化的智慧水利体系。七是加强水利重点领域改革，提高水利创新发展能力。八是加强水利管理，提高水治理现代化水平。坚持依法治水、科学管水，全面加强水利法规制度建设，强化涉水事务监管，推进科技人才创新和水文化建设，不断提升水治理能力现代化水平。

国家发展改革委、水利部、住房城乡建设部、工业和信息化部、农业农村部于 2021 年 11 月联合印发《"十四五"节水型社会建设规划》（简称《规划》）。到 2025 年，基本补齐节约用水基础设施短板和监管能力弱项，节水型社会建设取得显著成效，用水总量控制在 6400 亿 m³ 以内，万元国内生产总值用水量比 2020 年下降 16.0% 左右，万元工业增加值用水量比 2020 年下降 16.0%，农田灌溉水有效利用系数达到 0.58，城市公共供水管网漏损率小于 9.0%。到 2035 年，人水关系和谐，节水意识深入人心，节水成为全社会自觉行动；全国用水总量控制在 7000 亿 m³ 以内，水资源节约集约利用达到世界先进水平；建成与高质量发展相适应的节水制度体系、技术支撑体系和市场机制，形成水资源利用与发展规模、产业结构和空间布局等协调发展的现代化新格局。《规划》贯彻落实习近平总书记提出的"节水优先、空间均衡、系统治理、两手发力"新时期治水思路，围绕

"提意识、严约束、补短板、强科技、健机制"等五个方面部署开展节水型社会建设。一是提升节水意识，加大宣传教育，推进载体建设。二是强化刚性约束，坚持以水定需，健全约束指标体系，严格全过程监管。三是补齐设施短板，推进农业节水设施建设，实施城镇供水管网漏损治理工程，建设非常规水源利用设施，配齐计量监测设施。四是强化科技支撑，加强重大技术研发，加大推广应用力度。五是健全市场机制，完善水价机制，推广第三方节水服务。《规划》全面贯彻落实习近平总书记"以水定城、以水定地、以水定人、以水定产"重要要求，聚焦重点领域提出具体措施。一是农业农村节水，要求坚持以水定地、推广节水灌溉、促进畜牧渔业节水、推进农村生活节水。在推广节水灌溉中，持续推进骨干灌排设施提档升级，提高工程输配水利用效率；分区域规模化推广喷灌、微灌、低压管灌、水肥一体化等高效节水灌溉技术；加强灌溉试验和农田土壤墒情监测，推进农业节水技术、产品、设备使用示范基地建设；加快选育推广抗旱抗逆等节水品种，发展旱作农业，推行旱作节水灌溉，大力推广蓄水保墒、集雨补灌、测墒节灌、土壤深松、新型保水剂、全生物降解地膜等旱作农业节水技术；摸清机井底数，建立台账，严格地下水取水计量管理。"十四五"新增高效节水灌溉面积 400 万 hm²，创建 200 个节水型灌区，到 2025 年，全国建成高标准农田 0.717 亿 hm²。其中，农业农村节水重点工程包括：①大型灌区现代化改造，实施大型灌区续建配套与现代化改造，实现灌溉保证率达到设计水平，骨干灌排设施完好率达到 90% 以上，在黄河流域重点推进上游甘肃干流提灌区和宁蒙引黄灌区、中游汾渭灌区、下游引黄灌区节水改造，强化农业用水精细化管理；②实施节水灌溉工程，以粮食主产区、生态环境脆弱区、水资源开发过度区等地区为重点，推进高效节水灌溉工程建设；③中型灌区节水改造。实施中型灌区实施续建配套与节水改造，推动补齐节水工程设施短板弱项。二是工业节水，要求坚持以水定产、推进工业节水减污、开展节水型工业园区建设。三是城镇节水，要求坚持以水定城、推进节水型城市建设、开展高耗水服务业节水。四是非常规水源利用，要求加强非常规水源配置、推进污水资源化利用、加强雨水集蓄利用、扩大海水淡化水利用规模。

由此可见，实施农业节水工程是一项国策，必须大力推进。同时，现代节水灌溉要求我们必须进行一次新的科技革命，使科研成果真正用于节水活动，在实践应用中产生效益，提高治水的科技含量。要实现"十三五"发展目标和农业现代化，必须依靠科技进步，采取有效的科技和经济手段实现水资源的优化配置，提高水资源利用率，促进水资源的供需平衡，构建合理的、高产高效的与生态良性循环的节水农业体系。要加大节水技术、产品的研发和推广。此外，还应加强节水灌溉基础理论研究；利用新材料、新工艺及高新技术改进节水灌溉产品性能，加快节水灌溉设备及产品的更新换代；加强关键技术的研究；加强重点地区的节水灌溉发展，为农业及国民经济的可持续发展奠定坚实的基础。

### 五、本课程的任务和要求

本课程是高等职业教育水利工程专业、水利水电工程智能管理专业、水文与水资源工程专业、水利水电建筑工程专业等的一门重要专业课。基本任务是要求掌握喷灌技术、微灌技术、低压管道灌溉技术、渠道防渗技术、管道灌溉工程施工与运行管理以及地面灌溉节水技术的基本知识、基本理论和基本方法，结合课程实习、课程设计等实践技能训练，使学生获得一定的生产实际知识和技能，具有节水灌溉工程规划、设计、施工与管理的初步能力。具体要求是：了解节水灌溉的重要意义；了解喷灌系统的组成及其主要设备的性能特点，掌握喷灌技术要素、喷灌工程规划设计步骤和方法，具有喷灌工程规划设计的初步能力；了解微灌系统的组成及其主要设备的性能特点，掌握微灌工程的规划设计方法和思路，具有规划设计的初步能力；了解渠道防渗的重要性、渠道衬砌的类型、优缺点及适用条件，掌握土料防渗、塑料薄膜防渗、砖石衬砌、混凝土衬砌的施工方法和要点；掌握管道灌溉工程施工、安装与调试方法，以及运行、管理和维护的基本知识，具有管道灌溉工程施工、运行管理的初步能力；了解地面灌溉节水技术类型、灌水技术要素、灌水质量评价方法，掌握地面灌溉设计要点。

在教学组织中，应结合地方特点对教材内容加以取舍，并结合工程实例进行讲解。

## 复习思考题

1. 何谓节水灌溉？节水灌溉技术体系包括哪些？
2. 常用的工程节水技术有哪几种？
3. 简述节水灌溉的意义。
4. 何谓农田灌溉水有效利用系数？如何提高？
5. 我国节水灌溉发展还存在哪些问题？

# 第一章 喷灌技术

【学习指导】

**学习要求：**

1. 了解喷灌技术特点及适用条件；
2. 了解喷灌系统类型、组成及主要设备；
3. 掌握喷灌技术要素；
4. 掌握喷灌技术的规划设计内容及方法步骤。

**本章重点：**

1. 喷灌技术要素及喷头的选择；
2. 喷灌规划设计内容与方法。

## 第一节 概　　述

喷灌是一种先进的灌水技术，近年来已广泛运用于世界各国农业灌溉中。我国自 20世纪 50 年代开始，对喷灌技术进行了大量的研究和推广。据统计，截至 2018 年年底，全国喷灌、微灌面积已达 1133.8 万 hm²。

### 一、喷灌及其优缺点

喷灌是利用水泵加压或自然水头将水通过压力管道输送到田间，经喷头喷射到空中，形成细小的水滴，均匀喷洒在农田上，为作物正常生长提供必要水分条件的一种先进灌水技术。与传统的地面灌水方法相比，喷灌具有明显的优点，但也还存在不足。

#### （一）喷灌的优点

**1. 节约用水**

由于喷灌用管道输水，输水损失很小，而且灌溉时能使水比较均匀地洒在地面，基本上不产生深层渗漏和地面径流，所以，一般可比地面灌溉省水 30%～50%，灌溉水有效利用系数可达 80% 以上。

**2. 增加产量**

由于喷灌能适时适量地进行灌溉，便于控制土壤水分，使土壤中的水、气、热营养状况良好，并能调节田间小气候，增加近地表层空气湿度，有利于作物的生长，一般大田作物可增产 10%～20%，经济作物可增产 30%，蔬菜可增产 1～2 倍，并可同时改变产品品质。

**3. 适应性强**

喷灌适用于各种类型的土壤和作物，不受地形条件的限制，对平整土地要求不高，特别适宜于地形复杂、进行地面灌溉有困难的岗地和缓坡地,以及透水性强的砂土。

4. 少占耕地

喷灌可减少田间内部沟渠、田埂的占地,可提高耕地利用率7%~15%。

5. 节省劳力

喷灌机械化程度高,可以大大降低灌水劳动强度和提高劳动生产率,节省大量的劳动力。各种喷灌机组可以提高工效20~50倍。

**(二) 喷灌的缺点**

1. 受风的影响大

在有风的情况下,由于风力的影响,水的飘移损失增加,会大大降低灌溉水的利用系数和喷灌均匀度。

2. 设备投资高

由于喷灌需要一定的设备和管材,因而投资一般较高,如固定管道式喷灌系统每亩需投资900~1200元,半固定管道式喷灌系统每亩需投资300~450元。

3. 耗能

地面灌溉只要将水通过渠道或管道输送到田间即可实现自流灌溉,喷灌则要利用水的压力使水流破碎成细小的水滴并喷洒在规定范围内,显然喷灌需要消耗一部分能源。从节省能源的角度考虑,喷灌可向低压化方向发展。

## 二、喷灌系统的组成与分类

**(一) 喷灌系统及其组成**

喷灌系统是指从水源取水到田间喷洒灌水整个工程设施的总称。一般由水源工程、水泵及动力设备、输水管道系统和喷头等部分组成,如图1-1所示。

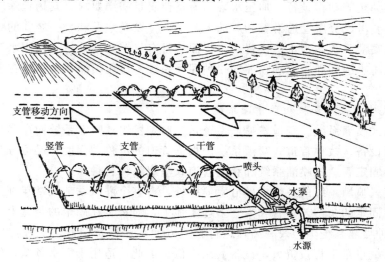

图1-1 喷灌系统组成示意图

1. 水源工程

河流、渠道、湖泊、塘库、井泉等均可作为喷灌水源。水源提供的水量、水质必须符合喷灌的要求。为了满足加压的需要,有时还要修建泵站及附属设备、蓄水池和沉淀池等建筑物，这些统称为水源工程。

2. 水泵及动力设备

大多数情况下，水源的水位不足以满足喷灌所要求的水头时必须用水泵加压。常用的水泵有离心泵、长轴井泵、潜水电泵等。在有电力供应的地方常用电动机作为水泵的动力设备，也可用柴油机、汽油机、手扶拖拉机上的动力机等带动。动力机功率的大小根据水泵的配套要求而定。

3. 管道系统

管道系统的作用是将压力水输送并分配到田间。通常由干、支两级管道组成。干管起输配水作用，支管是工作管道，支管上按一定间距装有用于安装喷头的竖管。在管道系统上还装有各种连接和控制的附属配件，如弯头、三通、接头、闸阀等。为便于在灌水的同时施肥、喷药，在干管或支管上还要配置药、肥储存罐等注入装置。

4. 喷头

喷头是喷灌系统的专用设备，一般安装在竖管上，或者安装在支管上。喷头的作用是将压力水通过喷嘴喷射到空中，形成细小的水滴，均匀地洒落在土壤表面或作物上。

**（二）喷灌系统的分类**

喷灌系统可按不同方法分类。按系统获得压力的方式可分为机压喷灌系统和自压喷灌系统；按系统设备组成可分为管道式喷灌系统和机组式喷灌系统；按喷灌系统中主要组成部分是否移动的程度可分为固定式、移动式和半固定式三类。

1. 机压喷灌系统和自压喷灌系统

（1）机压喷灌系统。机压喷灌系统是指由动力机和水泵为喷头提供工作压力的喷灌系统。在没有自然水头可利用时，为使喷灌水流具有一定的压力，必须用水泵加压，同时配备电动机、柴油机等动力设备。加压水泵的流量要满足灌溉要求，其扬程除应保证喷头工作压力外，还要考虑克服管道沿程和局部水头损失，以及水源和喷头之间的高差。

（2）自压喷灌系统。当水源位置高于田面，且有足够的落差时，利用水源具有的自然水头，用管道将水引到灌区实现喷灌的一种灌溉系统。自压喷灌系统多建在山丘区或库区下游。

2. 管道式喷灌系统和机组式喷灌系统

（1）管道式喷灌系统。管道式喷灌系统是为区别机组式喷灌系统而命名的。由于管道是系统中主要设备，故称管道式喷灌系统。根据管道的可移动程度，又可分为固定管道式喷灌系统、半固定管道式喷灌系统和移动管道式喷灌系统三种。

固定管道式喷灌系统的各组成部分除喷头外，在整个灌溉季节或常年都是固定的，水泵和动力构成固定的泵站，干管和支管多埋于地下，喷头装在固定的竖管上（有的竖管可以拆卸）。这种喷灌系统生产效率高，运行管理方便，运行费用低，工程占地少，有利于自动化控制；缺点是工程投资大，设备利用率低。因此，适用于灌水频繁、经济价值高的蔬菜及经济作物区。

半固定管道式喷灌系统的动力、水泵和干管是固定的，支管和喷头是移动的，故称为半固定管道式喷灌系统。这种形式在干管上装有很多给水栓，喷灌时把支管接在干管给水栓上进行喷灌，喷洒完毕再移接到下一个给水栓继续喷灌。由于支管可以移动，减少了支管数量，提高了设备利用率，降低了投资。适用于矮秆大田粮食作物，其他作物适用面也比较宽，但不适宜对高秆作物、果园使用。为便于移动支管，管材应为轻型管材，如薄壁铝管、薄壁镀锌钢管、塑料管等，并且配有各类快速接头和轻便连接件、给水栓。

移动管道式喷灌系统的干、支管道均为移动使用。这种喷灌系统设备利用率高，投资较低，但劳动强度较大。

（2）机组式喷灌系统。由喷头、管道、加压泵及动力机等部件组成，集加压、行走、喷洒于一体，称为喷灌机组。以喷灌机组为主体的喷灌系统称为机组式喷灌系统。按喷灌机组运行方式可分为定喷式和行喷式两类。

定喷式喷灌机组是指喷灌机工作时，在一个固定的位置进行喷洒，达到灌水定额后，按预先设定好的程序移动到另一个位置进行喷洒，在灌水周期内灌完计划灌溉的面积。包括手推（抬）直连式喷灌机、拖拉机悬挂式（或牵引式）喷灌机、滚移式喷灌机等。

行喷式喷灌机组是在喷灌过程中一边喷洒一边移动（或转动），在灌水周期内灌完计划灌溉的面积。包括拖拉机双悬臂式喷灌机、中心支轴式喷灌机、平移式喷灌机、卷盘式喷灌机等。

按配用动力的大小，喷灌机组又分为大、中、小、轻等多种规格品种。我国应用最多的是轻小型喷灌机，图1-2、图1-3为我国常用的小型喷灌机，它们具有结构简单、使用灵活、价格较低等优点，缺点是机具移动频繁，特别是在泥泞的道路上移动困难。此外，像平移式喷灌机、滚移式喷灌机、软管牵引卷盘式喷灌机等大中型喷灌机也有一定范围的应用。

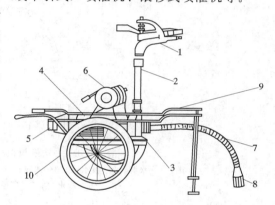

图1-2 手推直连式喷灌机（电动机配套）
1—喷头；2—竖管；3—水泵；4—电动机；5—开关；
6—电缆；7—吸水管；8—底阀；
9—机架；10—车轮

### 三、主要喷灌技术要素

喷灌强度、喷灌均匀系数和喷灌雾化指标是衡量喷灌质量的主要指标。因此，进行喷灌时要求喷灌强度适宜，喷洒均匀，雾化程度好，以保证土壤不板结，结构不被破坏，作物不损伤。

**1. 喷灌强度 $\rho$**

喷灌强度是指单位时间内喷洒在单位面积上的水量，或单位时间内喷洒在田面上的水层深，一般用 mm/h 或 mm/min 表示。由于喷洒时水量分布常常是不均匀的，因此喷灌强度有点喷灌强度、喷头平均喷灌强度和系统的组合喷灌强度。

（1）点喷灌强度 $\rho_i$。是指某一单位时段 $\Delta t$ 内喷洒到田面某点的水深 $\Delta h$，即

$$\rho_i = \frac{\Delta h}{\Delta t} \tag{1-1}$$

（2）喷头的平均喷灌强度 $\bar{\rho}$。是指单位时间内单喷头喷洒时喷灌面积上各点喷灌水深的平均值，以平均喷灌水深 $\bar{h}$ 与相应的喷洒时间 $t$ 的比值表示，即

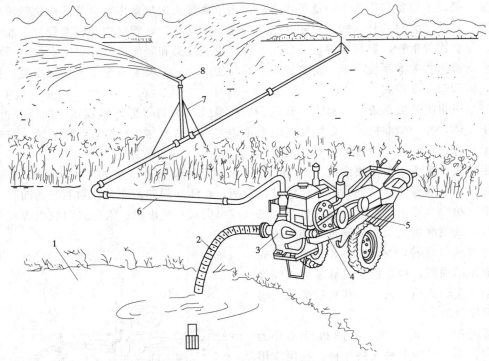

图 1-3　手扶拖拉机配套的悬挂式喷灌机
1—水源；2—吸水管；3—水泵；4—手扶拖拉机；5—皮带传动系统；
6—输水管；7—竖管及支架；8—喷头

$$\bar{\rho} = \frac{\bar{h}}{t} \tag{1-2}$$

当单喷头作全圆周喷洒时，其平均喷灌强度

$$\bar{\rho}_{全} = \frac{1000q_p\eta_p}{A} \tag{1-3}$$

式中　$q_p$——喷头设计流量，$\mathrm{m^3/h}$；

$\eta_p$——喷洒水利用系数；

$A$——全圆周喷洒时一个喷头的湿润面积，$\mathrm{m^2}$。

当单喷头作扇形喷洒时，其平均喷灌强度为

$$\bar{\rho}_{扇} = \frac{1000q_p\eta_p}{A \times \dfrac{\alpha}{360°}} \tag{1-4}$$

式中　$\alpha$——扇形喷洒范围的中心角，如图 1-4 所示。

（3）喷灌系统的组合喷灌强度 $\bar{\rho}_{组}$。组合喷灌强度是指喷灌系统喷洒面积上各点喷灌强度的平均值。由于喷灌系统中各喷头的喷洒面积有一定重叠，所以喷灌系统的组合喷灌强度比单喷头的平均喷灌强度要大一些，其表达式为

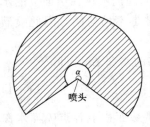

图 1-4　扇形喷洒示意图

$$\bar{\rho}_{组} = \frac{1000q_p\eta_p}{A_L} \leq \rho_{允} \tag{1-5}$$

式中　$A_L$——单喷头喷洒时的实际有效湿润面积，若支管间距为$b$，支管上喷头间距为
　　　　　$a$，则$A_L = ab$；

　　　　$\rho_{允}$——土壤的允许喷灌强度。

土壤的允许喷灌强度$\rho_{允}$是表示土壤入渗能力的一个指标。如果系统组合喷灌强度超
过$\rho_{允}$值，喷灌水就不能充分入渗，会出现地面径流和积水，致使灌水不均匀和耕层土壤
湿润不足，这是喷灌不允许出现的现象。因此，组合喷灌强度必须不大于土壤允许喷灌强
度，各类土壤允许喷灌强度值参考表1-1、表1-2。

表1-1　　　　　　　　　　　　　各类土壤允许喷灌强度

| 土壤类别 | 允许喷灌强度/(mm/h) | 土壤类别 | 允许喷灌强度/(mm/h) |
|---|---|---|---|
| 砂土 | 20 | 黏壤土 | 10 |
| 砂壤土 | 15 | 黏土 | 8 |
| 壤土 | 12 | | |

**注**　有良好覆盖时，表中数值可提高20%。

表1-2　　　　　　　　　　　　　坡地允许喷灌强度降低值

| 地面坡度/% | 5～8 | 9～12 | 13～20 | ＞20 |
|---|---|---|---|---|
| 允许喷灌强度降低值/% | 20 | 40 | 60 | 75 |

**2. 喷灌均匀系数 $C_u$**

喷灌均匀系数是表示喷洒水量在喷灌面积上分布的均匀程度的系数，它是衡量喷洒质
量好坏的主要指标之一，多用均匀系数$C_u$表示，计算公式为

$$C_u = 1 - \frac{\Delta \bar{h}}{\bar{h}} \tag{1-6}$$

式中　$\bar{h}$——喷洒水深的平均值，mm；

　　　　$\Delta \bar{h}$——喷洒水深的平均离差，mm。

GB/T 50085—2007《喷灌工程技术规范》中规定："定喷式喷灌系统喷灌均匀系数不
应低于0.75，行喷式喷灌系统不应低于0.85。"

**3. 喷灌雾化指标 $W_h$**

喷灌雾化指标是表示喷洒水在空中裂散程度的特征值。雾化不充分，喷洒水滴过大，
会打伤作物，破坏土壤团粒结构，影响作物生长；雾化过度，细小水滴易被风吹失，飘移
蒸发损失过大，且耗能多、不经济。所以，水滴雾化程度要恰当，以不损坏作物为度。工
程规划设计中，通常用喷头工作压力水头$h_p$(m)与喷头主喷嘴直径$d$(m)的比值作为设
计依据，即

$$W_h = \frac{h_p}{d} \tag{1-7}$$

$W_h$值越大，表示雾化程度越高，水滴直径就越小，打击强度也越小。对于主喷嘴为
圆形且不带碎水装置的喷头，设计雾化指标应符合表1-3要求。

表 1 - 3 不同作物的适宜雾化指标

| 作 物 种 类 | $W_h$ | 作 物 种 类 | $W_h$ |
|---|---|---|---|
| 蔬菜及花卉 | 4000～5000 | 牧草、饲料作物、草坪及绿化林木 | 2000～3000 |
| 粮食作物、经济作物及果树 | 3000～4000 | | |

# 第二节 喷灌的主要设备

## 一、喷头类型及其主要性能参数

### (一) 喷头类型

喷头是喷灌系统的主要组成部分，它的作用是把有压水流喷射到空中，散成细小的水滴并均匀地散落在它所控制的灌溉面积上。因此，喷头结构型式及其制造质量的好坏直接影响到喷灌质量。喷头的种类很多，可按不同的方式对喷头进行分类。

1. 按工作压力和射程分类

按工作压力和射程大小可分为低压喷头（或称近射程喷头）、中压喷头（或称中射程喷头）和高压喷头（或称远射程喷头）等。各类喷头工作压力和射程范围大致如表 1 - 4 所示。目前，我国使用最普遍的喷头是中射程喷头，其耗能少，喷洒质量较好。

表 1 - 4 喷头按工作压力和射程分类表

| 类 别 | 工作压力 $h_p$/kPa | 射程 $R$/m | 流量 $q_p$/(m³/h) | 特点及适用范围 |
|---|---|---|---|---|
| 低压喷头 | <200 | <15.5 | <2.5 | 射程近、水滴打击强度低，主要用于苗圃、菜地、温室、草坪园林、自压喷灌的低压区或行喷式喷灌机 |
| 中压喷头 | 200～500 | 15.5～42 | 2.5～32 | 喷灌强度适中，适用范围广，果园、菜地、大田及各类经济作物均可使用 |
| 高压喷头 | >500 | >42 | >32 | 喷洒范围大，但水滴打击强度也大，多用于对喷洒质量要求不高的大田作物、牧草等 |

2. 按结构型式和喷洒特征分类

按结构型式和喷洒特征又可把喷头分为旋转式、固定式和孔管式三种。

(1) 旋转式喷头。旋转式喷头又称为射流式喷头，其特点是边喷洒边旋转，水从喷嘴喷出时形成一股集中的水舌，故射程较远，流量范围大，喷灌强度较低，是目前我国农田灌溉中应用最普遍的一种喷头型式。按移动机构的特点，旋转式喷头又可分为摇臂式、叶轮式和反作用式三种，其中摇臂式喷头应用最多。

摇臂式喷头的转动机构是一个装有弹簧的摇臂，在摇臂的前端有一个偏流板和一个勺形导水片，喷水前偏流板和导水片置于喷嘴正前方，当开始喷水时水舌通过偏流板或直接冲击到导水片上，并从侧面喷出，水流的冲击力使摇臂转动并把摇臂弹簧拉紧，然后在弹簧力的作用下摇臂又回位，使偏流板和导水片进入水舌，在摇臂惯性力和水舌对偏流板的附加应力的作用下，敲击喷体（即弯头、喷管、喷嘴等组成的一个可以转动的整体），使喷管转动 3°～5°，于是又进入第二个循环，如此往复，使喷头不断地旋转喷洒。其结构如图 1 - 5、图 1 - 6 所示。摇臂式喷头喷洒范围可以是圆形，也可以是扇形。为了控制喷洒

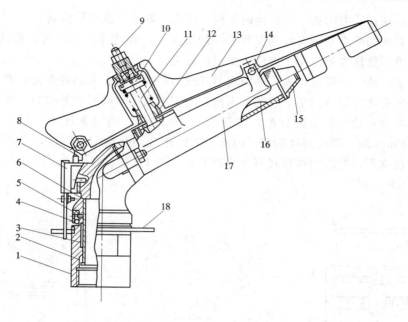

图 1-5　单嘴带换向机构的摇臂式喷头结构图

1—空心轴套；2—减磨密封圈；3—空心轴；4—防沙弹簧；5—弹簧罩；6—喷体；7—换向器；
8—反转钩；9—摇臂调位螺钉；10—弹簧座；11—摇臂轴；12—摇臂弹簧；13—摇臂；
14—打击块；15—喷嘴；16—稳流器；17—喷管；18—限位环

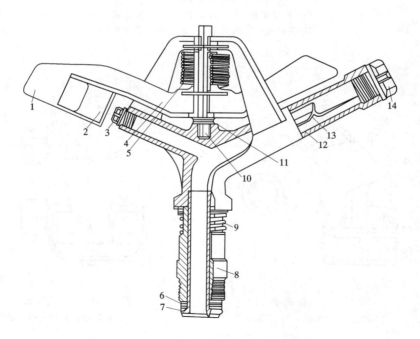

图 1-6　双嘴摇臂式喷头的典型结构图

1—导水板；2—挡水板；3—小喷嘴；4—摇臂；5—摇臂弹簧；6—三层垫圈；7—空心轴；8—轴套；
9—防沙弹簧；10—摇臂轴；11—摇臂垫圈；12—大喷管；13—整流器；14—大喷嘴

面积成扇形，需在这类喷头上装有换向机构，喷头不断往返成扇形旋转。

摇臂式喷头的缺点是在有风和安装不平的情况下，旋转速度不均匀，影响喷灌质量。但它结构简单，维修方便，便于推广，使用最普遍。

（2）固定式喷头。固定式喷头又叫漫射式或散水式喷头，它的特点是在整个喷灌过程中，喷头的所有部件都是固定不动的，水流以全圆周或扇形同时向外喷洒。其优点是结构简单，工作可靠；缺点是水流分散，射程小（5～10m），喷灌强度大（15～20mm/h以上），水量分布不均，喷孔易被堵塞。因此，其使用范围受到很大限制，多用于公园、苗圃、菜地、温室等。按其结构形式可分为折射式（图1-7）、缝隙式（图1-8）和离心式（图1-9）三种。

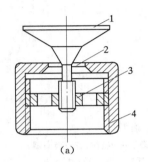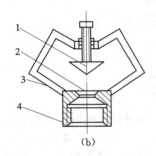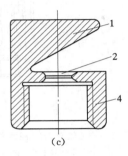

图1-7 折射式喷头
（a）内支架式；（b）外支架式；（c）整体式
1—折射锥；2—喷嘴；3—支架；4—管接头

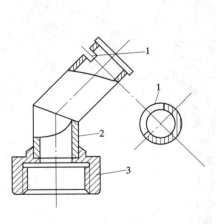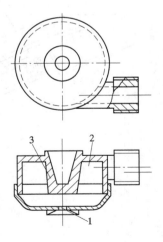

图1-8 缝隙式喷头 　　　　　图1-9 离心式喷头
1—缝隙；2—喷体；3—管接头 　　1—喷嘴；2—蜗壳；3—锥形轴

（3）孔管式喷头。该喷头由一根或几根较小直径的管子组成，在管子的顶部分布有一些小的喷水孔，喷水孔直径一般为1～2mm。喷水孔分布形式有单列式和多列式两种，如图1-10所示。

孔管式喷头的优点是结构简单，缺点是喷灌强度较高，水舌细小，受风的影响大；孔口小，抗堵塞能力差；工作压力低，支管内实际压力受地形起伏的影响大。一般用于菜地、苗圃和矮秆作物的喷灌。

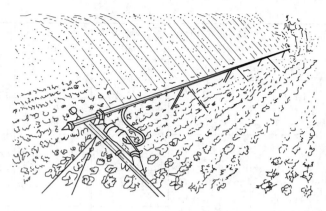

图 1-10　孔管式喷头

**（二）喷头的主要性能参数**

喷头的主要性能参数有工作压力、流量、射程等，它们是选择喷头的主要依据。

1. 工作压力

喷头工作压力是指喷头工作时，在距其进口下方 200mm 处的实测压力值。一般用 $h_p$ 表示，单位 kPa。

2. 流量

单位时间内喷头喷出的水量称为喷头流量。用 $q$ 表示，单位为 $m^3/h$ 或 L/s。

3. 射程

射程是指喷头正常工作时，喷洒有效湿润范围的半径。一般用 $R$ 表示，单位为 m。

表 1-5 列出了常用摇臂式喷头性能参数，可供设计时参考。

表 1-5　　　　　　　　常用摇臂式喷头性能参数表

| 型　　号 | 接头形式及尺寸 /in | 喷嘴直径 /mm | 工作压力 /kPa | 喷头流量 /(m³/h) | 喷头射程 /m | 喷灌强度 /(mm/h) |
|---|---|---|---|---|---|---|
| PY₁10 | G $\frac{1}{2}$ | 3 | 100<br>200 | 2.31<br>0.44 | 10.0<br>11.0 | 2.00<br>1.16 |
| | | 4 | 100<br>200 | 4.56<br>0.79 | 11.0<br>12.5 | 5.47<br>1.61 |
| | | 5 | 100<br>200 | 6.87<br>1.23 | 12.5<br>14.0 | 6.77<br>2.00 |
| PY₁10Sh（双喷嘴） | G $\frac{1}{2}$ | 3.5×3 | 150<br>250 | 8.90<br>1.16 | 11.0<br>12.0 | 2.37<br>2.56 |
| | | 4×3 | 150<br>250 | 9.00<br>1.37 | 11.5<br>13.0 | 2.40<br>2.58 |
| | | 5×3 | 150<br>250 | 10.44<br>1.86 | 12.5<br>14.0 | 2.93<br>3.02 |
| PY₁15 | G $\frac{3}{4}$ | 4 | 200<br>300 | 0.79<br>0.96 | 13.5<br>15.0 | 1.38<br>1.36 |
| | | 5 | 200<br>300 | 1.23<br>1.51 | 15.0<br>16.5 | 1.75<br>1.76 |

续表

| 型　号 | 接头形式及尺寸 /in | 喷嘴直径 /mm | 工作压力 /kPa | 喷头流量 /(m³/h) | 喷头射程 /m | 喷灌强度 /(mm/h) |
|---|---|---|---|---|---|---|
| $PY_1 15$ | $G\frac{3}{4}$ | 6 | 200 | 2.77 | 15.5 | 2.35 |
| | | | 300 | 2.11 | 17.0 | 2.38 |
| | | 7 | 200 | 2.41 | 16.5 | 2.82 |
| | | | 300 | 2.96 | 18.0 | 2.92 |
| $PY_1 15Sh$ （双喷嘴） | $G\frac{3}{4}$ | 4×3 | 200 | 1.20 | 12.5 | 2.13 |
| | | | 300 | 1.50 | 13.5 | 2.62 |
| | | 5×3 | 200 | 1.65 | 14.0 | 2.68 |
| | | | 300 | 2.05 | 15.5 | 2.23 |
| | | 6×3 | 200 | 2.22 | 15.0 | 3.14 |
| | | | 300 | 2.71 | 16.5 | 3.17 |
| | | 7×3 | 200 | 2.85 | 16.0 | 3.54 |
| | | | 300 | 3.50 | 17.5 | 3.64 |
| $PY_1 20$ | G1 | 6 | 300 | 2.17 | 18.0 | 2.14 |
| | | | 400 | 2.50 | 19.5 | 2.10 |
| | | 7 | 300 | 2.96 | 19.0 | 2.63 |
| | | | 400 | 3.41 | 20.5 | 2.58 |
| | | 8 | 300 | 3.94 | 20.0 | 3.13 |
| | | | 400 | 4.55 | 22.0 | 3.01 |
| | | 9 | 300 | 4.88 | 22.0 | 3.22 |
| | | | 400 | 5.64 | 23.5 | 3.26 |
| $PY_1 20Sh$ （双喷嘴） | G1 | 6×4 | 300 | 3.14 | 17.5 | 3.26 |
| | | | 400 | 3.16 | 19.0 | 3.05 |
| | | 7×4 | 300 | 3.92 | 18.5 | 3.65 |
| | | | 400 | 4.37 | 20.0 | 3.48 |
| | | 8×4 | 300 | 4.90 | 19.5 | 4.10 |
| | | | 400 | 5.51 | 21.0 | 3.97 |
| | | 9×4 | 300 | 5.84 | 20.5 | 4.12 |
| | | | 400 | 6.60 | 22.0 | 4.33 |
| $PY_1 30$ | $G1\frac{1}{2}$ | 9 | 300 | 4.88 | 23.0 | 2.94 |
| | | | 400 | 5.64 | 21.5 | 3.00 |
| | | 10 | 300 | 6.02 | 23.5 | 3.18 |
| | | | 400 | 6.96 | 25.5 | 3.12 |
| | | 11 | 300 | 7.30 | 21.5 | 3.88 |
| | | | 400 | 8.12 | 27.0 | 3.72 |
| | | 12 | 300 | 8.69 | 25.5 | 4.25 |
| | | | 400 | 10.00 | 28.0 | 4.07 |
| ZY—1 | 1 | 4.0 | 300 | 1.05 | 14.9 | 1.51 |
| | | 5.0 | 300 | 1.64 | 16.0 | 2.04 |

续表

| 型　号 | 接头形式及尺寸 /in | 喷嘴直径 /mm | 工作压力 /kPa | 喷头流量 /(m³/h) | 喷头射程 /m | 喷灌强度 /(mm/h) |
|---|---|---|---|---|---|---|
| ZY—1 | 1 | 5.5 | 300 | 1.99 | 16.4 | 2.36 |
| | | 6.0 | 300 | 2.37 | 16.9 | 2.64 |
| | | 7.0 | 300 | 3.23 | 17.7 | 3.28 |
| ZY—1 （双喷嘴） | 1 | 5.0×3.2 | 200 | 2.06 | 14.4 | 3.16 |
| | | | 300 | 2.48 | 16.0 | 3.09 |
| | | | 350 | 2.67 | 16.6 | 3.09 |
| | | 5.5×3.2 | 200 | 2.26 | 14.9 | 3.24 |
| | | | 300 | 2.73 | 16.4 | 3.23 |
| | | | 350 | 2.93 | 17.1 | 3.19 |
| ZY—2 | 1 1/4 | 6.5 | 300 | 2.76 | 18.9 | 2.46 |
| | | 7.0 | 250 | 2.91 | 18.1 | 2.83 |
| | | 7.5 | 300 | 3.67 | 19.8 | 2.98 |
| ZY—2 （双喷嘴） | 1 1/4 | 7×3.1 | 200 | 3.12 | 17.0 | 3.44 |
| | | | 250 | 3.50 | 18.1 | 3.40 |
| | | | 300 | 3.83 | 19.1 | 3.34 |
| | | | 350 | 4.13 | 20.1 | 3.26 |
| | | | 400 | 4.41 | 21.0 | 3.18 |

## 二、管道及附件

### (一) 管道

管道是喷灌系统的主要组成部分。按其使用条件可分为固定管道和移动管道两类。对喷灌用管道的要求是能承受设计要求的工作压力和通过设计流量，且不造成过大的水头损失，经济耐用，耐腐蚀，便于运输和施工安装。对于移动式管道还要求轻便、耐撞击、耐磨和能经受风吹日晒。由于管道在喷灌工程中需要的数量多，占投资比重大，因此，必须因地制宜、经济合理地选用管材及附件。

1. 固定式管道

常用的固定管道有：钢管、铸铁管、钢筋混凝土管、石棉水泥管、塑料管等，管径一般为50～300mm。

(1) 钢管。其优点是能承受较大的压力（可承压1.5～6.0MPa），与铸铁管相比，韧性强，能承受动荷载，管壁较薄，节省材料，管段长而接头少，铺设安装方便。缺点是价格高，使用寿命短（常年使用的输水钢管寿命约为20年），易腐蚀，因此，埋设在地下时钢管表面应涂有良好的防腐层。

常用的钢管有无缝钢管、水煤气钢管和焊接钢管等。

(2) 铸铁管。其优点是承受内水压力大，一般可承压1MPa；工作可靠；使用寿命长，一般可使用30～60年。缺点是性脆，管壁厚，重量大，不能经受较大的动荷载，比钢管要多花 1.5~2.5 倍的材料；每节管子有效长 3~4m，仅为钢管的 1/3~1/4，故接头多，增加施工工作量；在长期输水后，由于内壁锈蚀会产生锈瘤，使内径逐渐变小，阻力逐渐加大，从而降低其过水能力。

铸铁管的接口有法兰接口和承插接口两种，一般明设管道采用法兰接口，埋设地下时用承插接口。按加工方法和接头形式，铸铁管可分为铸铁承插直管、砂型离心铸铁管和铸铁法兰直管。按其承受压力大小，可分为低压管（工作压力不大于 450kPa）、普压管（工作压力 450~750kPa）和高压管（工作压力 750~1000kPa）。喷灌中一般采用普压管或高压管。

（3）钢筋混凝土管。有自应力钢筋混凝土管和预应力钢筋混凝土管两种，可以承受 400~700kPa 工作压力。其优点是节省钢材和生铁，而且不会因锈蚀使输水性能降低，使用寿命长（一般可使用 40~60 年以上）。缺点是质脆，自重大，运输不便，价格较高等。

（4）石棉水泥管。石棉水泥管是用 75%~85% 的水泥与 15%~25% 的石棉纤维（以重量计）混合后经制管机卷制而成，承压力在 600kPa 以下，规格直径为 75~500mm，管长为 2~5m。具有耐腐蚀、重量轻、便于搬运和铺设、输水能力较稳定、可加工性能好等优点。缺点是性脆，抗冲击能力差，运输中易损坏，质量不均匀等。

（5）塑料管。喷灌常用的塑料管有硬聚氯乙烯管、聚乙烯管和聚丙烯管等，硬聚氯乙烯（PVC—U）承插管的使用最为普遍，管道的规格见表 1-6，低压输水管道的规格见第三章表 3-1。塑料管的承压力按壁厚和管径不同而异，一般为 0.2~1.6MPa。

表 1-6　　　　　　　　　硬聚氯乙烯实壁管公称压力和规格尺寸

| 公称外径 $d_n$/mm | 公称压力 $P_N$/MPa | | | | |
|---|---|---|---|---|---|
| | 0.63 | 0.8 | 1.0 | 1.25 | 1.6 |
| | 公称壁厚 $e_n$/mm | | | | |
| 32 | — | — | — | 1.6 | 1.9 |
| 40 | — | — | 1.6 | 2.0 | 2.4 |
| 50 | — | 1.6 | 2.0 | 2.4 | 3.0 |
| 63 | 1.6 | 2.0 | 2.5 | 3.0 | 3.8 |
| 75 | 1.9 | 2.3 | 2.9 | 3.6 | 4.5 |
| 90 | 2.2 | 2.8 | 3.5 | 4.3 | 5.4 |
| 110 | 2.7 | 3.4 | 4.2 | 5.3 | 6.6 |
| 125 | 3.1 | 3.9 | 4.8 | 6.0 | 7.4 |
| 140 | 3.5 | 4.3 | 5.4 | 6.7 | 8.3 |
| 160 | 4.0 | 4.9 | 6.2 | 7.7 | 9.5 |
| 180 | 4.4 | 5.5 | 6.9 | 8.6 | 10.7 |
| 200 | 4.9 | 6.2 | 7.7 | 9.6 | 11.9 |
| 225 | 5.5 | 6.9 | 8.6 | 10.8 | 13.4 |
| 250 | 6.2 | 7.7 | 9.6 | 11.9 | 14.8 |
| 280 | 6.9 | 8.6 | 10.7 | 13.4 | 16.6 |

续表

| 公称外径 $d_n$/mm | 公称压力 $P_N$/MPa | | | | |
|---|---|---|---|---|---|
| | 0.63 | 0.8 | 1.0 | 1.25 | 1.6 |
| | 公称壁厚 $e_n$/mm | | | | |
| 315 | 7.7 | 9.7 | 12.1 | 15.0 | 18.7 |
| 355 | 8.7 | 10.9 | 13.6 | 16.9 | 21.1 |
| 400 | 9.8 | 12.3 | 15.3 | 19.1 | 23.7 |
| 450 | 11.0 | 13.8 | 17.2 | 21.5 | 26.7 |
| 500 | 12.3 | 15.3 | 19.1 | 23.9 | 29.7 |
| 560 | 13.7 | 17.2 | 21.4 | 26.7 | — |
| 630 | 15.4 | 19.3 | 24.1 | 30.0 | — |

注 1. 公称壁厚 ($e_n$) 根据设计应力 ($\sigma_a$) 12.5MPa 确定。

2. 本表规格尺寸适用于中、高压输水灌溉工程用管。

3. 本表摘自 GB/T 23241—2009《灌溉用塑料管材和管件基本参数及技术条件》。

塑料管的优点是耐腐蚀，使用寿命长（一般可用 20 年以上），质量轻，内壁光滑、水力性能好，施工容易，能适应一定的不均匀沉陷等。缺点是低温性脆，易老化，但埋在地下可减慢老化速度。

塑料管的连接形式有刚性连接和柔性连接两种。刚性连接有法兰连接、承插连接、粘接和焊接等，柔性连接多为铸铁管套橡胶圈止水的承插式连接。

2. 移动式管道

喷灌用移动式管道由于经常需要移动，除了满足一般要求外，还必须轻便，容易拆装、耐磨、耐撞击等。常用的移动管道有塑料管、铝合金管和镀锌薄壁钢管等。

（1）塑料管。用作移动管道的塑料管有硬管、软管和半软管。硬管和半软管的规格特点与固定管道基本相同，不过由于经常暴露在外面，要求抗老化性能强，故常在其中掺炭黑做成黑色管子，每节管长 4～6m，用快速接头连接。常用的塑料软管有锦纶塑料管和维塑软管两种。这两种管子重量轻，便于移动，价格低，但易老化，不耐磨，怕扎、怕折，一般只能使用 2～3 年。

（2）铝合金管。铝合金管具有强度高，重量轻，耐腐蚀，搬运方便等特点。铝合金的密度为 2.8，约为钢的 1/3，单位长度重量仅为同直径水煤气管的 1/7，比镀锌钢管还轻，在正常情况下使用寿命可达 15～20 年左右。缺点是价格较高，管壁薄，容易碰瘪。

（3）镀锌薄壁钢管。镀锌薄壁钢管是用厚度为 0.7～1.5mm 的带钢卷焊而成。在管端配上快速接头，经过镀锌处理，能防止生锈。其优点是强度高，韧性好，能经受野外恶劣条件下由水和空气引起的腐蚀，使用寿命长。但由于镀锌质量不易过关，影响使用寿命，而且价格较高，重量也较铝管、塑料管大，移动不如铝管、塑料管方便。

（二）附件

管道附件是指管道系统中的控制件和连接件，它们是管道系统不可缺少的配件。

1. 控制件

控制件的作用是根据喷灌系统的要求来控制管道系统中水流的流量和压力，确保管道系统运行安全。一般常用的控制件有阀门、安全阀、减压阀、进排气阀、水锤消除器、专用阀等。

（1）阀门。阀门用以控制管道的启闭与调节流量，按工作压力大小可以分为低压阀门、中压阀门、高压阀门等，喷灌一般使用低压阀门。按结构分类，喷灌管道中常用的阀门有闸阀、蝶阀、截止阀等。给水栓是喷灌系统上的专用阀门，常用于连接固定管道和移动管道，控制水流的通断。

阀门的优点是阻力小，开关力小，水可从两个方向流动；缺点是结构复杂，高度较大，密封面容易被擦伤而影响止水功能。

（2）球阀。球阀在喷灌系统中多安装于竖管上，用来控制喷头的开启或关闭。球阀的优点是结构简单，体积小，质量轻，对水流阻力小。缺点是启闭速度不易控制，从而使管内产生较大的水锤压力。

（3）安全阀。安全阀是一种当管内压力上升时自行开启，防止发生水锤事故的安全装置。常用的有弹簧式、杠杆式和开放式三种。

（4）减压阀。减压阀的作用是在设备或管道内的水压超过规定的工作压力时，自动打开降低压力。如在地势很陡、管轴线急剧下降、管内水压力上升超过了喷头的工作压力或管道的允许压力时，就要用减压阀适当降低压力。适用于喷灌系统的减压阀有薄膜式、弹簧薄膜式和波纹管式等。

（5）空气阀。空气阀的作用是当管道内存有空气时，自动打开通气口；管内充水时进行排气后，封口块在水压的作用下自动封口；当管内产生真空时，在大气压力作用下打开出水口，使空气进入管内，防止产生负压。国产定型生产的空气阀分单、双室两种，一般中、小规模的喷灌系统多采用单室空气阀。

2. 连接件

连接件的作用是根据需要将管道连接成管网，也称为管件。如弯头、三通、四通、异径管、堵头等。不同的管材使用不同的管件，如铸铁管有承插和法兰两种连接方式，所用管件各不相同。塑料管的管件通常由生产厂家研制配套供应，钢管管件通常都是根据需要自己焊接。

## 第三节 喷灌工程规划设计

### 一、规划设计原则及内容

**（一）规划设计原则**

喷灌工程规划是对整个工程进行总体安排，是进行工程设计的前提，只有在合理的、切实可行的规划基础上，才能做出经济合理的设计。喷灌工程规划应在收集水源、气象、地形、土壤、作物、灌溉试验、能源、材料、设备、社会经济状况与发展规划等方面的基本资料基础上，通过技术经济比较确定喷灌工程的总体设计方案。规划设计中应遵循以下原则：

（1）喷灌灌溉工程规划应符合当地水资源开发利用、农村水利及农业发展规划的要求，并应与农村发展规划相协调，采用的喷灌技术应与农作物品种、栽培技术相适应。

（2）喷灌工程的规模和类型应根据当地自然和社会经济条件、水资源承载能力、环境保护和农业发展要求因地制宜选择。

（3）喷灌工程规划应注意充分利用原有的水利及其他工程设施；注意与其他灌溉方式相协调；与排水、道路、林带、供电、居民点的建设及土地整理规划相结合，与节水农业技术相结合。做到统筹安排，合理布局。

（4）在保证喷洒质量、运行安全可靠和管理方便的前提下，尽量降低工程造价和运行费用；尽可能考虑喷灌设备的综合利用，充分发挥工程的经济效益。

（5）规划中应注意节约能源，在有自然水头可利用的地方，尽量发展自压喷灌。

**（二）规划设计内容**

通常，建设一个喷灌工程，首先应进行可行性研究。可行性研究是对兴建喷灌工程的必要性与可行性进行论证，最后提出可行性研究报告或项目建议书，供上级主管部门审查、决策。工程立项后，应对工程具体地进行规划设计。

喷灌工程规划设计一般分为规划和设计两个阶段。但对面积较小（在 33.3hm² 以下）的喷灌工程，也可合并为一个设计阶段进行。喷灌工程规划设计的内容一般包括收集规划设计资料，进行喷灌系统选型和工程规划以及水力计算、结构设计等。喷灌工程规划阶段应提交的成果有设计任务书和喷灌工程规划布置图。设计任务书的内容包括：喷灌区基本情况、喷灌工程可行性分析、喷灌系统的选型、水源分析及水源工程规划、喷灌工程的规划布置、投资概算及效益分析。

在设计任务书中应阐明该喷灌工程选定的设计标准、依据的原则、定量计算方法与结果。在进行可行性分析和方案选择时均应进行多方案比较。

工程规划完成之后，就可根据总体规划和布置具体地进行技术设计。在技术设计阶段应提出的成果有设计说明书和系统平面布置图、管道纵剖面图、管道系统结构示意图等。设计说明书的主要内容包括：基本资料、系统选型、作物灌溉制度拟定、喷灌用水量计算、水源分析及水源工程规划、喷头选型与组合、系统平面布置、喷灌工作制度的拟定、管材与管径的选择、管道纵剖面设计及系统结构设计、水泵选型及动力机配套、设备材料用量及投资预算、技术经济分析等。

在设计说明书中，还要对施工及运行管理提出必要的要求，阐明有关注意事项。对于规模较小的工程，施工结束验收前只要求提交竣工图纸和竣工报告。而规模较大的工程还要提交施工期间验收报告，管道水压试验报告，试运行报告，工程决算报告和运行管理办法。

**二、喷灌系统规划设计步骤**

喷灌系统规划设计前应首先确定灌溉设计标准。我国灌溉规划中常用灌溉设计保证率作为灌溉设计标准。灌溉设计保证率是指灌区用水量在多年期间能够得到充分满足的几率，常用百分数表示。GB/T 50085《喷灌工程技术规范》中明确规定：以地下水为水源的喷灌工程其灌溉设计保证率不应低于 90％，其他情况下喷灌工程灌溉设计保证率不应低于 85％。设计标准确定后，就可根据喷灌工程规划设计内容和成果要求按以下步骤进行。具体设计分为管道式喷灌系统和机组式喷灌系统两类。

**(一) 管道式喷灌系统**

1. 收集规划设计资料

规划设计喷灌系统时，必须对喷灌区进行现场踏勘，收集必要的地形、气象、土壤、水文地质、作物种植、能源及动力、现有工程设施、行政区划和经济发展等设计资料。特别应注意收集有关风速、风向资料和 1/1000～1/10000 地形图。对收集到的资料应进行分析、研究，并确定有关设计参数，最后提出发展喷灌的可行性报告。

2. 喷灌系统选型

喷灌系统形式应根据喷灌的地形、作物种类、经济条件、设备供应等情况，综合考虑各种形式喷灌系统的优缺点，经技术经济比较后选定。如在喷灌次数多、经济价值高的蔬菜、果园等经济作物种植区，可采用固定管道式喷灌系统；大田作物喷洒次数少，宜采用半固定式或机组式喷灌系统；在地形坡度较陡的山丘区，移动喷灌设备困难，可考虑用固定式；在有自然水头的地方，尽量选用自压式喷灌系统，以降低设备投资和运行费用。

3. 喷头选型与组合间距的确定

(1) 喷头的选择。选择喷头主要根据作物种类、土壤性质和当地设备供应情况而定。喷头选择包括喷头型号、喷嘴直径和工作压力的选择。在喷头选定之后，其性能参数也就确定了，但要符合下列要求：

1) 组合后的喷灌强度不超过土壤的允许喷灌强度值。

2) 组合后的喷灌均匀系数不低于规范规定的数值。

3) 雾化指标应符合作物要求的数值。

(2) 喷头的喷洒方式和组合形式的确定。喷头的喷洒方式有全圆喷洒、扇形喷洒、带状喷洒等。在管道式喷灌系统中，主要采用全圆喷洒，而在田边路旁或房屋附近则采用扇形喷洒。

喷头的组合形式也称喷头的布置形式，是指在喷灌系统中喷头间相对位置的安排。在设计射程相同时，喷头组合形式不同，支管和喷头的间距也不同。常用的喷头组合形式有正方形、正三角形、矩形和等腰三角形四种，如图 1-11 所示。各种组合形式的支管、喷头间距和有效控制面积见表 1-7。

表 1-7　　不同喷洒方式、喷头组合形式的支管间距、喷头间距和有效控制面积

| 喷洒方式 | 喷头组合形式 | 支管间距 $b/m$ | 喷头间距 $a/m$ | 有效控制面积 $A/m^2$ | 图形编号 |
|---|---|---|---|---|---|
| 全圆 | 正方形 | $1.42R_设$ | $1.42R_设$ | $1.0R_设^2$ | 图 1-11 (a) |
| | 正三角形 | $1.50R_设$ | $1.73R_设$ | $2.0R_设^2$ | 图 1-11 (b) |
| 扇形 | 矩形 | $1.73R_设$ | $R_设$ | $1.73R_设^2$ | 图 1-11 (c) |
| | 等腰三角形 | $1.865R_设$ | $R_设$ | $1.865R_设^2$ | 图 1-11 (d) |

表 1-7 中的 $R_设$ 为喷头的设计射程，可用式（1-8）计算

$$R_设 = KR \qquad (1-8)$$

式中　$R$——喷头的射程（可从喷嘴性能表中查得），m；

$K$——折减系数，根据喷灌形式、风速、动力可靠程度等确定；移动式喷灌系统采用 0.9，固定式喷灌系统采用 0.8，多风地区可采用 0.7。

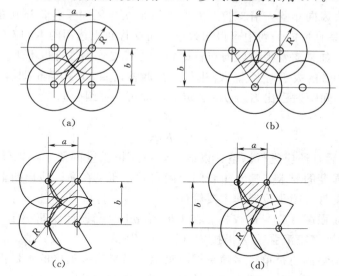

图 1-11　喷头组合形式

喷头组合应遵循一定的原则，不得漏喷，不得产生地表径流，确保喷灌质量。喷头组合原则是：保证喷洒不留空白，并有较高的均匀度。喷头的组合形式应根据喷头的射程、设计风速以及支管的布置方向确定。风向比较稳定的地区，可采用矩形或等腰三角形组合，并应使支管垂直风向；风向多变的地区，可采用正方形组合。正三角形组合形式的喷头间距大于支管间距，对节省支管和减少支管移动次数不利，抗风能力也较低，所以很少采用。

（3）喷头组合间距的确定。喷头组合间距是指喷头在一定组合形式下工作时，支管布置间距 $b$ 与支管上喷头布置间距 $a$ 的统称。

喷头的组合间距与喷头的射程和组合形式以及风力大小有关，还应满足在设计风速下喷洒水利用系数、喷灌强度、喷灌均匀系数和喷灌雾化指标要求。因此，组合间距的确定应在保证喷灌质量的前提下，与喷头选择结合进行。

确定喷头组合间距的方法很多，目前工程上常用修正几何作图法，参见表 1-7。或按规范要求确定，参见表 1-8。

表 1-8　　　　　　　　　　　喷头组合间距系数 $K$ 值表

| 设计风速 /(m/s) | 相当风力 | 组 合 间 距 系 数 | |
|---|---|---|---|
| | | 垂直风向 $K_a$ | 平行风向 $K_b$ |
| 0.3~1.6 | 1 | 1 | 1.3 |
| 1.6~3.4 | 2 | 1~0.8 | 1.3~1.1 |
| 3.4~5.4 | 3 | 0.8~0.6 | 1.1~1 |

注　1. 在每一档风速中可按内插法取值。
　　2. 在风向多变采用等间距组合时，应选用垂直风向栏的数值。

根据设计风速，可以从表 1-8 中查到满足喷灌均匀系数要求的两项最大值，即垂直风向和平行风向的最大间距射程比。

如果支管垂直风向布置，沿支管上的喷头间距 $a$ 与风向垂直，选用的间距射程比 $K_a$ 应不大于表 1-8 垂直风向一列中查得的数值，而支管间距选用的 $K_b$ 应不大于平行风向一列中查得的数值；如果支管平行风向布置则相反。若支管不平行也不垂直风向，则应视支管与主风向的夹角 $\beta$ 的大小对 $K_a$、$K_b$ 进行适当调整，如 $30° \geqslant \beta \geqslant 60°$ 时，按等间距布置选取 $K_a$、$K_b$ 值等。间距射程比 $K_a$、$K_b$ 选定后，即可计算组合间距为

$$a = K_a R \tag{1-9}$$

$$b = K_b R \tag{1-10}$$

计算出 $a$、$b$ 后，还应进行调整，以适应管道规格长度的要求，以便于安装施工，并应满足组合喷灌强度的要求。喷头组合间距确定后，便可在灌区地形图上绘制喷灌工程平面布置图，标出支管、喷头位置和主要管件。

（4）组合喷灌强度（$\overline{\rho_{组}}$）的校核。在无风情况下（当设计风速小于 1m/s 时，可视为无风），单喷头的计算喷灌强度 $\overline{\rho}$ 仍按式（1-3）或式（1-4）计算；当风速超过 1m/s 时，无论是单喷头喷洒还是单行多喷头同时喷洒，虽然喷头喷出的水量没变，但每个喷头的实际喷洒面积变小了，而且喷头的有效湿润面积也相应减小，这时组合喷灌强度要大于无风时的组合喷灌强度，因此，需对式（1-5）进行修正，可按式（1-11）计算

$$\overline{\rho_{组}} = K_\omega C_\rho \overline{\rho} \leqslant \rho_允 \tag{1-11}$$

式中　$\overline{\rho}$——单喷头全圆喷洒时的平均喷灌强度，按式（1-3）计算；

$K_\omega$——风系数，反映了风对 $\overline{\rho}$ 的影响，可查表 1-9；

$C_\rho$——布置系数，反映了喷头组合形式和作业方式对 $\overline{\rho}$ 的影响，等于无风时单喷头全圆喷洒面积与不同运行方式下单喷头实际控制面积之比，可查表 1-10；

其余符号意义同前。

表 1-9　　　　　　　　　　不同运行情况下的风系数 $K_\omega$ 值

| 运 行 情 况 | $K_\omega$ | 运 行 情 况 | $K_\omega$ |
|---|---|---|---|
| 单喷头全圆喷洒 | $1.15V^{0.314}$ | 同时全圆喷洒，支管平行风向 | $1.12V^{0.302}$ |
| 单支管多喷头，支管垂直风向 | $1.08V^{0.194}$ | 多支管多喷头同时喷洒 | 1 |

注　1. $V$ 为风速，单位 m/s。

2. 单支管多喷头同时全圆喷洒时，若支管与风向既不垂直又不平行，则可近似地用线性插值方法求得 $K_\omega$。

3. 本表公式适用于风速 $V$ 在 $1 \sim 5.5$m/s 的区间。

表 1-10　　　　　　　　　　不同运行情况下的布置系数 $C_\rho$ 值

| 运 行 情 况 | $C_\rho$ |
|---|---|
| 单喷头全圆喷洒 | 1 |
| 单喷头扇形喷洒<br>（扇形中心角为 $\alpha$） | $360°/\alpha$ |
| 单支管多喷头同时全圆喷洒 | $C_\rho = \pi / \left[ \pi - (\pi/90)\arccos(a/2R) + (a/R)\sqrt{1 - (a/2R)^2} \right]$ |
| 多支管多喷头同时全圆喷洒 | $\pi R^2 / ab$ |

注　$R$ 为喷头射程；$a$ 为喷头在支管上的间距；$b$ 为支管间距。

**4. 管道系统布置**

（1）布置原则。管道系统应根据灌区地形、水源位置、耕作方向及主要风向和风速等条件提出几套布置方案，经技术经济比较后选定。布置时一般应考虑以下原则。

1）管道布置时应力求平顺，减少折点，避免管线出现起伏，并尽量使管道长度最短，水头损失最小，造价最低。

2）在平原地区，力求地块方整，尽量使水源和泵站位于地块中心，以缩短管道输水长度。

3）支管布置应尽量与耕作方向一致。这对于固定式喷灌系统，可减少竖管对机耕的影响；对于半固定式喷灌系统，便于支管拆装与管理，减少移动支管时践踏作物。

4）支管应尽可能布置成与主风向垂直，这样可增大支管间距，减少支管用量。有时可加密喷头，以补偿因风造成的喷头横向射程的缩短，确保喷洒质量。

5）在山丘区，干管应沿主坡方向布置，支管与之垂直，平行等高线布置，这有利于控制支管的水头损失，使支管上各喷头工作压力基本一致。

6）若支管必须沿地面坡度方向布置时，应按地面坡度控制支管长度。对逆坡而上的支管，应使支管首尾两端的喷头压力差小于喷头工作压力的20%，相应的喷头工作流量差不超过10%，以此来确定支管长度；顺坡而下的支管，应缩小管径，增加摩擦损失，以抵消由地形高差引起的过高压力。

7）充分考虑地形因素，力求支管长度一致，规格统一，以利于设计、施工和运行管理。此外，管道布置应考虑各用水户的需要，便于用水和管理，有利于组织轮灌。

（2）布置形式。管道系统的布置形式主要有"丰"字形和"梳齿"形两种，如图1-12～图1-14所示。

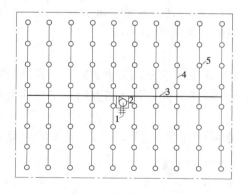

图1-12 "丰"字形布置（一）
1—井；2—泵站；3—干管；4—支管；5—喷头

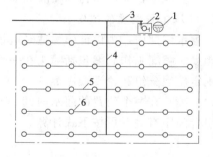

图1-13 "丰"字形布置（二）
1—蓄水池；2—泵站；3—干管；4—分干管；
5—支管；6—喷头

**5. 喷灌制度的拟定**

喷灌制度是指对作物进行喷灌的方案，和农作物灌溉制度一样，包括灌水定额、灌水日期、灌水次数和灌溉定额。喷灌制度应根据设计代表年的资料进行制定。但对喷洒面积较小、作物比较单一、不存在几种作物同时灌水的情况，并不需要制定出完整的灌溉制度，只需要确定某一次典型的灌水定额和灌水周期即可。

（1）设计灌水定额。是指作物生育期内单位面积上的一次灌水量或灌溉面积上的灌水深度，可按式（1-12）计算

$$m = 0.1\gamma h(\beta_1 - \beta_2) \qquad (1-12)$$

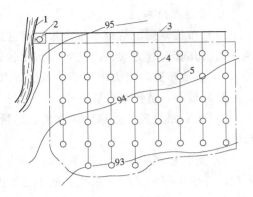

图 1-14 "梳齿"形布置
1—河渠；2—泵站；3—干管；
4—支管；5—喷头

式中　$m$——设计灌水定额，mm 或 m³/hm²；

　　　$h$——土壤计划湿润层深度，cm；大田作物一般取 40～60cm，蔬菜 20～30cm，果树 80～100cm；

　　　$\beta_1$——适宜土壤含水率上限（重量百分比），一般取 $(0.9 \sim 1.0)\beta_{田}$，$\beta_{田}$ 指土壤田间持水率重量百分比；

　　　$\beta_2$——适宜土壤含水率下限（重量百分比），一般取 $(0.6 \sim 0.7)\beta_{田}$；

　　　$\gamma$——土壤容重，g/cm³。

（2）设计喷灌周期。是指两次喷灌之间的最短间隔天数，也称轮期，可按式（1-13）计算

$$T = \frac{m}{ET_d} \qquad (1-13)$$

式中　$T$——设计灌水周期，计算值取整，d；

　　　$m$——设计灌水定额，mm；

　　　$ET_d$——作物日蒸发蒸腾量，取设计代表年灌水高峰期平均值，mm/d。

生产实践中，大田作物的喷灌周期常用 5～10d，蔬菜为 1～3d。

6. 喷灌工作制度的拟定

在灌水周期内，为保证作物适时适量的获得所需要的水分，必须制定一个合理的喷灌工作制度。喷灌工作制度包括喷头在一个喷点上的喷洒时间，每次需要同时工作的喷头数以及确定轮灌分组和轮灌顺序等。

（1）喷头在一个位置的灌水时间 $t$(h)。灌水时间与设计灌水定额、喷头的流量和喷头的组合间距有关，可按下式计算

$$t = mab/(1000q_p\eta_p) \qquad (1-14)$$

式中　$m$——设计灌水定额，mm；

　　　$a$——支管上的喷头布置间距，m；

　　　$b$——支管布置间距，m；

　　　$q_p$——喷头设计流量，m³/h；

　　　$\eta_p$——田间喷洒水利用系数，风速低于 3.4m/s，$\eta_p = 0.8 \sim 0.9$；风速为 3.4～5.4m/s，$\eta_p = 0.7 \sim 0.8$。

（2）同时工作的喷头数 $n_p$。由式（1-15）确定

$$n_p = \frac{N_p}{n_d T} \tag{1-15}$$

式中　$n_p$——同时工作的喷头数；

　　　$n_d$——一天工作位置数，$n_d = \frac{t_d}{t}$；

　　　$t_d$——设计日灌水时间，h，查表 1-11；

　　　$N_p$——灌区喷头总数，$N_p = \frac{A}{ab}$；

　　　$A$——整个喷灌系统的面积，$m^2$；

其余符号意义同前。

**表 1-11**　　　　　　　　　　　**设 计 日 灌 水 时 间**

| 喷灌系统类型 | 固 定 管 道 式 | | | 固定管道式 | 移动管道式 | 定喷机组式 | 行喷机组式 |
|---|---|---|---|---|---|---|---|
| | 农作物 | 园林 | 运动场 | | | | |
| 设计日灌水时间/h | 12~20 | 6~12 | 1~4 | 12~18 | 12~16 | 12~18 | 14~21 |

（3）同时工作的支管数 $N_支$。可按式（1-16）计算

$$N_支 = n_p / n_{喷头} \tag{1-16}$$

式中　$n_{喷头}$——一根支管上的喷头数，可根据支管的长度除以喷头间距 $a$ 求得。

如果计算出来的 $N_支$ 不是整数，则应考虑减少同时工作的喷头数或适当调整支管的长度。

（4）确定轮灌分组及支管轮灌方案。为提高管道的利用率，节省设备投资，多采用有序轮灌的工作制度。确定轮灌方案时应考虑以下几点：

1）轮灌分组应该有一定规律，方便运行管理。

2）各轮灌组的工作喷头数应尽量一致，以保证系统的流量变化不大。若各轮灌组的喷头数很难均等时，其差别不宜超过 1~3 个，并且尽可能使地势较高或离泵站较远的喷头数略少。

3）轮灌编组时应尽量使系统轮灌周期与设计的喷灌周期接近。

4）制定支管轮灌顺序时，应将流量迅速地分散到各配水管道中，避免流量集中于某一条配水管道。如系统需要两根支管同时工作，支管的轮灌方式（对半固定式喷灌系统为支管的移动方式）有四种方案：①两根支管在干管的同一侧，从地块的一端同时依次向前移动，如图 1-15（a）所示；②两根支管在干管的两侧，从地块的一端同时向前移动，如图 1-15（b）所示；③两根支管由地块中间向两端交叉移动，如图 1-15（c）所示；④两根支管从干管首、尾两端反向移动，如图 1-15（d）所示。①、②两种方式，干管全部长度上均要通过两根支管的流量，干管管径不变，不经济；③、④两种方案只有前半段干管通过全部流量，而后半段干管只需要通过一根支管的流量，这样后半段干管的管径可减小，所以③、④两种方案最佳。

当三根支管同时工作时，以每根支管负担 1/3 灌溉面积的方案最有利，如图 1-16 所示。这样，只有 0~1 段干管需要通过三根支管的流量，1~2 段干管需要通过两根支管流

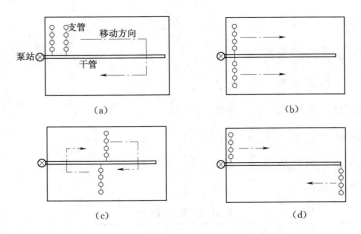

图 1-15 两根支管同时工作时的轮灌方式

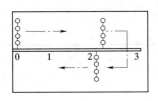

图 1-16 三根支管同时
工作时的轮灌方式

量，2～3 段干管只需通过一根支管的流量。

轮灌方案确定后，干、支管的设计流量即可确定。支管设计流量为支管上各喷头的设计流量之和，干管设计流量依支管的轮灌方式而定。

7. 管道水力计算

管道水力计算的任务是确定适宜的管径和计算管道水头损失。

（1）管径的确定。

1）干管的管径确定。可按经验公式计算：

$Q < 120 \text{m}^3/\text{h}$ 时 $\qquad\qquad D = 13\sqrt{Q}$ (1-17)

$Q \geqslant 120 \text{m}^3/\text{h}$ 时 $\qquad\qquad D = 11.5\sqrt{Q}$ (1-18)

式中 $Q$——管道设计流量，$\text{m}^3/\text{h}$；

$\qquad D$——管道内径，mm。

2）支管的管径确定。为使喷洒均匀，要求支管上各喷头的流量和压力基本一致。因此，规范规定同一支管上任意两个喷头之间的工作压力差应在喷头设计工作压力的 20% 以内。若喷头工作压力水头为 $h_p$，支管上最大和最小喷头工作压力分别为 $h_{max}$、$h_{min}$，考虑地形高差 $\Delta Z$ 的影响，则支管管径选择的控制条件为

$$(h_{max} - h_{min}) + \Delta Z \leqslant 0.2 h_p \qquad (1-19)$$

即 $\qquad\qquad\qquad h_w + \Delta Z \leqslant 0.2 h_p \qquad (1-20)$

式中 $h_w$——同一支管上任意两喷头间支管段水头损失，m；

$\qquad \Delta Z$——同一支管上两喷头的进水口高程差，m，顺坡铺设支管时 $\Delta Z$ 为负值，逆坡铺设支管时 $\Delta Z$ 为正值。

设计时，一般先假定管径，然后计算支管沿程水头损失，再按上述公式校核，最后选定管径。计算出管径之后，还需根据现有管道规格确定实际管径。

（2）管道水力计算。管道水力计算主要是计算管道沿程水头损失以及弯头、三通、闸

阀、变径管等处的局部水头损失。

1）沿程水头损失 $h_f$。应按式（1-21）计算

$$h_f = f \frac{LQ^m}{d^b} \qquad (1-21)$$

式中 $h_f$——沿程水头损失，m；

$f$——沿程摩阻系数；

$L$——管道长度，m；

$Q$——流量，$m^3/h$；

$d$——管道内径，mm；

$m$——流量指数，与摩阻损失有关；

$b$——管径指数，与摩阻损失有关。

各种管材的 $f$、$m$ 及 $b$ 值可查表1-12。

表 1-12         $f$、$m$、$b$ 值表

| 管 道 种 类 | | $f[Q/(m^3/s),d/m]$ | $f[Q/(m^3/s),d/mm]$ | $m$ | $b$ |
|---|---|---|---|---|---|
| 混凝土管、钢筋混凝土管 | $n=0.013$ | 0.00174 | $1.312 \times 10^6$ | 2.00 | 5.33 |
| | $n=0.014$ | 0.00201 | $1.516 \times 10^6$ | 2.00 | 5.33 |
| | $n=0.015$ | 0.00232 | $1.749 \times 10^6$ | 2.00 | 5.33 |
| 钢管、铸铁管 | | 0.00179 | $6.250 \times 10^5$ | 1.90 | 5.10 |
| 硬塑料管 | | 0.000915 | $0.948 \times 10^5$ | 1.77 | 4.77 |
| 铝管、铝合金管 | | 0.000800 | $0.861 \times 10^5$ | 1.74 | 4.74 |

注 $n$ 为粗糙系数。

在喷灌系统中，沿支管安装有许多喷头，支管的流量自上而下逐渐减少。因此，计算沿程水头损失应分段计算。但为简化计算，常以进口最大流量计算沿程水头损失，然后乘以多孔系数（$F$）进行修正，得多口管道实际沿程水头损失 $h'_f$，即

$$h'_f = h_f F \qquad (1-22)$$

不同管材多孔系数不同，表1-13仅列出了铝合金管的多孔系数，对于其他管材，可查阅有关书籍。

表 1-13         多 孔 系 数 $F$ 值表

| 管上出水口数目 | | 1 | 2 | 3 | 4 | 5 | 6 | 7 | 8 | 9 | 10 |
|---|---|---|---|---|---|---|---|---|---|---|---|
| $F$ | $X=1$ | 1 | 0.651 | 0.548 | 0.499 | 0.471 | 0.452 | 0.439 | 0.430 | 0.422 | 0.417 |
| | $X=0.5$ | 1 | 0.534 | 0.457 | 0.427 | 0.412 | 0.402 | 0.396 | 0.392 | 0.388 | 0.386 |
| 管上出水口数目 | | 11 | 12 | 13 | 14 | 15 | 16 | 17 | 18 | 19 | 20 |
| $F$ | $X=1$ | 0.412 | 0.408 | 0.404 | 0.401 | 0.399 | 0.396 | 0.394 | 0.393 | 0.391 | 0.390 |
| | $X=0.5$ | 0.384 | 0.382 | 0.380 | 0.379 | 0.378 | 0.377 | 0.376 | 0.376 | 0.375 | 0.375 |

注 $X$ 为第一个喷头到支管进口距离与喷头间距之比值。

2）局部水头损失。局部水头损失一般可按式（1-23）计算

$$h_j = \xi \frac{v^2}{2g} \qquad (1-23)$$

式中 $\xi$——局部阻力系数，可查有关管道水力计算手册；

  $v$——管道流速，m/s；

  $g$——重力加速度，取 $9.81\text{m/s}^2$；

  $h_j$——局部水头损失，m。

局部水头损失有时也可按沿程水头损失的 $10\%\sim15\%$ 估算。

8. 水锤压力计算与水锤防护

有压管道中，由于管内流速突然变化而引起管道中水流压力急剧上升或下降的现象，称为水锤。在水锤发生时，管道可能因内水压力超过管材公称压力或管内出现负压而损坏管道。

（1）水锤压力计算。水锤波传播速度为

$$a_w = \frac{1425}{\sqrt{1 + \dfrac{K}{E}\dfrac{D}{e}c}} \tag{1-24}$$

式中 $a_w$——水锤波传播速度，m/s；

  $D$——管径，m；

  $e$——管壁厚度，m；

  $K$——水的体积弹性模数，GPa，常温时 $K=2.025\text{GPa}$；

  $E$——管材的纵向弹性模量，GPa，各种管材的 $E$ 值查表 1-14；

  $c$——管材系数，均质管 $c=1$，钢筋混凝土管 $c=1/(1+9.5a_0)$，其中 $a_0$ 为管壁环向含钢系数。

$$a_0 = f/e$$

式中 $f$——每米长管壁内环向钢筋的断面面积，$\text{m}^2$。

表 1-14         各种管材的纵向弹性模量

| 管材 | 钢管 | 球墨铸铁管 | 铸铁管 | 钢筋混凝土管 | 铝管 | PE 管 | PVC 管 |
|---|---|---|---|---|---|---|---|
| $E/\text{GPa}$ | 206 | 151 | 108 | 20.58 | 69.58 | $1.4\sim2$ | $2.8\sim3$ |

（2）水锤类型判别。水锤波在管路中往返一次所需的时间，即一个水锤相时，按式（1-25）计算。根据阀门关闭历时与水锤相时可确定水锤类型，即直接水锤或间接水锤。当阀门关闭历时等于或小于一个水锤相时所产生的水锤为直接水锤，否则为间接水锤。当阀门关闭历时大于等于 20 倍水锤相时，可不验算关阀水锤压力。

$$T_t = \frac{2L}{a_w} \tag{1-25}$$

式中 $T_t$——水锤相时，s；

  $L$——计算管段管长，m。

（3）水锤水头。

直接水锤水头 $\qquad\qquad\qquad H_d = \dfrac{a_w v_0}{g} = \dfrac{2L v_0}{g T_t}$      (1-26)

间接水锤水头 $\qquad\qquad\qquad H_i = \dfrac{2L v_0}{g(T_t + T_s)}$      (1-27)

式中　$H_d$——直接水锤水头，m；

　　　$H_i$——间接水锤水头（关阀为正，开阀为负），m；

　　　$v_0$——闸阀前水的流速，m/s；

　　　$T_s$——阀门关闭历时，s；

　　　$g$——重力加速度，取 $g=9.81\mathrm{m/s^2}$；

其余符号意义同前。

（4）防止水锤压力的措施。水锤压力计算公式表明：影响水锤压力的主要因素有阀门启闭时间、管道长度和管内流速。因此，可针对以上因素在管道工程设计和运行管理中采取以下措施来避免和减小水锤危害：①操作运行中应缓慢启闭阀门以延长阀门启闭时间，从而避免产生直接水锤并可降低间接水锤压力；②由于水锤压力与管内流速成正比，因此在设计中应控制管内流速不超过最大流速限制范围；③由于水锤压力与管道长度成正比，因此在设计中可隔一定距离设置具有自由水面的调压井或安装安全阀和进排气阀，以缩短管道长度并削减水锤压力。

9. 水泵及动力选择

选择水泵和动力，必须确定喷灌系统的设计流量和设计水头（扬程）。设计流量应为全部同时工作的喷头流量之和，即

$$Q = \sum_{i=1}^{n_p} q_p / \eta_G \qquad (1-28)$$

喷灌系统的设计水头为

$$H = Z_d - Z_s + h_s + h_p + \sum h_f + \sum h_j \qquad (1-29)$$

式中　$Q$——喷灌系统设计流量，m³/h；

　　　$q_p$——设计工作压力下的喷头流量，m³/h；

　　　$n_p$——同时工作的喷头数；

　　　$\eta_G$——管道系统水利用系数，取 0.95～0.98；

　　　$H$——喷灌系统设计水头（扬程），m；

　　　$Z_d$——典型喷点的地面高程，m；

　　　$Z_s$——水源水面高程，m；

　　　$h_s$——典型喷点的竖管高度，m；

　　　$h_p$——典型喷点喷头的工作压力水头，m；

　$\sum h_f$——由水泵进水管至典型喷点喷头进口处之间管道的沿程水头损失，m；

　$\sum h_j$——由水泵进水管至典型喷点喷头进口处之间管道的局部水头损失，m。

确定了 $Q$ 和 $H$，即可选择水泵和相应的配套动力。喷灌用动力多采用电动机，只有在电源供应不足的地区，才考虑用柴油机。

10. 管道及泵站结构设计

结构设计应详细确定各级管道的连接方式，选定阀门、三通、四通、弯头等各种管件规格，绘制管道纵断面图、管道系统布置示意图、阀门井、镇墩等附属建筑物结构图等。泵站结构设计可参阅"水泵与水泵站"相关教材。

11. 技术经济分析

规划设计结束时，最后要列出材料设备明细表，包括整个喷灌系统所选用的设备、材料、配件、附件的规格、数量、单价和总价等，并编制工程投资预算，进行工程经济效益分析等，为方案选择和项目决策提供科学依据。

此外，在工程规划设计说明书中，还应对施工及运行管理提出必要的技术要求与注意事项。

**（二）机组式喷灌系统**

从系统设计角度来看，以喷灌机为主体的喷灌系统也有机组布局及移动方式和轮灌设计问题，以及与之配套的供水系统、道路系统的规划问题。由于喷灌机组类型不同，规划设计要求也有差异，一般分为大型喷灌机系统设计、中型（如卷盘式）喷灌机系统设计、轻小型喷灌机系统设计等。机组式喷灌系统规划设计的主要内容包括：机组选型及台数的确定、田间工程布置、有关参数的确定。其规划设计方法较管道式喷灌系统设计简单，具体方法可参考有关书籍，此处不再赘述。

# 第四节 喷灌工程规划设计示例

## 一、基本资料

1. 地形

某喷灌示范区南北宽 445m，东西长 325m，面积 13.3hm² （约 200 亩），区内地势平坦，地面高程为 37.2～37.0m；有实测 1/1000 地形图。

2. 气象条件

本区属北亚热带季风气候区，气候温和。据气象部门多年资料统计，多年平均气温 15.5℃，无霜期 234 天，年日照时数为 2081.2h；多年平均降雨量 940mm，主要降水集中在 6～9 月；多年平均水面蒸发量 1100mm；最大冻土层深 0.25m；灌水季节多东北风，平均风速 4.3m/s，每日喷灌时间按 12h 考虑。

3. 土壤

示范区土壤为黏黄棕壤土，计划湿润层内土壤干容重约为 1.4g/cm³，田间持水率为 20%。

4. 水旱灾害情况

示范区位于江淮分水岭地区，属典型的南北气候过渡带，自然灾害频繁发生。据有关资料统计，新中国成立 60 年来，发生严重干旱有 25 年。

5. 水源

示范片处于江淮分水岭地区，地下水资源严重匮乏，农业灌溉主要依靠上游的一座小型水库，可供给本灌区流量 0.03m³/s，拟在靠近地块的塘坝处取水，该处水位高程为 34.0m；水源水质良好，矿化度小于 1g/L，无污染，适于灌溉。

6. 其他

本地区供电有保证，交通十分便利，喷灌设备供应比较充足。

## 二、喷灌系统设计

1. 灌溉制度及灌溉用水量计算

（1）设计灌水定额。按式（1-12）计算，式中各项参数的取值为：$\gamma = 1.4 \mathrm{g/cm^3}$，$h = 30 \mathrm{cm}$，$\eta = 0.8$，$\beta_田 = 20\%$，$\beta_1$、$\beta_2$ 分别取田间持水率的 85% 和 65%。则

$$m = 0.1 \times 1.4 \times 30 \times (85 - 65) \times 20\% = 16.8 (\mathrm{mm})$$

即
$$m = 16.8 \mathrm{mm}，或 m = 168 \mathrm{m^3/hm^2}$$

（2）设计灌水周期。按式（1-13）计算，$ET_d$ 取 6mm，则

$$T = \frac{m}{ET_d} = \frac{16.8}{6} = 2.8 (\mathrm{d})（取 3\mathrm{d}）$$

2. 喷灌系统选型和管道布置方案

（1）喷灌系统选型。本灌区地形平坦，地块形状规则，易于布置喷灌系统。示范区内主要种植经济价值较高的蔬菜，故采用固定管道式喷灌系统。

（2）管道系统布置方案。灌区地形总的趋势是西南高东北低，坡度变化不大，地块形状规则。灌溉季节风向比较稳定。基于上述情况，拟采用主干管、分干管和支管三级管道，结合布置原则，按下述方案进行布置：主干管由地块中部穿入区内，两边分水后再由分干管给支管供水，支管平行种植方向南北布置，详见平面布置图 1-17。

3. 喷头选型和组合间距的确定

（1）喷头选型。查规范，蔬菜喷灌雾化指标不应低于 4000～5000，由喷头性能表，初选 ZY—2 型双嘴喷头，其性能参数见表 1-15。

表 1-15　　　　　　　　　　　ZY—2 型双嘴喷头基本参数表

| 喷头型号 | 喷嘴直径 $d$ /mm | 工作压力 $h_p$[①] /kPa | 喷头流量 $q_p$ /(m³/h) | 射程 $R$ /m | 喷灌强度 $\rho$ /(mm/h) |
|---|---|---|---|---|---|
| ZY—2 | 7.0×3.1 | 300 | 3.83 | 19.1 | 3.34 |

①　工作压力 300kPa 约相当于 30m 水头产生的压强。

（2）确定组合间距。本灌区多年平均风向为东北风，与支管成 45°夹角，当风速为 4.3m/s 时，选 $K_a = 0.8$，$K_b = 1.1$，因成 45°夹角，调整为 $K_a = 0.8$，$K_b = 1.0$，则

$$a = K_a R = 0.8 \times 19.1 = 15.28 (\mathrm{m})（取 a = 15\mathrm{m}）$$
$$b = K_b R = 1.0 \times 19.1 = 19.1 (\mathrm{m})（取 b = 18\mathrm{m}）$$

（3）确定控制喷灌质量的参数。土壤允许喷灌强度 $\rho_允 = 8 \mathrm{mm/h}$，考虑多喷头多支管同时喷洒，取 $K_\omega = 1$，则

$$C_\rho = \pi / [\pi - (\pi/90)\arccos(a/2R) + (a/R)\sqrt{1 - (a/2R)^2}] = 2.05$$

$$\overline{\rho_组} = K_\omega C_\rho \bar{\rho} = 1 \times 2.05 \times \frac{1000 \times 3.83 \times 0.8}{\pi \times 19.1^2} = 5.48 < \rho_允 = 8 \mathrm{mm/h}$$

$$\frac{h_p}{d} = \frac{30}{0.007} = 4286 > 4000$$

故雾化指标和设计喷灌强度均满足要求。

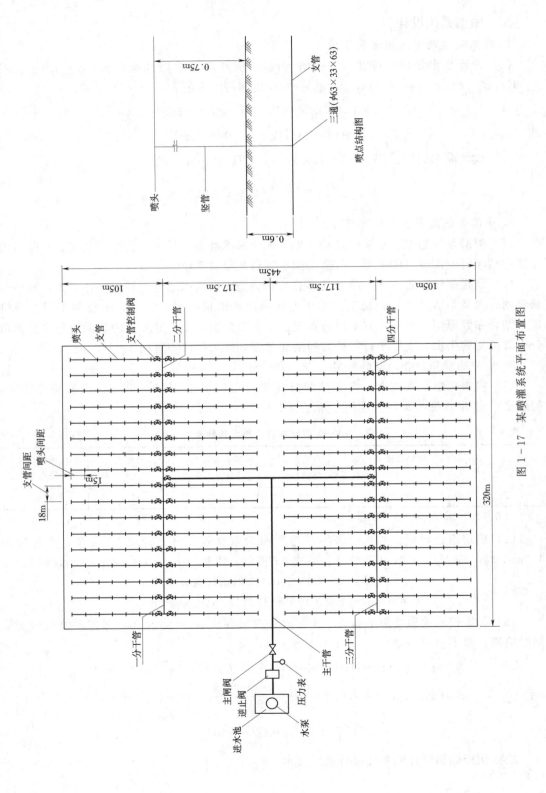

图 1-17 某喷灌系统平面布置图

**4. 拟定喷灌工作制度**

（1）喷头在一个位置上的灌水时间。取 $\eta_p = 0.8$，则 $t = \dfrac{abm}{1000q_p\eta_p} = 1.48$（h），取为 1.5h。

（2）喷头一天工作位置数。因本灌区每日工作时数为 12h，所以喷头一天工作位置数 $n_d = 12/1.5 = 8$（次）。

（3）同时工作的喷头数。

$$n_p = \frac{N_p}{n_d T} = \frac{A}{ab \cdot n_d T} = \frac{200 \times 667}{15 \times 18} \times \frac{1}{8 \times 3} = 20.6（只）$$

实际喷洒时应取整数。

（4）同时工作的支管数。因每根支管上安装 7 只喷头，故

$$N_支 = n_p/n_{喷头} = 20.6/7 = 3（根）$$

即每次同时可开 3 根支管。

（5）运行方案。根据同时工作的喷头数和支管数以及管道布置情况，决定每次开启一分干上 2 条南北对应支管及四分干 1 条支管或四分干上 2 条南北对应支管及一分干上 1 条支管，同样对二分干和三分干也是如此。

**5. 管道水力计算**

（1）支管设计。

$$h_{f支} + \Delta Z \leqslant 0.2h_p$$

$$h_{f支} = f \frac{Q_支^m}{d^b} FL$$

式中，$f = 0.948 \times 10^5$，$m = 1.77$，$b = 4.77$，$L = 97.5\text{m}$，$F = 0.392$，$Q_支 = 7 \times 3.83 = 26.81（\text{m}^3/\text{h}）$，$\Delta Z = 0$，$h_p = 30\text{m}$（压强为 300kPa），则

$$h_{f支} = 0.948 \times 10^5 \times \frac{26.81^{1.77}}{d^{4.77}} \times 97.5 \times 0.392 \leqslant 0.2 \times 30\text{m}$$

得
$$d \geqslant 55.2\text{mm}$$

选择 $\phi$63mm，内径 55mm，能承受 0.6MPa 内力的 PVC 管。

（2）干管设计。

$$D_{分干} = 13\sqrt{Q_{分干}}，Q_{分干} = 2Q_支 = 2 \times (7 \times 3.83) = 53.62（\text{m}^3/\text{h}）$$

$$D_{主干} = 13\sqrt{Q_{分干}}，Q_{主干} = 3Q_支 = 3 \times 26.81 = 80.43（\text{m}^3/\text{h}）$$

则
$$D_{分干} = 13\sqrt{53.62} = 95.2（\text{mm}）$$

$$D_{主干} = 13\sqrt{80.43} = 116.6（\text{mm}）$$

分别选择 $\phi$110mm、内径 103.2mm 和 $\phi$125mm、内径 117.2mm，能承受 0.6MPa 内力的 PVC 管。

（3）管网水力计算。

1）支管沿程水头损失。支管长度及流量为

$$L = 97.5\text{m}，Q_支 = 26.81\text{m}^3/\text{h}$$

$$h_{支f} = \frac{0.948 \times 10^5 \times 97.5 \times 26.81^{1.74} \times 0.392}{55^{4.74}} = 6.10（\text{m}）$$

2）分干管沿程水头损失。分干管长度为

$$L=153+105=258(\text{m})$$

$$h_{\text{分干}f}=\frac{0.948\times10^5\times53.62^{1.77}}{103.2^{4.74}}\times258=6.98(\text{m})$$

3）主干管沿程水头损失。主干管长度为

$$L=160\text{m}$$

$$h_{\text{主干}f}=\frac{0.948\times10^5\times80.43^{1.77}}{117.2^{4.74}}\times160=4.83(\text{m})$$

6. 水泵与动力机选配

（1）设计水头（扬程）。

$$H=Z_d-Z_s+h_s+h_p+\sum h_f+\sum h_j$$

式中　$h_p$——典型喷头工作水头，取 $h_p=30\text{m}$（压强为 300kPa）；

$Z_d-Z_s$——典型喷点喷头地面高程与水源水面高程之差，取 2m；

$\sum h_f$——由水泵进水管至典型喷点喷头进口处之间管道的沿程水头损失，即 $\sum h_f=$
6.10+6.98+4.83=17.91（m）；

$\sum h_j$——由水泵进水管至典型喷点喷头进口处之间管道的局部水头损失，取沿程水头
损失的 10%，即 $10\%\sum h_f=1.8\text{m}$；

$h_s$——典型喷点的竖管高度，取 1.0m。

则　　　　　　　　　　$H=30+2+17.91+1.8+1=52.71(\text{m})$

（2）设计流量。

$$Q=n_p q_p=21\times3.83=80.43(\text{m}^3/\text{h})$$

（3）水泵与动力机选型。查水泵产品目录，选择 4BP—50 型喷灌泵，流量 $Q=80\text{m}^3/\text{h}$，扬程 $H=52.7\text{m}$，配套电机选用 Y160L—2 型，功率 $N=18.5\text{kW}$。

7. 管网结构设计

因塑料管的线胀系数很大，为使管线在温度变化时可自由伸缩，据 GB/T 50085《喷灌工程技术规范》及有关研究成果，初步拟定主干、分干管上每 30m 设置一个伸缩节。

各级管道分叉转弯处需砌筑镇墩，以防管线充水时发生位移。镇墩的尺寸为 0.5m×0.5m×0.5m。另外，为防止停机后管网水倒流，应在水泵出口处安装逆止阀。

由于当地最大冻土层小于 25cm，拟定设计地埋管深度为 25cm；考虑到机耕影响，确定设计地埋管深度为 0.5m。为控制各配水管的运行，配水管首部设置控制闸阀，尾部设泄水阀。各闸阀均砌阀门井保护。

为防止水锤发生，控制阀启闭时间不得少于 10s（计算略）。

8. 喷灌工程概算

具体内容见表 1－16。

**表 1 - 16**　　　　　　　　　　　　**固定喷灌示范小区概算表**

| 项 目 名 称 | 规 格 | 单位 | 数量 | 单价/元 | 总价/元 |
|---|---|---|---|---|---|
| 一、首部枢纽 | | | | | 12370 |
| 　1. 水泵 | 4BP—50 | 台套 | 1 | 3000 | 3000 |
| 　2. 配电柜 | | 个 | 1 | 1500 | 1500 |
| 　3. 闸阀 | Dg125 | 个 | 1 | 300 | 300 |
| 　4. 止回阀 | Dg125 | 个 | 1 | 250 | 250 |
| 　5. 快速自动空气阀 | KQ42×10 | 个 | 1 | 320 | 320 |
| 　6. 泵房 | | m$^2$ | 10 | 700 | 7000 |
| 二、管材、管件、喷头等 | | | | | 188417 |
| 　1. 喷头 | ZY—2$\phi$7×3.1 | 只 | 504 | 115 | 57960 |
| 　2. PVC 管 | $\phi$125/0.6MPa | m | 180 | 32.2 | 5796 |
| 　3. PVC 管 | $\phi$110/0.6MPa | m | 580 | 25.2 | 14616 |
| 　4. PVC 管 | $\phi$63/0.6MPa | m | 7720 | 8.5 | 65620 |
| 　5. 铝管（竖管） | $\phi$33 | m | 420 | 20 | 8400 |
| 　6. 闸阀 | $\phi$63 | 个 | 72 | 150 | 10800 |
| 　7. 闸阀 | $\phi$110 | 个 | 4 | 200 | 800 |
| 　8. 堵头 | $\phi$63 | 只 | 72 | 3.36 | 242 |
| 　9. 三通 | $\phi$110×125×110 | 只 | 1 | 41 | 41 |
| 　10. 三通 | $\phi$110 | 只 | 2 | 38.4 | 77 |
| 　11. 三通 | $\phi$63×110×63 | 只 | 144 | 33.72 | 4856 |
| 　12. 三通 | $\phi$63×33×63 | 只 | 504 | 25 | 12600 |
| 　13. 伸缩节 | $\phi$125 | 只 | 6 | 30 | 180 |
| 　14. 伸缩节 | $\phi$110 | 只 | 20 | 28 | 560 |
| 　15. 伸缩节 | $\phi$63 | 只 | 260 | 20 | 5200 |
| 　16. 黏合剂 | | kg | 10 | 30 | 300 |
| 三、镇墩及阀门井 | 0.5m×0.5m×0.5m | 个 | 75 | 30 | 2250 |
| 四、不可预见费 | （一＋二＋三）5% | | | | 10152 |
| 五、安装费 | （一＋二＋三）5% | | | | 10152 |
| 六、前期工作费 | （一＋二＋三）2.5% | | | | 5584 |
| 合　　计 | | | | | 228925 |

# 小　　结

　　喷灌是利用水泵加压或自然水头将水通过压力管道输送到田间，经喷头喷射到空中，形成细小的水滴，均匀喷洒在农田上，为作物正常生长提供必要水分条件的一种先进灌水技术。与传统的地面灌水方法相比，喷灌具有节约用水、增加产量、适应性强、少占耕地、节省劳力等优点，缺点是受风的影响大、设备投资高、耗能等。

　　喷灌系统是指从水源取水到田间喷洒灌水整个工程设施的总称。一般由水源工程、水泵及动力设备、输水管道系统和喷头等组成。喷灌系统可按不同方法分类。若按系统获得压力的方式可分为机压喷灌系统和自压喷灌系统；按系统设备组成分为管道式喷灌系统和机组式喷灌系统；按喷灌系统中主要组成部分是否移动的程度可分为固定式、移动式和半固定式三类。

　　衡量喷灌质量的主要技术要素包括：喷灌强度、喷灌均匀系数和喷灌雾化指标。

　　喷头是喷灌系统的主要组成部分，其主要性能参数包括工作压力、流量、射程。喷头的种类很多，按工作压力和射程大小可分为低压喷头（或称近射程喷头）、中压喷头（或称中射程喷头）和高压喷头（或称远射程喷头）；按结构型式和喷洒特征又可分为旋转式、固定式和孔管式三种。喷头的喷洒方式有全圆喷洒、扇形喷洒、带状喷洒等。在管道式喷灌系统中，主要采用全圆喷洒，而在田边路旁或房屋附近则采用扇形喷洒。喷头的布置形式也称喷头的组合形式，是指在喷灌系统中喷头间相对位置的安排。常用的喷头组合形式有正方形、正三角形、矩形和等腰三角形四种。喷头组合原则是：保证喷洒不留空白，并有较高的均匀度。

　　管道是喷灌系统的主要组成部分。常用的管道有钢管、铸铁管、钢筋混凝土管、石棉水泥管、塑料管、铝合金管和镀锌薄壁钢管等。管道上附件包括阀门、安全阀、减压阀、进排气阀、水锤消除器、专用阀等控制件以及弯头、三通、四通、异径管、堵头、法兰等连接件。

　　管道系统应根据灌区地形、水源位置、耕作方向及主要风向和风速等条件提出几套布置方案，经技术经济比较后选定。布置时应考虑各用水户的需要，便于用水和管理，有利于组织轮灌，并应遵循一定原则。布置形式主要有"丰"字形和"梳齿"形两种。

　　喷灌工程规划是对整个工程进行总体安排，是进行工程设计的前提。规划应在收集水源、气象、地形、土壤、作物、灌溉试验、能源、材料、设备、社会经济状况与发展规划等方面的基本资料基础上，通过技术经济比较确定喷灌工程的总体设计方案。规划分为管道式喷灌系统和机组式喷灌系统两类。管道式喷灌系统规划设计步骤包括：规划设计资料收集、喷灌系统选型、喷头选型与组合间距的确定、管道系统布置、喷灌制度的拟定、喷灌工作制度的拟定、管道水力计算、水锤压力计算与水锤防护、水泵及动力选择、管道及泵站结构设计等。机组式喷灌系统规划设计的主要内容包括：机组选型及台数的确定、田间工程布置、有关参数的确定等。

## 复习思考题

1. 喷灌有哪些优缺点？

2. 喷灌系统由哪几部分组成？系统类型有几种？

3. 喷灌的主要技术要素有哪些？如何确定？

4. 喷头的主要性能参数有哪些？组合形式有哪几种？组合原则是什么？

5. 管道系统布置应遵循哪些原则？布置形式有哪几种？

6. 如何拟定喷灌制度和喷灌工作制度？

7. 管道式喷灌系统规划设计步骤包括哪些？

8. 机组式喷灌系统规划设计内容包括哪些？

9. 已知某喷头设计流量为 $4m^3/h$，射程 18m，喷洒水利用系数取 0.8。求：

（1）该喷头作全圆喷洒时的平均喷灌强度。

（2）该喷头作 240°扇形喷洒时的平均喷灌强度。

（3）若各喷头呈矩形布置，支管间距为 18m，支管上喷头间距为 15m，平均组合喷灌强度是多少？

10. 已知某喷灌区种植大田作物，土质属中壤土，土壤适宜含水率的上、下限分别为田间持水率和田间持水率的 70%。田间持水率为 30%（占体积的百分数），计划湿润层深度为 60cm。作物耗水高峰期日平均耗水强度为 5mm/d，灌溉期间平均风速小于 3.0m/s。试计算大田作物喷灌的设计灌水定额与灌水周期。

11. 已知某一近似方形实验果园，面积 6.4hm²，种植苹果树共 2545 株，果树株距 4m，行距 6m，正值盛果期。园中有十字交叉道路平分果园，路边与第一排树的距离南北向为 2m，东西向为 3m。果园由道路分割成为 4 个小区。该园地面平坦，土壤为砂壤土，果园南部有一眼机井，最大供水量 60m³/h，动水位距地面 20m。该地电力供应不足，每日开机时间不宜超过 14h。为了节约用水，并保证适时适量向果树供水，拟采用固定喷灌系统。据测定，该地苹果树耗水高峰期平均日耗水强度为 6mm/h，灌水周期可取 5～7d。该地属半干旱气候区，灌溉季节多风，日平均风速为 2.5m/s，且风向多变。该地冻土层深度 0.6m。试求：

（1）选择喷头型号和确定喷头组合形式（包括校核平均组合喷灌强度 $\overline{\rho_{组}}$ 是否小于土壤允许喷灌强度 $\rho_{允}$）。

（2）布置干、支管道系统（包括校核支管首、尾上的喷头工作压力差是否满足要求）。

（3）拟定喷灌灌溉制度，计算喷头工作时间，确定喷灌系统轮灌工作制度。

（4）确定干、支管管径，计算系统设计流量和设计水头。

12. 选择题

（1）喷灌一般比地面灌溉省水（    ）。

A. 20%～40%　　　　B. 30%～50%　　　　C. 40%～60%　　　　D. 50%～70%

（2）在相同条件下，喷灌所需劳动力仅为地面灌溉的（    ）。

A. 1/3　　　　　　　B. 1/4　　　　　　　C. 1/5　　　　　　　D. 1/6

（3）一般要求喷灌时喷洒均匀系数在（    ）。

A. 0.6 以上　　　　　B. 0.7 以上　　　　　C. 0.8 以上　　　　　D. 0.9 以上

（4）适用于分散的小地块，特别是山区丘陵的复杂地形的轻、小型喷灌机组是（    ）。

A. 手台式轻型机组　　　　　　　　　　B. 手推式小型机组

C. 与手扶拖拉机配套的小型机组　　　　D. 滚移式喷灌机

（5）适用于中、小地块面积的不同作物、不同土质的地区的轻、小型喷灌机组是（    ）。

A. 手台式轻型机组　　　　　　　　　　B. 手推式小型机组

C. 与手扶拖拉机配套的小型机组　　　　D. 滚移式喷灌机

（6）（    ）喷灌机适应地形坡度的能力小。

A. 双悬臂式　　　　B. 中心支轴式　　　　C. 平移式　　　　D. 绞盘式

（7）（    ）喷灌机，几乎适宜于灌溉所有的作物和土壤。

A. 双悬臂式　　　　B. 中心支轴式　　　　C. 平移式　　　　D. 绞盘式

（8）（    ）喷灌机，适用于地面较平、土地集中连片、地中无障碍的地区。

A. 双悬臂式　　　　B. 中心支轴式　　　　C. 平移式　　　　D. 绞盘式

（9）（    ），适应各种大小形状和地形坡度起伏的地块和灌溉各种作物。

A. 双悬臂式喷灌机　　B. 中心支轴式喷灌机　　C. 平移式喷灌机　　D. 绞盘式喷灌机

（10）喷灌工程灌溉设计保证率一般不应低于（    ）。

A. 70%　　　　　　　B. 75%　　　　　　　C. 80%　　　　　　　D. 85%

# 第二章 微 灌 技 术

【学习指导】
    学习要求：
    1. 掌握微灌专用灌水器（如滴头、微喷头）的作用及其分类；
    2. 掌握微灌系统的组成、分类及其优缺点；
    3. 掌握微灌系统规划布置原则、方法，工程设计中各参数的确定，微灌工程灌溉制度、工作制度的确定以及水力计算方法；
    4. 掌握系统设计流量、设计扬程的计算方法；
    5. 了解微灌在农业节水灌溉中的意义，微灌工程规划的任务与原则，微灌工程中控制、量测与保护装置的应用。
    本章重点：
    1. 微灌技术要素及微灌专用灌水器的选择；
    2. 微灌系统规划设计内容与方法。

## 第一节 概　　述

### 一、微灌及其优缺点

利用专门设备，将有压水流变成细小水流或水滴，湿润植物根区土壤的灌水方法称为微灌。包括滴灌、微喷灌、涌泉灌（或小管出流灌）和渗灌等。

#### （一）微灌的种类

1. 滴灌

滴灌是利用安装在末级管道（称为毛管）上的滴头，或与毛管制成一体的滴灌带将压力水以水滴状湿润土壤，在灌水器流量较大时，形成连续细小水流湿润土壤。通常将毛管和灌水器放在地面，也可以把毛管和灌水器埋入地面以下 $30\sim40\text{cm}$。前者称为地表滴灌，后者称为地下滴灌。滴灌灌水器的流量一般为 $2\sim12\text{L/h}$。

2. 微喷灌

微喷灌是利用直接安装在毛管上，或与毛管连接的微喷头将压力水以喷洒方式湿润土壤。微喷头有固定式和旋转式两种。前者喷射范围小，水滴小；后者喷射范围较大，水滴也大些，故安装的间距也大。微喷头的流量通常为 $20\sim250\text{L/h}$。

3. 涌泉灌

涌泉灌又称小管出流灌溉，是利用稳流器稳流和小管分散水流（通过小塑料管与毛管连接作为灌水器），以细流（射流）状局部湿润作物附近土壤的灌水方法。其灌水流量一般为 80～250L/h。

4. 渗灌

渗灌是利用一种特别的渗水毛管埋入地表以下 30～40cm，压力水通过渗水毛管管壁的小孔以渗流的形式湿润其周围土壤。由于其减少了土壤表面蒸发，是用水量最省的一种微灌技术。渗灌毛管的流量为 2～3L/(h·m)。

**(二) 微灌的优缺点**

1. 优点

微灌非常方便地将水灌到每一株植物附近的土壤中，经常维持较低的水压力，满足作物生长需要。微灌具有以下优点：

(1) 省水、省工、节能。微灌是按作物需水要求适时适量地灌水，仅湿润作物根区附近土壤，显著减少了水的损失；微灌是管网供水，操作方便，劳动效率高，而且便于自动控制，可明显节省劳力；微灌属局部灌溉，大部分地表保持干燥，减少了杂草的生长，也就减少了用于除草的劳力和除草剂费用；同时，肥料和药剂可通过微灌系统与灌溉水一起直接施到根系附近的土壤中，不需人工作业，提高了施肥、施药的效率和利用率；微灌灌水器的工作压力一般为 50～150kPa，比喷头工作压力低得多，又因微灌比地面灌溉省水，对提水灌溉来说意味着减少了能耗。

(2) 灌水均匀。微灌系统能够做到有效地控制每个灌水器的出水流量，因灌水均匀度高，一般可达 80％～90％。

(3) 增产。微灌能适时适量地向作物根区供水供肥，为作物根系活动层土壤创造了良好的水、热、气、养分状况，因而可实现高产稳产，提高产品质量。

(4) 对土壤和地形的适应性强。可根据土壤的入渗特性选用相应的灌水器，以调节微灌的灌水强度，不会产生地表径流和深层渗漏。同时，微灌采用压力管道输水，可在任何复杂的地形条件下有效工作，甚至在某些很陡的坡地或在乱石滩上种的树也可采用微灌，适应性强。

2. 缺点

微灌对灌溉水的水质要求较高，否则灌水器易堵塞；投资也远高于地面灌灌；干旱地区常有地表返盐问题等；此外，裸露在地面上的毛管和灌水器易老化和破损，给管理工作增加了一定难度。

**二、微灌系统的组成及分类**

**(一) 微灌系统的组成**

微灌系统由水源、首部枢纽、输配水管网和灌水器以及流量、压力控制部件和量测仪表等组成，如图 2-1 所示。

1. 水源

江河、湖泊、水库、井、泉、渠道等均可作为微灌水源，但其水质需符合微灌要求。

2. 首部枢纽

集中安装于系统进口部位的加压、调节、控制、净化、施肥（药）、保护及量测等设备的集成称为首部枢纽。首部枢纽包括水泵、动力机、肥料和化学药品注入设备、过滤设

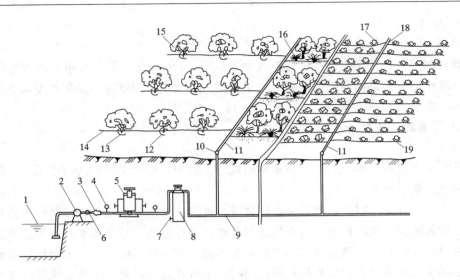

图 2-1 微灌系统组成示意图

1—水源；2—水泵；3—流量计；4—压力表；5—化肥罐；6—阀门；7—冲洗阀；8—过滤器；
9—干管；10—流量调节器；11—支管；12—滴头；13—分水毛管；14—毛管；15—果树；
16—微喷头；17—条播作物；18—水阻管；19—滴灌管

备、控制阀、进排气阀、压力及流量量测仪表等。其作用是从水源取水增压并将其处理成
符合微灌要求的水流送到系统中去。

微灌常用的水泵有潜水泵、深井泵、离心泵等。动力机可以是柴油机、电动机等。在
有足够自然水头的地方可以不安装水泵。

对供水量需要调蓄或含沙量很大的水源，常要修建蓄水池和沉淀池。沉淀池用于去除
灌溉水源中的大固体颗粒。为了避免沉淀池中产生藻类植物，沉淀池或蓄水池需加盖。

过滤设备的作用是将灌溉水中的固体颗粒滤去，避免污物进入系统，造成系统堵塞。
过滤设备应安装在输配水管道之前。

肥料和化学药品注入设备用于将肥料、除草剂、杀虫剂等直接施入微灌系统，注入设
备应设在过滤设备之前。

流量及压力量测仪表用于测量管线中的流量或压力，包括水表、压力表等。水表用于
测量管线中流过的总水量，根据需要可以安装于首部，也可以安装于任何一条干、支管
上。如安装在首部，需设在施肥装置之前，以防肥料腐蚀。压力表用于测量管线中的内水
压力，在过滤器和密封式施肥装置的前后各安装一个压力表，可观测其压力差，通过压差
的大小来判定施肥量的多少和过滤器是否需要清洗。

控制器用于对系统进行自动控制，一般控制器具有定时或编程功能，根据用户给定的
指令操作电磁阀或水动阀，进而对系统进行控制。

阀门是直接用来控制和调节微灌系统压力流量的部件，布置在需要控制的部位上，一
般有闸阀、逆止阀、空气阀、水动阀、电磁阀等。

3. 输配水管网

输配水管网的作用是将首部枢纽处理过的水按照要求输送分配到每个灌水单元和灌水

器，输配水管网包括干、支管和毛管三级管道。毛管是微灌系统最末一级管道，其上安装或连接灌水器。微灌系统中，直径小于或等于63mm的管道常用聚乙烯管材，大于63mm的管道常用聚氯乙烯管材。

4. 灌水器

灌水器是微灌设备中最关键的部件，是直接向作物施水的设备，其作用是消减压力，将水流变为水滴、细小水流或雾状喷洒施入土壤，包括微喷头、滴头、滴灌带等。灌水器大多数是用塑料注塑成型的。

**（二）微灌系统的分类**

由于组成微灌系统的灌水器不同，微灌系统相应地分为滴灌系统、微喷灌系统、涌泉灌系统以及渗灌系统四类。

根据配水管道在灌水季节中是否移动，每一类微灌系统又可分为固定式、半固定式和移动式三种。

固定式微灌系统的各个组成部分在整个灌水季节都是固定不动的，干管、支管一般埋在地下，根据条件，毛管有的埋在地下，有的放在地表或悬挂在离地面几十厘米高的支架上。

半固定式微灌系统的首部枢纽及干、支管是固定的，毛管连同其上的灌水器是可以移动的。根据设计要求，一条毛管可在多个位置工作。

移动式微灌系统各组成部分都可移动，在灌溉周期内按计划移动安装在灌区内不同的位置进行灌溉。

半固定式和移动式微灌系统提高了微灌设备的利用率，降低了单位面积微灌的投资，常用于大田作物。但操作管理比较麻烦，适合在干旱缺水、经济条件较差的地区使用。固定式微灌系统常用于经济价值较高的经济作物。

# 第二节　微灌的主要设备

## 一、灌水器

灌水器的作用是把末级管道（毛管）的压力水流均匀而又稳定地灌到作物根区附近的土壤中，灌水器质量的好坏直接影响到微灌系统的寿命及灌水质量的高低。因此，对灌水器的要求是：①制造偏差小，一般要求灌水器的制造偏差系数 $C_v$ 值应控制在0.07以下；②出水量小而稳定，受水头变化的影响小；③抗堵塞性能强；④结构简单，便于制造、安装、清洗；⑤坚固耐用，价格低廉。

灌水器种类繁多，各有其特点，适用条件也各有差异。

**（一）灌水器的种类与结构特点**

按结构和出流形式不同，灌水器主要有滴头、滴灌管（带）、微喷头、涌水器（或小管灌水器）、渗灌管（带）等五类。

1. 滴头

通过流道或孔口将毛管中的压力水流变成滴状或细流状的装置称为滴头，其流量一般不大于 12L/h。按滴头的消能方式可把它分为以下几种。

(1) 长流道形滴头。长流道形滴头是靠水流与流道管壁之间的摩阻消能来调节出水量的大小。如微管滴头、内螺纹管式滴头等,如图 2-2、图 2-3 所示。

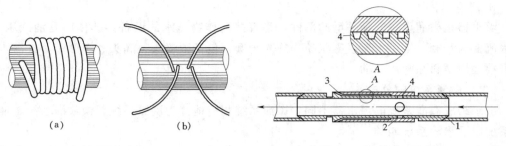

图 2-2 微管滴头

(a) 缠绕式;(b) 散放式

图 2-3 内螺纹管式滴头

1—毛管;2—滴头;3—滴头出水;4—螺纹

(2) 孔口形滴头。孔口形滴头是靠孔口出流造成的局部水头损失来消能调节出流量的大小,如图 2-4 所示。

(3) 涡流形滴头。涡流形滴头是靠水流进入灌水器的涡室内形成的涡流来消能调节出水量的大小。水流进入涡室内,由于水流旋转产生的离心力迫使水流趋向涡室的边缘,在涡流中心产生一低压区,使中心的出水口处压力较低,因而调节出流量,如图 2-5 所示。

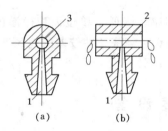
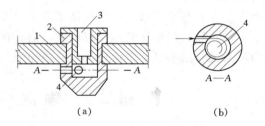

图 2-4 孔口形滴头

1—进口;2—出口;3—横向出水道

图 2-5 涡流形滴头

1—毛管壁;2—滴头体;3—出水口;4—涡流室

(4) 压力补偿形滴头。压力补偿形滴头是利用水流压力对滴头内的弹性体(片)的作用,使流道(或孔口)形状改变或过水断面面积发生变化,即当压力减小时,增大过水断面面积;压力增大时,减小过水断面面积,从而使滴头出流量自动保持稳定,同时还具有自清洗功能。

滴头名称和代号表示方法如图 2-6 所示。

**2. 滴灌管(带)**

滴头与毛管制造成一整体,兼具配水和滴水功能的管称为滴灌管(带)。按滴灌管(带)的结构可分为两种。

(1) 内镶式滴灌管(带)。在毛管制造过程中,将预先制造好的滴头镶嵌在毛管内的滴灌管上,称为内镶式滴灌管(带),如图 2-7 所示。

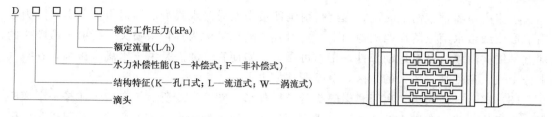

图 2-6 滴头名称和代号表示方法　　　图 2-7 内镶式滴灌管（带）

（2）薄壁滴灌管（带）。目前国内使用的薄壁滴灌（带）有两种。一种是在 0.2～1.0mm 厚的薄壁软管上按一定间距打孔，灌溉水由孔口喷出湿润土壤；另一种是在薄壁管的一侧热合出各种形状的流道，灌溉水通过流道以滴流的形式湿润土壤，如图 2-8 所示。

滴灌管（带）有压力补偿式与非压力补偿式，其名称和代号表示方法如图 2-9 所示。

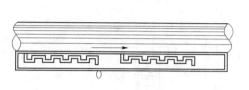

图 2-8 薄壁滴灌管（带）

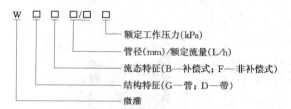

图 2-9 滴灌管（带）名称和代号表示方法

**3. 微喷头**

微喷头是将压力水流以细小水滴喷洒在土壤表面的灌水器。单个微喷头的喷水量一般不超过 250L/h，射程一般小于 7m。按照结构和工作原理，微喷头分为射流式、折射式、离心式和缝隙式四种。

（1）射流式微喷头。水流从喷水嘴喷出后，集中成一束向上喷射到一个可以旋转的单向折射臂上，折射臂上的流道形状不仅可以使水流按一定喷射仰角喷出，而且还可以使喷射出的水舌反作用力对旋转轴形成一个力矩，从而使喷射出来的水舌随着折射臂作快速旋转。故它又称为旋转式微喷头，如图 2-10 所示。旋转式微喷头一般由折射臂、支架、喷嘴三个零件构成。旋转式微喷头有效湿润半径较大，喷水强度较低，水滴细小，由于有运动部件，加工精度要求较高，并且旋转部件容易磨损，因此使用寿命较短。

（2）折射式微喷头。折射式微喷头的主要部件有喷嘴、折射锥和支架，如图 2-11 所示。

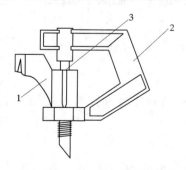

图 2-10 射流（旋转）式微喷头
1—旋转折射臂；2—支架；3—喷嘴

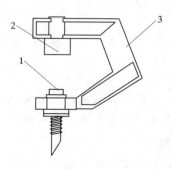

图 2-11 折射式微喷头
1—喷嘴；2—折射锥；3—支架

水流由喷嘴垂直向上喷出，遇到折射锥即被击散成薄水膜沿四周射出，在空气阻力作用下形成细微水滴散落在四周地面上。折射式微喷头又称为雾化微喷头。折射式微喷头的优点是结构简单，没有运动部件，工作可靠，价格便宜。缺点是由于水滴太微细，在空气十分干燥、温度高、风大的地区，蒸发漂移损失大。

　　（3）离心式微喷头。离心式微喷头的结构外形如图 2-12 所示。它的主体是一个离心室，水流从切线方向进入离心室，绕垂直轴旋转，通过处于离心式中心的喷嘴射出的水膜同时具有离心速度和圆周速度，在空气阻力的作用下水膜被粉碎成水滴散落在微喷头的四周。这种微喷头的特点是工作压力低，雾化程度高，一般形成全圆的湿润面积，由于在离心室内能消散大量能量，所以在同样流量的条件下，孔口较大，从而大大减少了堵塞的可能性。

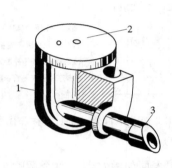

图 2-12　离心式微喷头
1—离心室；2—喷嘴；3—接头

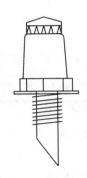

图 2-13　缝隙式微喷头

　　（4）缝隙式微喷头。缝隙式微喷头如图 2-13 所示。水流经过缝隙喷出，在空气阻力作用下，裂散成水滴。一般由两部分组成，下部是底座，上部是带有缝隙的盖。

　　微喷头名称和代号表示方法如图 2-14 所示。

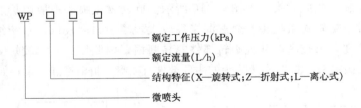

图 2-14　微喷头名称和代号表示方法

　　4. 涌水器（或小管灌水器）

　　图 2-15 是小管灌水器的装配图。它是由 $\phi4$ 塑料小管和接头连接插入毛管壁而成。它的工作水头低，孔口大，不易被堵塞。

　　5. 渗灌管（带）

　　渗灌管是用 2/3 的废旧橡胶（为旧轮胎）和 1/3 的 PE 塑料混合制成可以渗水的多孔管，这种管埋入地下渗灌，渗水孔不易被泥土堵塞，植物根也不易扎入。其结构形状如图

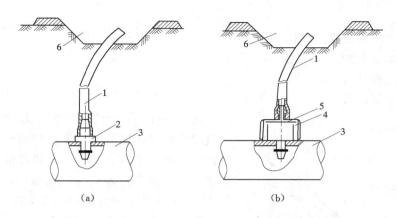

（a）　　　　　　　　　　　　　　（b）

图 2－15　小管灌水器

1—φ4 小管；2—接头；3—毛管；4—稳流器；5—胶片；6—渗水沟

2－16 所示。

### （二）灌水器的结构参数和水力性能参数

结构参数和水力性能参数是微灌灌水器的两项主要技术参数。结构参数主要指流道或孔口的尺寸，对于滴灌带还包括管带的直径和壁厚。水力性能参数主要指流态指数、制造偏差系数、工作压力、流量，对于微喷头还包括射程、喷灌强度、水量分布等。表

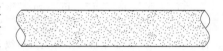

图 2－16　渗灌管

2－1 列出各类灌水器的结构与水力性能指标，可供参考。其中，$C_v$ 值是我国行业标准 SL/T 67.1～3—94《微灌灌水器》规定的。

表 2－1　　　　　　　　　　　　　微灌灌水器技术参数

| 灌水器种类 | 结　构　参　数 | | | | | 水　力　性　能　参　数 | | | | |
|---|---|---|---|---|---|---|---|---|---|---|
| | 流道或孔口直径/mm | 流道长度/cm | 滴头或孔口间距/cm | 带管直径/cm | 带管壁厚/mm | 工作压力/kPa | 出流量/(L/h)或/[L/(h·m)] | 流态指数 $x$ | 制造偏差系数 $C_v$ | 射程/m |
| 滴头 | 0.5～1.2 | 30～50 | | | | 50～100 | 1.5～12 | 0.5～1.0 | <0.07 | |
| 滴灌带 | 0.5～0.9 | 30～50 | 30～100 | 10～16 | 0.2～1.0 | 50～100 | 1.5～3.0 | 0.5～1.0 | <0.07 | |
| 微喷头 | 0.6～2.0 | | | | | 70～200 | 20～250 | 0.5 | <0.07 | 0.5～4.0 |
| 涌水器 | 2.0～4.0 | | | | | 40～100 | 80～250 | 0.5～0.7 | <0.07 | |
| 渗灌管（带） | | | | 10～20 | 0.9～1.3 | 40～100 | 2～4 | 0.5 | <0.07 | |
| 压力补偿型 | | | | | | | | 0～0.5 | <0.15 | |

**注**　渗灌管（带）的出流量以 L/(h·m) 计，其余流量以 L/h 计；各种灌水器都有压力补偿型，其参数均适用，通常 $x<0.3$ 为全补偿，其余为部分补偿。

1. 流量与压力关系

微灌灌水器的流量与压力关系式为

$$q = kh^x \qquad (2-1)$$

式中  $q$——灌水器流量，L/h；

$k$——流量系数；

$h$——工作水头，m；

$x$——流态指数。

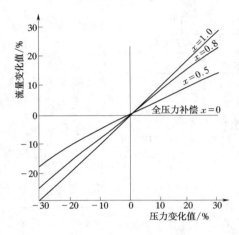

图 2-17　灌水器流量与压力关系曲线

式（2-1）中，流态指数 $x$ 反映了灌水器的流量对压力变化的敏感程度。当滴头内水流为全层流时，流态指数 $x$ 等于 1，即流量与工作水头成正比；当滴头内水流为全紊流时，流态指数 $x$ 等于 0.5；全压力补偿器的流态指数 $x$ 等于 0，即出水流量不受压力变化的影响。其他各种形式的灌水器的流态指数在 0~1.0 之间变化，图 2-17 表示流态指数不同时，滴头的流量变化与压力变化之间的关系。

2. 制造偏差系数

灌水器的流量与流道直径的 2.5~4 次幂成正比，制造上的微小偏差将会引起较大的流量偏差。在灌水器制造中，由于制造工艺和材料收缩变形等的影响，不可避免地会产生制造偏差。实践中，一般用制造偏差系数来衡量产品的制造精度。它的表示方法见式（2-2）。

$$C_v = \frac{S}{\overline{q}} \qquad (2-2)$$

$$S = \sqrt{\frac{1}{n-1} \sum_{i=1}^{n} (q_i - \overline{q})^2} \qquad (2-3)$$

$$\overline{q} = \frac{\sum_{i=1}^{n} q_i}{n} \qquad (2-4)$$

式中  $C_v$——灌水器的制造偏差系数；

$S$——流量标准偏差；

$q_i$——所测每个滴头的流量，L/h；

$n$——所测灌水器的个数。

## 二、首部枢纽

首部枢纽由逆止阀、空气阀、计量装置、肥料注入设备、过滤设施或设备、压力或流量调节阀等组成。图 2-18 所示是一种简单控制首部枢纽。

（1）逆止阀。当切断水流时，用于防止含有肥料的水倒流进水泵或供水系统。

（2）空气阀。安装于系统最高处，用于排出管网中积累的空气。

（3）计量装置，如水表等。图 2-19 所示为自动量水阀结构，当通过预定的水量即自动关闭。很多阀可以依次由水力驱动。

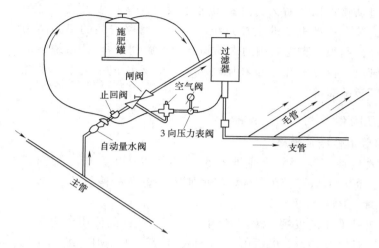

图2-18 简单控制首部枢纽图

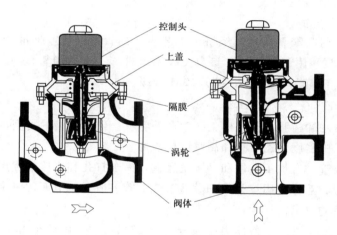

图2-19 自动量水阀结构图

（4）肥料注入设备。将无压的肥料溶液注入压力系统中。

（5）过滤设施及设备。在灌溉系统中必须安装过滤器，以减少固体颗粒和生物体对滴头造成堵塞。过滤设施的种类有：沉沙池、旋流水沙分离器、砂过滤器，叠片过滤器，筛网过滤器等。过滤器类型、尺寸和数量由水质和首部枢纽的流量所决定。一般情况下，过滤器都集中在首部枢纽。也有在首部枢纽装有一过滤中心（或几个过滤器），在各地块入口处还装"安全过滤器"。

通常过滤器不能完全解决堵塞问题，还允许有一定比例的滴头堵塞或灌溉质量有所下降。然而，高效的过滤系统可以使堵塞降到可接受的水平。

过滤器并不能解决化学堵塞。为了清除化学堵塞，系统必须用酸冲洗。

（6）压力或流量调节阀。压力调节阀（图2-20）的作用是在其工作压力范围内，入口压力无论如何变化，而出口压力始终稳定在一定的范围内。在选择压力或流量调节阀时一定要考虑投资、可靠性和调节精度。

滴灌系统自动化可以节省人力和提高灌水效率。有很多方法，先进的形式是一个安装在首部枢纽的主控系统，与沿主管路安装的田间站相连；每个田间站控制很多支管入口的水动阀（由电磁阀配合）。系统自动地逐次控制支管组，提供所需水量和肥料量，控制系统记录发生在系统内的故障，如管道破裂等。

### 三、管道及附件

#### （一）常用管道性能及规格

微灌系统大量使用塑料管，主要有聚氯乙烯（PVC）管、聚丙烯（PP）管和聚乙烯（PE）管。在首部枢纽也使用一些镀锌钢管。

1. 聚氯乙烯（PVC）管

根据我国塑料工业的发展，聚氯乙烯（PVC）管材的使用压力分为 0.20、0.25、0.32、0.40、0.63、0.8、1.00、1.25、1.6MPa 级，其规格见第一章表 1－6 及第三章表 3－1。

图 2－20 压力调节阀内部结构图

2. 聚丙烯（PP）管

聚丙烯管是采用共聚聚丙烯，经挤出工艺生产的管材。行业标准为 SL/T 96.2—94《喷灌用塑料管基本参数及技术条件——聚丙烯管》。压力等级分为 0.25、0.40、0.63MPa 和 1.00MPa 级。

3. 聚乙烯（PE）管

聚乙烯管是聚乙烯树脂，经挤出工艺生产的管材。依据树脂的密度，聚乙烯管可分为低密度聚乙烯管、中密度聚乙烯管和高密度聚乙烯管。

低密度聚乙烯管具有加工方便和可缠绕运输，易于打孔和连接的优点，因而在微灌系统中广泛用于支管、毛管，用量很大。微灌系统毛管一般置于地面，对聚乙烯管材的抗老化性能提出了很高的要求。

对于低密度聚乙烯管，工作压力等级分为 0.25MPa、0.40MPa 和 0.63MPa，其规格见第三章表 3－2。

#### （二）管件

微灌系统从首部枢纽、输水管道到田间支、毛管，要用不同直径、不同类型的管件，管件直径 4～250mm，且数量较大。同时，微灌系统主要使用塑料管，而塑料管件维修比较困难，因而在选择管件时，要十分谨慎，应选择密封可靠、维修更换方便的管件，以利于施工安装和维护。在微灌系统设计时，不同管材、不同规格，应选用不同的管件。

低密度聚乙烯（LDPE）塑料管，一般用于直径较小的田间支毛管。对于 25mm 以下的低密度聚乙烯塑料管，一般采用内插式密封管件，如图 2－21 所示。

对于 32～63mm 的低密度聚乙烯管，由于管径较大，建议采用组装式橡胶密封管件。这种管件可以防止管道环向开裂，同时密封可靠，施工安装维修更换方便。组装式橡胶密封管件由管件体、密封圈、卡箍和锁母组成，如图 2－22 所示。

图 2 - 21　内插式密封管件　　　　图 2 - 22　组装式橡胶密封管件结构图

# 第三节　微灌工程规划设计

## 一、微灌工程规划设计参数的确定

### （一）作物需水量

作物需水量包括作物蒸腾量和棵间蒸发量。估算作物需水量的方法很多，可参见"农田水利"相关教材。

### （二）设计耗水强度

设计耗水强度是指在设计条件下的作物耗水强度。它是确定微灌系统最大输水能力的重要依据。设计耗水强度越大，系统的输水能力越高，但系统的投资也就越高，反之亦然。因此，在确定设计耗水强度时既要考虑作物对水分的需要，又要考虑经济上合理可行。GB/T 50485—2009《微灌工程技术规范》规定：设计耗水强度应由当地试验资料确定。无资料时可通过计算或按表 2 - 2 选取。

表 2 - 2　　　　　　　　　设 计 耗 水 强 度　　　　　　　　单位：mm/d

| 作　　物 | 滴灌 | 微喷灌 | 作　　物 | 滴灌 | 微喷灌 |
|---|---|---|---|---|---|
| 葡萄、树、瓜类 | 3～7 | 4～8 | 蔬菜（露地） | 4～7 | 5～8 |
| 粮、棉、油等植物 | 4～7 | — | 冷季型草 | — | 5～8 |
| 蔬菜（保护地） | 2～4 | — | 暖季型草 | — | 3～5 |

注　1. 干旱地区宜取上限值。

　　2. 对于在灌溉季节敞开棚膜的保护地，应按露地选取设计耗水强度值。

### （三）设计灌水均匀度

为了保证微灌的灌水质量，灌水均匀度应达到一定的要求。在田间，影响灌水均匀度的因素很多，如灌水器工作压力的变化，灌水器的制造偏差、堵塞情况、水温变化、微地形变化等。目前在设计微灌工程时能考虑的只有水力（压力变化）和制造偏差两种因素对均匀度的影响。

微灌灌水均匀度可以用克里斯琴森（Christiansen）均匀系数来表示，即

$$C_u = 1 - \frac{\overline{\Delta q}}{\overline{q}} \qquad (2-5)$$

$$\overline{\Delta q} = \frac{\sum_{i=1}^{n} |q_i - \overline{q}|}{n} \qquad (2-6)$$

式中　$C_u$——灌水均匀系数；

　　　$\overline{q}$——灌水器平均流量，L/h；

　　　$\overline{\Delta q}$——灌水器流量的平均偏差，L/h；

　　　$q_i$——田间实测的各灌水器流量，L/h；

　　　$n$——实测的灌水器个数。

1. 只考虑水力因素影响时的设计均匀度

考虑水力影响因素，微灌的均匀系数 $C_u$ 与灌水器的流量偏差率 $q_v$ 存在着一定的近似关系，如表 2-3 所示。

表 2-3　$C_u$ 与 $q_v$ 的关系

| $C_u/\%$ | 98 | 95 | 92 |
|---|---|---|---|
| $q_v/\%$ | 10 | 20 | 30 |

另外，在平地或均匀坡条件下微灌的流量偏差率与工作水头偏差率的关系为

$$H_v = \frac{1}{x} q_v \left(1 + 0.15 \frac{1-x}{x} q_v\right) \qquad (2-7)$$

$$q_v = \frac{q_{max} - q_{min}}{q_d} \qquad (2-8)$$

及

$$H_v = \frac{h_{max} - h_{min}}{h_d} \qquad (2-9)$$

式中　$x$——灌水器的流态指数；

　　　$h_{max}$——灌水器的最大工作水头，m；

　　　$h_{min}$——灌水器的最小工作水头，m；

　　　$h_d$——灌水器的平均工作水头，m；

　　　$q_{max}$——相应于 $h_{max}$ 时的灌水器的流量，L/h；

　　　$q_{min}$——相应于 $h_{min}$ 时的灌水器的流量，L/h；

　　　$q_d$——灌水器的设计流量，L/h。

若选定了灌水器，已知流态指数 $x$，并确定了均匀系数 $C_u$，则可用上式求出允许的压力偏差率 $H_v$，从而可以确定毛管的设计工作压力变化范围。

2. 设计灌水均匀度的确定

在设计微灌工程时，选定的灌水均匀度越高，灌水质量越高，水的利用率也越高，而系统的投资也越大。因此，设计灌水均匀度应根据作物对水分的敏感程度、经济价值、水源条件、地形、气候等因素综合考虑确定。

建议采用的设计均匀度为：当只考虑水力因素时，取 $C_u = 0.95 \sim 0.98$，或 $q_v = 10\% \sim 20\%$；当考虑水力和灌水器制造偏差两个因素时，取 $C_u = 0.9 \sim 0.95$。

**（四）灌溉水利用系数**

只要设计合理、设备可靠、精心管理，微灌不会产生输水损失、地面流失和深层渗漏。微灌的主要水量损失是由灌水不均匀和某些不可避免的损失所造成。微灌灌溉水利用

系数一般采用 0.9～0.95。GB/T 50485《微灌工程技术规范》规定：对于滴灌，灌溉水利用系数不应低于 0.9；微喷灌、涌泉灌不应低于 0.85。

## 二、设计灌溉制度

不同的灌溉方法有不同的设计灌溉制度，但对喷灌、微喷灌、滴灌等而言，其原则及计算方法都是一样的。由于在整个生育期内的灌溉是一个实时调整的问题，设计中常常只计算一个理想的灌溉过程。设计灌溉制度是指作物全生育期（对于果树等多年生植物则为全年）中设计条件下的每一次灌水量（灌水定额）、灌水时间间隔（灌水周期）、一次灌水延续时间、灌水次数和灌水总量（灌溉定额），是确定灌溉工程规模的依据，也可作为灌溉管理的参考数据，但在具体灌溉管理时应依据作物生育期内土壤水分状况而定。

### （一）灌水定额计算

微灌系统的最大净灌水定额宜按下列公式计算

$$m_{max} = 0.001 \gamma z p (\theta_{max} - \theta_{min}) \tag{2-10}$$

$$m_{max} = 0.001 z p (\theta'_{max} - \theta'_{min}) \tag{2-11}$$

式中　$m_{max}$——最大净灌水定额，mm；

　　　$\gamma$——土壤容重，g/cm³；

　　　$z$——土壤计划湿润层深度，cm，根据各地的经验，各种作物的适宜土壤湿润层深度：蔬菜为 0.2～0.3m，大田作物为 0.3～0.6m，果树为 1～1.5m；

　　　$\theta_{max}$——适宜土壤含水率上限（重量百分比），%；

　　　$\theta_{min}$——适宜土壤含水率下限（重量百分比），%；

　　　$\theta'_{max}$——适宜土壤含水率上限（体积百分比），%；

　　　$\theta'_{min}$——适宜土壤含水率下限（体积百分比），%；

　　　$p$——设计土壤湿润比，%，应根据自然条件、植物种类、种植方式及微灌的形式，并结合当地试验资料确定。

在无实测资料时，$p$ 可按表 2-4 选取或参考下式计算

$$p = \frac{N_p S_e W}{S_t S_r} \times 100\%$$

式中　$N_p$——每棵作物滴头数；

　　　$S_e$——灌水器间距，m；

　　　$W$——湿润带宽度，m，等于单个滴头的湿润直径；

　　　$S_t$——作物株距，m；

　　　$S_r$——作物行距，m。

表 2-4　　　　　　　　　　　　　微灌设计土壤湿润比　　　　　　　　　　　　　%

| 作　物 | 滴灌、涌泉管 | 微喷灌 | 作　物 | 滴灌、涌泉管 | 微喷灌 |
|---|---|---|---|---|---|
| 果树、乔木 | 25～40 | 40～60 | 蔬菜 | 60～90 | 70～100 |
| 葡萄、瓜类 | 30～50 | 40～70 | 粮、棉、油等植物 | 60～90 | — |
| 草、灌木 | — | 100 | | | |

表 2-5 中列出了各类土壤容重和两种水分常数，可供设计时参考。

表 2-5 不同土壤容重和水分常数

| 土 壤 | 土壤容重/(g/cm³) | 水 分 常 数 | | | |
|---|---|---|---|---|---|
| | | 重量比/% | | 体积比/% | |
| | | 凋萎系数 | 田间持水率 | 凋萎系数 | 田间持水率 |
| 紧砂土 | 1.45~1.60 | | 16~22 | | 26~32 |
| 砂壤土 | 1.36~1.54 | 4~6 | 22~30 | 2~3 | 32~42 |
| 轻壤土 | 1.40~1.52 | 4~9 | 22~28 | 2~3 | 30~36 |
| 中壤土 | 1.40~1.55 | 6~10 | 22~28 | 3~5 | 30~35 |
| 重壤土 | 1.38~1.54 | 6~13 | 22~28 | 3~4 | 32~42 |
| 轻黏土 | 1.35~1.44 | 15 | 28~32 | — | 40~45 |
| 中黏土 | 1.30~1.45 | 12~17 | 25~35 | — | 35~45 |
| 重黏土 | 1.32~1.40 | | 30~35 | | 40~50 |

**（二）设计灌水周期的确定**

设计灌水周期是指在设计灌水定额和设计耗水强度的条件下，能满足作物需要，两次灌水之间的最长时间间隔。这只是表明系统的能力，而不能完全限定灌溉管理时所采用的灌水周期，有时为了简化设计，可采用 1 天。设计灌水周期可按式（2-12）计算

$$T \leqslant T_{max} = \frac{m_{max}}{I_a} \tag{2-12}$$

式中　$T$——设计灌水周期，d；

　　$T_{max}$——最大灌水周期，d；

　　$m_{max}$——最大净灌水定额，mm；

　　$I_a$——设计供水强度，mm/d。

无淋洗要求时，$I_a = E_a$，有淋洗要求时，按下式计算

$$I_a = E_a + T_L$$

式中　$E_a$——设计耗水强度，mm/d，为设计年灌溉临界期植物月平均日耗水强度峰值；

　　$T_L$——设计淋洗强度，mm/d。

**（三）一次灌水延续时间的确定**

单行毛管直线布置，灌水器间距均匀情况下，一次灌水延续时间由式（2-13）确定。对于灌水器间距非均匀安装的情况下，可取 $S_e$ 为灌水器的间距的平均值。

$$t = \frac{m_d S_e S_l}{\eta q_d} \tag{2-13}$$

式中　$t$——一次灌水延续时间，h；

　　$m_d$——设计净灌水定额，mm；

　　$S_e$——灌水器间距，m；

　　$S_l$——毛管间距，m；

　　$\eta$——灌溉水利用系数，$\eta = 0.85 \sim 0.95$；

　　$q_d$——灌水器设计流量，L/h。

对于 $n_s$ 个灌水器绕植物布置时，则

$$t = \frac{m_d S_r S_t}{n_s \eta q_d} \qquad (2-14)$$

式中 $S_r$、$S_t$——植物的行距和株距，m；

　　　$n_s$——每株植物的灌水器个数；

其余符号意义同前。

设计净灌水定额 $m_d$ 宜按下列公式确定

$$m_d = T I_a \qquad (2-15)$$

式中 $m_d$——设计净灌水定额，mm；

其余符号意义同前。

**（四）灌水次数与灌溉定额**

采用微灌技术，作物全生育期（或全年）的灌水次数比传统的地面灌溉多。根据我国的经验，北方果树通常一年灌水 15～30 次，在水源不足的山区也可能一年只灌 3～5 次。灌溉定额为生育期或一年内（对多年生作物）各次灌水定额的总和。

**三、微灌系统工作制度的确定**

微灌系统的工作制度通常有全系统续灌和分组轮灌两种情况。不同的工作制度要求的流量不同，因而工程费用也不同。在确定工作制度时，应根据作物种类、水源条件和经济状况等因素作出合理选择。

**（一）全系统续灌**

全系统续灌是对系统内全部管道同时供水，对设计灌溉面积内所有作物同时灌水的一种工作制度。它的优点是灌溉供水时间短，有利其他农事活动的安排。缺点是干管流量大，增加工程的投资和运行费用；设备的利用率低；在水源流量小的地区，可能缩小灌溉面积。

**（二）分组轮灌**

较大的微灌系统为了减少工程投资，提高设备利用率，增加灌溉面积，通常采用轮灌工作制度。一般是将支管分成若干组由干管轮流向各组支管供水，而支管内部同时向毛管供水。

1. 划分轮灌组的原则

（1）轮灌组控制的面积应尽可能相等或接近，以使水泵工作稳定，效率提高。

（2）轮灌组的划分应照顾农业生产责任制和田间管理的要求。例如，一个轮灌组包括若干片责任地（树），尽可能减少农户之间的用水矛盾，并使灌水与其他农业措施如施肥、修剪等得到较好的配合。

（3）为了方便运行操作和管理，通常一个轮灌组管辖的范围宜集中连片，轮灌顺序可通过协商自上而下进行。有时，为了减小输水干管的流量，也可采用插花操作的方法划分轮灌组。

2. 确定轮灌组数

按作物需水要求，全系统划分的轮灌组数目如下

$$N \leqslant \frac{t_d T}{t} \qquad (2-16)$$

式中　$N$——允许的轮灌组最大数目，取整数；

　　　$t_d$——设计日工作小时数，一般为 12～22h，对于固定式微灌系统不低于 16h；

　　　$T$——设计灌水周期，d；

　　　$t$——一次灌水持续时间，h。

实践表明，轮灌组过多，会造成各农户的用水矛盾，按上式计算的 $N$ 值为允许的最多轮灌组数，设计时应根据具体情况灵活确定合理的轮灌组数目。

3. 轮灌组的划分方法

通常在支管的进口安装闸阀和流量调节装置，使支管所辖的面积成为一个灌水单元，称灌水小区。一个轮灌组可包括一条或若干条支管，即包括一个或若干个灌水小区。

## 四、微灌系统流量计算

### （一）毛管流量计算

一条毛管的进口流量为其上灌水器或出水口流量之和，即

$$Q_{毛} = \sum_{i=1}^{n} q_i \qquad (2-17)$$

式中　$Q_{毛}$——毛管进口流量，L/h；

　　　$n$——毛管上灌水器或出水口的数目；

　　　$q_i$——第 $i$ 个灌水器或出水口的流量，L/h。

设毛管上灌水器或出水口的平均流量为 $q_a$，则

$$Q_{毛} = n q_a \qquad (2-18)$$

为方便计算，设计时可用灌水器设计流量 $q_d$ 代替平均流量 $q_a$，即

$$Q_{毛} = n q_d$$

### （二）支管流量计算

通常支管双向给毛管配水，如图 2-23 所示，支管上有 $N$ 排毛管，由上而下编号为 1，2，…，$N-1$，$N$，将支管分成 $N$ 段，每段编号相应于其下端毛管的编号，任一支管段 $n$ 的流量为

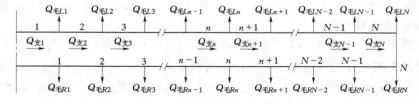

图 2-23　支管配水示意图

$$Q_{支n} = \sum_{i=n}^{N} (Q_{毛Li} + Q_{毛Ri}) \qquad (2-19)$$

式中　$Q_{支n}$——支管第 $n$ 段的流量，L/h；

$Q_{毛Li}$、$Q_{毛Ri}$——第 $i$ 排左侧毛管和右侧毛管进口流量，L/h；

　　　$n$——支管分段号。

支管进口流量（$n=1$）为

$$Q_支 = Q_{支1} = \sum_{i=1}^{N} (Q_{毛Li} + Q_{毛Ri}) \qquad (2-20)$$

当毛管流量相等时，即

$$Q_{毛Li} = Q_{毛Ri} = Q_毛$$
$$Q_{毛Li} = 2(N-n+1)Q_毛$$
$$Q_支 = 2NQ_毛$$

### （三）干管流量推算

**1. 续灌情况**

任一干管段的流量等于该段干管以下支管流量之和。

**2. 轮灌情况**

任一干管段的流量等于通过该管段的各轮灌组中最大的流量。

## 五、管道水力计算

管道水力计算是压力管网设计中非常重要的内容，在系统布置完成之后，需要确定干、支管和毛管管径，均衡各控制点压力以及计算首部枢纽加压系统的扬程。管道水力计算的主要内容包括：①计算各级管道的沿程水头损失；②确定各级管道的直径；③计算各毛管入口工作压力；④计算各灌溉小区入口工作压力；⑤计算首部枢纽水泵所需扬程。

### （一）微灌管道水力计算

管道沿程水头损失应按式（2-21）计算

$$h_f = f \frac{Q^m}{D^b} L \qquad (2-21)$$

式中　$h_f$——管道沿程水头损失，m；

　　　　$f$——摩阻系数；

　　　　$Q$——管道流量，L/h；

　　　　$D$——管道内径，mm；

　　　　$m$——流量指数；

　　　　$b$——管径指数；

　　　　$L$——管道长度，m。

GB/T 50485《微灌工程技术规范》给出了式（2-21）中的系数和指数值，可供设计参考，见表2-6。

表2-6　　　　　　　各种管材的摩阻系数、流量指数和管径指数

| 管　材 | | | 摩阻系数 $f$ | 流量指数 $m$ | 管径指数 $b$ |
|---|---|---|---|---|---|
| 硬塑料管 | | | 0.464 | 1.770 | 4.770 |
| 微灌用聚乙烯管 | $D>8mm$ | | 0.505 | 1.750 | 4.750 |
| | $D\leqslant 8mm$ | $Re>2320$ | 0.595 | 1.690 | 4.690 |
| | | $Re\leqslant 2320$ | 1.750 | 1.000 | 4.000 |

注　1. $D$为管道内径；$Re$为雷诺数。

　　2. 微灌用聚乙烯管的摩阻系数值相应于水温10℃，其他温度时应修改。

### （二）多口出流管道的沿程水头计算

多口出流管道在微灌系统中一般是指毛管和支管。在滴灌系统中，由于毛管一般由厂家提供了不同管径不同滴头和不同间距条件下铺设长度与水头损失关系曲线，故一般不需计算。如厂家所提供的数据中滴头间距不能满足设计要求，此时需进行计算，但滴头和微喷头与毛管连接处的局部水头损失应充分考虑，可初选一个值，利用厂家提供的数据反推得出适宜的局部水头损失值。在微灌系统中，也可使用厂家提供的水头损失与管径、微喷头流量和间距的关系曲线。因而多孔出流管道沿程水头计算一般指支管的计算。

1. 管道沿程压力分布

管道沿程任一断面的压力等于进口压力水头、进口至该断面处的水头损失及地形高差的代数和，即

$$h_i = H - \Delta H_i + \Delta H_i' \tag{2-22}$$

式中　$h_i$——断面 $i$ 处的压力水头，m；

　　　$H$——进口处的压力水头 m；

　　$\Delta H_i$——进口至 $i$ 断面的水头损失，m；

　　$\Delta H_i'$——进口处与 $i$ 断面处的地形高差，顺坡为正值，逆坡为负值。

多口出流管因管中流量沿程不断变化，当孔距无穷小时其沿程损失曲线为指数曲线，如图 2-24 中 2 线，考虑了沿管的地形坡度（图 2-24 中 1 线）后，多口出流管沿程压力水头分布如图 2-24 中 3 线。

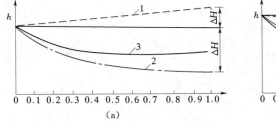
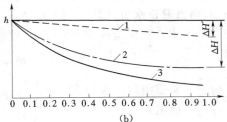

图 2-24　多口出流管沿程压力水头分布

（a）顺坡；（b）逆坡

1—地面坡度线；2—摩擦阻力损失曲线；3—压力水头曲线

确定多口管压力分布曲线的步骤如下。

（1）计算多口管全管长的沿程损失 $H_f$。

（2）计算从管进口至任一分流口断面的沿程损失，即

$$\Delta H_i = R_i H_f$$

对于全等距等量（各口分流量相等，各口间距及管进口至管进口第一分流口的间距也相等）的多口管的磨损比为

$$R_i = 1 - \left(1 - \frac{i}{N + 0.48}\right)^{m+1} \tag{2-23}$$

式中　$i$——孔口编号；

　　　$N$——出流口数；

　　　$m$——计算 $\Delta H$ 公式中的流量指数。

（3）确定任一断面处与进口地形高差 $\Delta H_i'$。

（4）按式（2-22）计算任一处的压力 $h_i$。

2. 多口出流管道的沿程损失计算

可以分别计算各分流口之间管段的沿程水头损失，然后再累加起来，得到多口出流管全长的沿程水头损失。将管段从上游往下游顺序编号，第 $n$ 管段水头损失计算公式为

$$h_n = f \frac{Q_n^m}{D^b} L_n \qquad (2-24)$$

$$Q_n = \sum_{i=n}^{n} q_i \qquad (2-25)$$

式中　$L_n$——第 $n$ 段管的长度，亦即第 $n-1$ 号与第 $n$ 号出流口间距，m；

　　　$q_i$——第 $i$ 号出流口的流量，L/h；

其余符号意义同前。

当出水口较多时，分段计算将很繁琐。对于等距、等量的多孔口出流管的沿程水头损失可按以下简易方法计算。

先以多口管进口流量公式（2-21）计算出无分流管道的沿程水头损失，再乘以多口系数 $F$，即

$$H_t = H_f F \qquad (2-26)$$

$$F = \frac{N\left(\dfrac{1}{m+1} + \dfrac{1}{2N} + \dfrac{\sqrt{m-1}}{6N^2}\right) - 1 + X}{N - 1 + X} \qquad (2-27)$$

式中　$H_t$——多口管沿程损失，m；

　　　$F$——多口系数；

　　　$H_f$——无多口出流时的沿程损失，m；

　　　$N$——出口数目；

　　　$m$——流量指数；

　　　$X$——进口端至第一个出水口的距离与孔口间距之比。

微灌中支毛管均为塑料管，为了便于计算，通常取 $m=1.77$，并将多口系数制成表格备查，见表2-7。

表 2-7　　　　　　　　　　　多口系数（$m=1.77$）

| 出水口数目 N | 多口系数 | | 出水口数目 N | 多口系数 | | 出水口数目 N | 多口系数 | |
|---|---|---|---|---|---|---|---|---|
| | $X=1$ | $X=0.5$ | | $X=1$ | $X=0.5$ | | $X=1$ | $X=0.5$ |
| 2 | 0.648 | 0.530 | 12 | 0.404 | 0.378 | 24 | 0.382 | 0.369 |
| 3 | 0.544 | 0.453 | 13 | 0.400 | 0.376 | 26 | 0.380 | 0.368 |
| 4 | 0.495 | 0.432 | 14 | 0.397 | 0.375 | 28 | 0.379 | 0.368 |
| 5 | 0.467 | 0.408 | 15 | 0.395 | 0.374 | 30 | 0.378 | 0.367 |
| 6 | 0.448 | 0.398 | 16 | 0.393 | 0.373 | 35 | 0.375 | 0.366 |
| 7 | 0.435 | 0.392 | 17 | 0.390 | 0.372 | 40 | 0.374 | 0.366 |
| 8 | 0.425 | 0.387 | 18 | 0.389 | 0.372 | 50 | 0.371 | 0.365 |
| 9 | 0.418 | 0.384 | 19 | 0.388 | 0.371 | 100 | 0.366 | 0.363 |
| 10 | 0.413 | 0.382 | 20 | 0.387 | 0.371 | >100 | 0.361 | 0.361 |
| 11 | 0.407 | 0.379 | 22 | 0.384 | 0.370 | | | |

**3. 多口管局部水头损失计算**

多口管分流口多，局部损失一般不宜忽略，应按供应商的资料选用。无资料时，局部水头损失可按沿程水头损失的一定比例估算，支管宜为 $0.05\sim0.1$，毛管宜为 $0.1\sim0.2$。

## 六、支、毛管设计

### (一) 设计导则

毛管设计的内容是在满足灌水均匀度要求下，确定毛管长度、毛管进口的压力和流量。在平整的地块上，一般最经济的布置是在支管的两侧双向布置毛管。毛管入口处的压力相同，毛管长度也相同。

在沿毛管方向有坡度的地块上，支管布置应向上坡移动，使逆坡毛管长度适当减小，而顺坡毛管长度适当加大。这样地形变化加上水头损失使得整条毛管出流均匀。

支管的间距是由地形条件、毛管和滴头的水力特性决定的。图 2-25 描述了滴灌系统的一些简单布置形式。

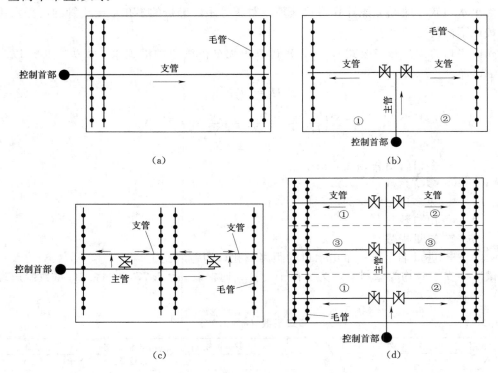

图 2-25　不同类型滴灌系统布置示意图

### (二) 支管设计

微灌系统支管是指连接干管与毛管的管道，它从干管取水分配到毛管中。支管同毛管一样也是多孔出流管道，与毛管不同的是其流量要大得多，因而支管一般是逐段变细的，这主要是为了在一定压力差范围内使投资更小。

支管设计包括确定管径以及支管入口压力。当沿支管地形坡度小于 3％时，通常情况下最经济的方式是支管沿干管双向布置。当沿支管地形坡度大于 3％时，干管应向上坡方向移动，使逆坡支管长度减小，而顺坡支管长度增加。

为了降低投资，支管一般设计成由 2～4 种管径组成，为了保证支管的冲洗，最小管径不应小于最大管径的一半。通常支管内流速应限制在 2m/s 之内。

由于调压阀安装位置不同，支管的允许压力差也就不同，支管设计应按以下两种情况分别考虑。

（1）毛管入口处安装调压阀或使用补偿式灌水器，此时支管设计只要保证每一毛管入口压力在调压阀的工作范围且不小于毛管要求的进口压力即可。具体水力计算按多孔出流管进行。

（2）不采用补偿式灌水器且毛管入口处未安装调压阀时，支管和毛管设计是通盘考虑的。在设计毛管时已经将分配给支管的水头偏差确定了，可据此设计支管。当计算出支管管径过大时，可修改毛管设计，以获得最经济的设计。水力计算按多孔出流管进行。

**（三）毛管设计**

微灌系统毛管是指安装有灌水器的管道，毛管从支管取水，然后通过其上的灌水器均匀地分配到作物根部。一般采用耐老化低密度聚乙烯制造，毛管直径一般为 10～20mm，有时也用 25mm。由于滴灌工程毛管数量相对较多，因此一般选用较小直径的毛管，最常用的毛管直径 10～16mm。毛管一般选用同一直径，中间不变径。

毛管设计是在确定了灌水器类型、流量和布置间距后进行的，通常只有选用单个滴头时，毛管设计才是必需的，对于一体化滴灌管，可依靠厂家提供有关毛管的参数。毛管设计的任务是确定毛管直径和在该地形条件下允许铺设最大长度，由于选用不同类型的灌水器，其设计方法也是不同的。

1. 毛管允许水头偏差和灌水器最大、最小工作水头及流量的确定

根据设计标准和灌水器的设计流量，在较小的坡度下灌水区内灌水器最大、最小出流量可按式（2-28）和式（2-29）估算

$$q_{max} = q_d(1+0.65q_v) \tag{2-28}$$

$$q_{min} = q_d(1-0.35q_v) \tag{2-29}$$

相应灌水器水头为

$$h_{max} = (1+0.65q_v)^{1/x}h_d \tag{2-30}$$

$$h_{min} = (1-0.35q_v)^{1/x}h_d \tag{2-31}$$

为计算方便，以设计灌水器工作水头 $h_d$ 计算允许的水头偏差率为

$$H_v = \frac{h_{max}-h_{min}}{h_d} = \frac{1}{x}q_v\left(1+0.15\frac{1-x}{x}q_v\right) \tag{2-32}$$

此时，灌水器的流量偏差率为

$$q_v = \begin{cases} H_v & x=1 \\ \dfrac{\sqrt{1+0.6(1-x)H_v}-1}{0.3}\dfrac{x}{1-x} & x<1 \end{cases} \tag{2-33}$$

式中　$q_{max}$、$q_{min}$——灌水器最大和最小流量，L/h；

　　　$q_d$——灌水器的设计流量，L/h；

　　　$h_d$——灌水器的设计水头，m；

$h_{max}$、$h_{min}$——与 $q_{max}$、$q_{min}$ 相对应的灌水器最大和最小工作水头，m；

$x$——灌水器流态指数；

$q_v$——设计流量偏差率；

$H_v$——设计水头偏差率。

当在毛管进口安装调压装置后，允许水头偏差将全部分配到每条毛管上，$h_{max}$、$h_{min}$ 就是每条毛管上灌水器的最大、最小水头。在设计中若规定了 $q_v$，则可由式（2-32）求得 $H_v$；如果 $H_v$ 是已知的，可由式（2-33）求得 $q_v$。

2. 判别最大工作水头灌水器的位置

在沿毛管地形坡度 $j \leqslant 0$ 的情况下，毛管上最大工作水头灌水器的位置在上游的第一孔，在下坡条件下可能出现在毛管上游第一孔或下游第 N 孔端，其判别条件为

$$\Delta H_{N-1} - J(N-1)S \begin{cases} >0, & h_1 > h_N, \text{第 1 孔} \\ =0, & h_1 = h_N, \text{第 1 孔和第 N 孔} \\ <0, & h_1 < h_N, \text{第 N 孔} \end{cases} \quad (2-34)$$

式中 $\Delta H_{N-1}$——N-1 孔毛管的总水头损失，m；

$J$——沿毛管的地形坡度；

$S$——滴头间距，m。

3. 按供应商提供的资料选择毛管

若毛管入口处安装有调压阀，也就是说一条毛管上各滴头流量偏差率不超过 10%，即压力偏差率不超过 20%。如沿毛管方向坡度小于 3%，可按供应商所提供的最大毛管铺设长度（表 2-8）选择。

表 2-8　　　内镶式滴头（2.8L/h）入口压力为 10m 时平地最大铺设长度表　　单位：m

| 滴头间距<br>流量偏差率 | 0.3 | 0.4 | 0.5 | 0.6 | 0.75 | 1.00 | 1.25 | 1.50 |
|---|---|---|---|---|---|---|---|---|
| ±5% | 71 | 87 | 101 | 114 | 132 | 160 | 185 | 208 |
| ±7.5% | 80 | 97 | 113 | 127 | 148 | 179 | 207 | 232 |
| ±10% | 89 | 108 | 126 | 142 | 165 | 200 | 231 | 258 |

注　滴灌管直径为 16mm。

## 七、干管及首部枢纽设计

### （一）干管设计

干管是指从水源向田间支毛管输送灌溉水的管道。干管的管径一般较大，灌溉地块较大时，还可分为总干管和各级分干管。干管设计的主要任务是根据轮灌组确定的系统流量选择适当的管材和管道直径。

1. 干管管材的选择

微灌系统干管一般都选用塑料管材，可选用的管材有聚氯乙烯（PVC）管、聚乙烯（PE）管和聚丙烯（PP）管。干管管材的选择应考虑以下因素：

（1）根据系统压力，选用不同压力等级的塑料管。塑料管的压力等级分为 0.2MPa、0.25MPa、0.32MPa、0.40MPa、0.63MPa、0.8MPa、1.00MPa、1.25MPa 和 1.6MPa。

不同材质的塑料管的抗拉强度不同，因此同一压力等级，不同材质塑料管的壁厚也不相同。对于较大的灌溉工程或地形变化较大的山丘区灌溉工程，由于系统压力变化较大，应根据不同的压力分区选用不同压力等级的管材。

对于压力不大于 0.63MPa 的管道，以上四种塑料管均可使用，压力大于 0.63MPa 的管道，推荐使用聚氯乙烯（PVC）管材。

（2）考虑系统的安装以及管件的配套情况，选用不同的塑料管材。聚氯乙烯（PVC）管可选用扩口粘接和胶圈密封方式进行连接。高密度聚氯乙烯（PVC）管和聚丙烯（PP）管，由于没有粘接材料，只能采用热熔对接或电熔连接，习惯采用的承插法连接方式其抗压能力较低，一般只在工作压力较低的情况下使用。低密度聚乙烯（LDPE）管只能使用专用管件进行连接。管道直径小于 20mm 时，可使用内插台式密封管件，管道直径大于 20mm 时，由于施工安装和密封方面的问题，一般不选用内插台式密封，而使用组合密封式管件。由于大口径密封式管件结构复杂，体积和重量较大，价格相对较高，因而微灌常用的低密度聚乙烯管材口径一般在 63mm 以下。

（3）考虑市场价格和运输距离选择适当的管材。塑料管道体积较大，重量轻，因而运输费用相对较大，在选择管材时，应就近选择适当管材以降低费用。

2. 干管管径的选择

干管的管径选择与工程造价及运行费用、压力分区等密切相关。管径选择较大，其水头损失较小，所需水泵扬程降低，运行费用减小，但管网投资相应提高了。管径选择较小，其水头损失较大，所需水泵扬程较大，运行费用增加，但管网的投资可减小。由于微灌系统年运行时数较少，运行费用相对较低，一般情况下，应根据系统的压力分区以及可选水泵的情况综合考虑，通过技术经济比较来选择干管直径。

**（二）水泵选型计算**

1. 微灌系统设计水头的确定

应在最不利轮灌组条件下按式（2-35）计算

$$H = Z_p - Z_b + h_0 + \sum h_f + \sum h_j \tag{2-35}$$

式中　$H$——微灌系统设计水头，m；

　　　$Z_p$——典型灌水小区管网进口的高程，m；

　　　$Z_b$——水源的设计水位，m；

　　　$h_0$——典型灌水小区进口设计水头，m；

　　　$\sum h_f$——系统进口至典型灌水小区进口的管道沿程水头损失（含首部枢纽沿程水头损失），m；

　　　$\sum h_j$——系统进口至典型灌水小区进口的管道局部水头损失（含首部枢纽局部水头损失），m。

2. 微灌系统设计流量的确定

流量按下式计算

$$Q = \frac{n_0 q_d}{1000} \tag{2-36}$$

式中　$Q$——系统设计流量，m³/h；

$q_d$——灌水器设计流量，L/h；

$n_0$——同时工作的灌水器个数。

当只用一台水泵工作时，上式即为水泵流量。当用多台泵工作时，则可按水泵进行流量分配。

3. 水泵选型

根据系统设计扬程和流量可以选择相应的水泵型号，一般所选择的水泵参数应略大于系统的设计扬程和流量，然后再由该水泵的性能曲线校核其他轮灌组要求的流量和压力是否满足。

**（三）首部枢纽设计**

首部枢纽的设计就是正确选择和合理配置有关设备和设施，以保证微灌系统实现设计目标。首部枢纽对微灌系统运行的可靠性和经济性起着重要作用，因此，在设计时应给予高度重视。

在选择设备时，其设备容量必须满足系统过水能力，使水流经过各设备时的水头损失比较小。在布置上必须把易锈金属件和肥料（农药）注入器放在过滤装置上游，以确保进入管网的水质满足微灌要求。

1. 水泵

离心泵和潜水泵是微灌系统应用最普遍的泵型，选型时要注意水泵工作点位于高效区。

2. 过滤器

选择过滤设备主要考虑水质和经济两个因素。筛网过滤器是最普遍使用的过滤器，但含有机污物较多的水源使用砂过滤器能得到更好的过滤效果，含沙量大的水源可采用旋流式水砂分离器，且必须与筛网过滤配合使用。筛网的网孔尺寸或砂过滤器的滤砂应满足灌水器对水质过滤的要求。过滤器设计水头损失一般为 3~5m。

3. 水表

水表的选择要考虑水头损失值在可接受的范围内，并配置于肥料注入口的上游，防止肥料对水表的腐蚀。

4. 压力表

选择测量范围比系统实际水头略大的压力表，以提高测量精度，最好在过滤器的前后均设置压力表，以便根据压差大小确定清洗时机。

5. 进排气阀与排水阀

进排气阀一般设置在微灌系统管网的高处或局部高处，在首部枢纽应在过滤器顶部和下游管上各设一个。其作用为在系统开启充水时排除空气，系统关闭时向管网补气，以防止负压产生。系统运行时排除水中夹带的空气，以免形成气阻。

进排气阀的选用，目前可按"四比一"法进行，即进排气阀全开直径不小于管道内径的 1/4。如 100mm 内径的管道上应安装内径为 25mm 的进排气阀。

另外，在干、支管末端和管道最低位置宜安装排水阀，以便冲洗管道和排净管内积水。

**（四）蓄水池设计**

本节仅涉及对蓄水池和镇墩设计的要求，具体结构设计请参阅有关书籍。

1. 蓄水池设计

蓄水池除调蓄水量外，也可起到沉沙、去铁的作用。蓄水池的出水口（或水泵进水口）应设在高出池底 0.3～0.4m 处，既避免带走沉淀物，又充分利用水池容积；在有条件的地方，尽可能安设冲洗孔；温暖地区的蓄水池很容易滋生水草和藻类，对微灌系统工作影响较大，目前最佳的办法是加盖避光。

当微灌系统既需沉淀池又需蓄水池时，设计时首先考虑二者合一的方案，根据工作条件尽可能减小容积、降低投资。

2. 镇墩设计

镇墩是指用混凝土、浆砌石等砌体定位管道，借以承受管中由于水流方向改变等原因引起的推力，以及直管中由于自重和温度变形产生的推、拉力。三通、弯头、变径接头、堵头、阀门等管件处也需要设置镇墩。镇墩设置要考虑所受力的大小和方向，并使之安全地传递给地基。镇墩的推力和传压面面积可由表 2-9 查出有关数据，经计算确定。

表 2-9　　　　　各种情况下不同管件处的推力（PVC 管，每 10m 水头）　　　　单位：N

| 管件<br>管径/mm | 90°弯头 | 45°弯头 | 三通堵头<br>闸阀 | 管件<br>管径/mm | 90°弯头 | 45°弯头 | 三通堵头<br>闸阀 |
|---|---|---|---|---|---|---|---|
| 25 | 70 | 40 | 50 | 63 | 500 | 270 | 350 |
| 32 | 120 | 60 | 80 | 75 | 700 | 400 | 500 |
| 40 | 180 | 100 | 130 | 90 | 1150 | 600 | 800 |
| 50 | 280 | 150 | 200 | 110 | 1650 | 880 | 1150 |

微灌系统的干、支管道一般埋入地下，此时传压面面积应正交于推力方向。对于设置于地表的管道，其推力还要叠加最不利工作条件下的温度变形力。陡坡管段还要考虑管道自重、管内水重的分力，由稳定计算确定镇墩大小。

# 第四节　滴灌工程规划设计示例

## 一、基本情况

某镇葡萄基地共有葡萄面积 15hm² ，采用基地统一管理的模式进行生产，管理方法程序化、标准化，是高效农业示范区。

滴灌工程葡萄面积 11.5hm² ，过去一直采用大水漫灌方法，灌水定额大，水、肥损失严重，传统的灌水方式严重阻碍了葡萄的优质、高效生产。为此，拟采用先进的滴灌灌水方法。

示范区地势平坦，地形规整，葡萄按地形坡向、采取南北向篱架种植，株距 0.8m 、行距 2.0m 。地面以下 1.0m 土层为壤土，平均干容重 1.4g/cm³ ，田间持水率 24% 。

工程范围内有水井一眼，据测试：机井涌水量为 32m³/h ，井口直径 220mm ，采用钢板卷管护筒，井深范围内岩性为玄武岩，静水位埋深 60m ，动水位埋深 80m ，井口高程与地面齐平。机井水质：根据周边村庄引水工程检验结果分析，满足 GB 5084《农田灌溉水质标准》要求，可作为滴灌水源。

水源附近有 380V 三相电源，已由葡萄基地引至水源处。

## 二、滴灌系统参数的确定

(1) 灌溉设计保证率不低于 85%。

(2) 灌溉水利用系数为 95%。

(3) 设计土壤湿润比 $p$ 不小于 40%

(4) 设计作物耗水强度 $E_a$＝5.0mm/d。

(5) 设计灌水均匀系数 $C_u$ 不低于 80%。

(6) 设计湿润层深 0.6m。

## 三、选择灌水器，确定毛管布置方式

### 1. 选择灌水器

根据工程使用材料情况比较，本工程拟采用北京绿源灌溉科技股份有限公司的产品，产品名称为管上补偿式滴灌管，产品性能如下：滴灌毛管外径 16mm；滴灌毛管进口压力 0.1MPa；滴头间距 0.75m；滴头流量 $q$＝3.75L/h；最大铺设长度 85m。

### 2. 确定毛管布置方式

由于该葡萄基地采取篱架的种植方式，因此毛管布置采用每行葡萄布置一条毛管。根据实际地长和产品的最大铺设长度确定每条毛管长 80m，根据葡萄生产要求，将毛管固定于篱架的第一道铁丝上，距地面高度约 0.4m，毛管布置详见管网平面布置图 2-26。

### 3. 计算湿润比

根据公式：$p＝N_p S_e W/(S_t S_r)$

式中：$N_p＝0.8×0.75＝1.067$，$S_e＝0.75$，$W＝1.0$，$S_t＝0.8$，$S_r＝2.0$，则

$$p＝1.067×0.75×1.0/(0.8×2.0)＝50\%$$

由此可见：满足设计土壤湿润比不小于 40% 的要求。

## 四、管网系统布置

根据工程范围内的地形图，干管沿区内生产路布置，自水井向西直至最末端；分干管沿葡萄种植行与干管垂直布置，直至地块中点；支管沿垂直分干（垂直葡萄行）左右两侧等距离至轮灌区边界；毛管沿葡萄种植方向（垂直支管）布置。

管网系统平面布置详见图 2-26。

## 五、灌溉制度与工作制度及灌水均匀度确定

### 1. 灌溉制度

(1) 设计净灌水定额。

$$m_{\max}＝0.001\gamma z p(\theta_{\max}-\theta_{\min})$$

式中：$\gamma＝1.4\text{g/cm}^3$，$z＝60\text{cm}$，$p＝40\%$，取 $\theta_{\max}＝24\%×0.9＝21.6\%$，$\theta_{\min}＝24\%×0.65＝15.6\%$，则

$$m_{\max}＝0.6×40×(21.6-15.6)×14＝20.16\text{mm}$$

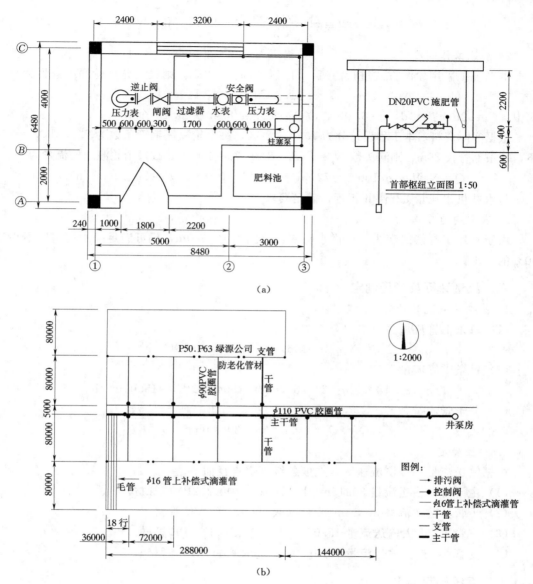

图 2-26 管网系统平面布置图（单位：mm）

(a) 首部枢纽布置图；(b) 田间管网布置图

取最大净灌水定额为设计净灌水定额。

（2）设计毛灌水定额。

$$m' = m_{max}/\eta = 20.16/0.95 = 21.22\text{mm}$$

（3）设计灌水周期。

$$T = m_{max}/E_a = 20.16/5 = 4.03\text{d}, \text{取 } T = 4\text{d}$$

（4）一次灌水延续时间 $t$。

71

$$t=\frac{m's_es_l}{q_d}=\frac{21.22\times0.75\times2.0}{3.75}=8.49(\text{h})$$

### 2. 系统工作制度

本系统拟采用轮灌方式进行灌溉，日工作时间 $t=22\text{h}$，则最大允许轮灌组数目为

$$N=CT/t$$

式中：$C=22\text{h}$，$T=4\text{d}$，$t=8.49\text{h}$，故 $N=22\times4/8.49=10.4$（个）。

根据实际资料，本工程设计分为 10 个轮灌区，每个轮灌区毛管条数为 72（即 $N_1=72$）条，每条毛管长80m，则滴头数 $N_2=L/S_e=80/0.75=106$ 个。故每个轮灌组的流量为

$$Q=N_1N_2\times q/1000\eta=72\times106\times3.75/1000\times0.95=30.13(\text{m}^3/\text{h})$$

与水井供水流量 32m³/h 相近，满足要求。

### 3. 灌水均匀度

由于采用了补偿式滴头，允许水头变化范围为 10～40m，仍可满足灌水均匀度不小于 80%的要求。

## 六、流量计算及管径确定

### 1. 各级管道流量计算

（1）每条毛管流量。

$$\sum q=N_2q/\eta=106\times3.75/0.95=418(\text{L/h})$$

（2）每条支管流量。

$$Q_i=2\times18\times\sum q=2\times18\times418=15048(\text{L/h})=15.05\text{m}^3/\text{h}$$

（3）分干管流量。

$$Q=2Q_i=2\times15.05=30.10(\text{m}^3/\text{h})$$

### 2. 管径确定

根据输送流量、经济流速等，选取各级管道直径如下。

（1）主干管：输送流量 30.13m³/h，选取 $\phi110\times2.2$PVC 管材。

（2）干管：输送流量 30.13m³/h，选取 $\phi90\times2.7$PVC 管材。

（3）支管1：最大输送流量 15.05m³/h，选取 $\phi63\times5$PE 管材。

（4）支管2：最大输送流量 7.53m³/h，选取 $\phi50\times4$PE 管材。

## 七、系统扬程确定

### 1. 毛管水头损失计算

由于采用补偿式滴头，允许水头变化在 10～40m 范围内，仍可满足均匀度80%的要求，故根据厂家提供的铺设长度要求，不再进行毛管损失计算，毛管进口处要求水头为 10m 水柱高。

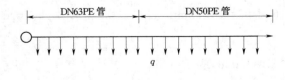

图 2-27 滴灌计算简图

### 2. 支管水头损失计算

每条支管由 $\phi63$ 和 $\phi50$PE 管组成，负担 36 条毛管的供水任务，每两条毛管为一出水口，共有 18 个出水口。计算简图如图 2-27 所示。

按式（2-21）计算，得式中沿程水头损失 $h_f$。查表2-6，各参数为：$f=0.505$，$m=1.75,b=4.75$。局部水头损失取沿程水头损失的10%，即 $h_j=0.1h_f$，则

支管水头损失为

$$h_支=h_f+h_j=2.065+0.21=2.28(\text{m})（结果见表2-10，取最大值）$$

支管进口压力为

$$H_支=H_支+H_干=10+2.28=12.28(\text{m})$$

3. 干管、主干管水头损失计算

沿程水头损失 $h_f$ 仍按式（2-21）计算，查表2-6得：$f=0.464$，$m=1.77$，$b=4.77$；局部水头损失按沿程水头损失的10%考虑，即 $h_j=0.1h_f$。

干管流量 $Q=30.13\text{m}^3/\text{h}=30130\text{L/h}$，选取 $\phi90\times2.7$PVC管材，$D=90-5.4=84.6\text{mm}$，$L=80\text{m}$，则

$$h_f=0.464\times80\times30130^{1.77}/84.6^{4.77}=2.01(\text{m})$$
$$h_j=0.1h_f=0.20(\text{m})$$

干管总水头损失为

$$h_干=h_f+h_j=2.01+0.2=2.21(\text{m})$$

干管入口处进口压力为

$$H_干=H_支+h_干=12.28+2.21=14.49(\text{m})$$

表2-10　　　　　　　　　　　　支管水头损失计算表

| $i$ | $L/\text{m}$ | $D/\text{mm}$ | $Q_i/(\text{m}^3/\text{h})$ | $\Delta h_i/\text{m}$ | $\sum\Delta H_i/\text{m}$ |
|---|---|---|---|---|---|
| 1 | 1.0 | 53 | 15.066 | 0.073 | 2.065 |
| 2 | 2.0 | 53 | 14.229 | 0.133 | 1.992 |
| 3 | 2.0 | 53 | 13.392 | 0.119 | 1.859 |
| 4 | 2.0 | 53 | 12.555 | 0.107 | 1.740 |
| 5 | 2.0 | 53 | 11.718 | 0.094 | 1.633 |
| 6 | 2.0 | 53 | 10.881 | 0.083 | 1.539 |
| 7 | 2.0 | 53 | 10.044 | 0.072 | 1.456 |
| 8 | 2.0 | 53 | 9.207 | 0.062 | 1.384 |
| 9 | 2.0 | 53 | 8.370 | 0.052 | 1.322 |
| 10 | 2.0 | 42 | 7.533 | 0.335 | 1.270 |
| 11 | 2.0 | 42 | 6.696 | 0.273 | 0.935 |
| 12 | 2.0 | 42 | 5.859 | 0.216 | 0.662 |
| 13 | 2.0 | 42 | 5.022 | 0.165 | 0.446 |
| 14 | 2.0 | 42 | 4.185 | 0.120 | 0.281 |
| 15 | 2.0 | 42 | 3.348 | 0.081 | 0.161 |
| 16 | 2.0 | 42 | 2.511 | 0.049 | 0.080 |
| 17 | 2.0 | 42 | 1.674 | 0.024 | 0.031 |
| 18 | 2.0 | 42 | 0.837 | 0.007 | 0.007 |

主干管流量：$Q=30.13 m^3/h=30130 L/h$，选取主干管为 $\phi 110 \times 2.2$ PVC 管材，$d=110-2.2\times 2=105.6$（mm），$L=850m$，则

$$h_f=0.464\times 850\times 30130^{1.77}/105.6^{4.77}=7.43（m）$$

$$h_{主干}=h_f+h_j=7.43+0.743=8.17（m）$$

主干管进口压力值为

$$H_{主干}=H_干+h_{主干}=14.49+8.17=22.66（m）$$

**4. 系统扬程确定**

首部枢纽由过滤器、阀门等构件组成，首部枢纽构件的水头损失，由产品说明书查得

$$h_{滤}=7m$$

泵管选用 Dg80 镀锌铁管，$L=87m$，则泵管水头损失为

$$h_{管}=1.1\times 87\times 6.25\times 10^5\times 30.13^{1.77}/80^{4.77}=7.6（m）$$

动水位埋深为 80m，即 $H_井=80m$，则系统扬程为

$$H=H_{主干}+h_{滤}+h_{管}+H_井=22.66+7.0+7.6+80=117.26（m）$$

### 八、首部枢纽设计

（1）水泵选型：根据 $Q=30.13 m^3/h$，$H=117.26m$，井径 $D=220mm$，选取井用潜水泵型号为：200QJ32—130/10，电机功率 $N=22kW$。

（2）过滤器：根据水源水质状况，选用网式过滤器两台，型号为：WS—80—200。

（3）施肥系统：施肥系统由肥料池、电动柱塞泵及肥料过滤器三部分组成，肥料池为砖石结构尺寸，拟为 $1500mm\times 1000mm\times 800mm$，电动柱塞泵流量 100L/h。

（4）其他附件：安全阀 1 只，止回阀 1 只，闸阀 1 只，DN80 水表 1 个，进排气阀 1 只及压力表 2 只，见图 2—26（a）首部枢纽布置图。

### 九、工程预算（略）

# 小 结

　　微灌是利用微灌设备将有压水输送分配到田间，通过灌水器以微小的流量湿润作物根部附近土壤的一种局部灌水技术。微灌可以按不同的方法进行分类，按所用的设备（主要是灌水器）及出流形式不同，主要有滴灌、微喷灌、涌泉灌和渗灌四种。滴灌是利用安装在末级管道（称为毛管）上的滴头，或与毛管制成一体的滴灌带将压力水以滴流形式湿润土壤，在灌水器流量较大时，形成连续细小水流湿润土壤；微喷灌是利用直接安装在毛管上，或与毛管连接的微喷头将压力水以喷洒方式湿润土壤，微喷头有固定式和旋转式两类；涌泉灌是利用小塑料管与毛管连接作为灌水器，以细流（射流）状局部湿润作物附近土壤的；渗灌是利用一种特别的渗水毛管埋入地表以下，压力水通过渗水毛管管壁的小孔以渗流的形式湿润其周围土壤的一种灌水方式，由于其减少了土壤表面蒸发，是用水量最省的一种微灌技术。

　　微灌具有省水、省工、节能、增产、灌水均匀、对土壤和地形的适应性强等优点；缺点是投资远高于地面灌、灌水器易被水中的矿物质或有机物质堵塞等。

微灌系统由水源、首部枢纽、输配水管网和灌水器以及流量、压力控制部件和量测仪表等组成。首部枢纽包括水泵、动力机、肥料和化学药品注入设备、过滤设备、控制阀、进排气阀、压力及流量量测仪表等，其作用是从水源取水增压并将其处理成符合微灌要求的水流送到系统中去；输配水管网包括干、支管和毛管三级管道，其作用是将首部枢纽处理过的水按照要求输送分配到每个灌水单元和灌水器，毛管是微灌系统最末一级管道，其上安装或连接灌水器；灌水器按结构和出流形式不同，主要有滴头、滴灌管（带）、微喷头、涌水器（或小管灌水器）、渗灌管（带）等五类，其作用是把末级管道（毛管）的压力水流均匀而又稳定地灌到作物根区附近的土壤中。

结构参数和水力性能参数是微灌灌水器的两项主要技术参数。结构参数主要指流道或孔口的尺寸，对于滴灌带还包括管带的直径和壁厚。水力性能参数主要指流态指数、制造偏差系数、工作压力、流量等，对于微喷头还包括射程、喷灌强度、水量分布等。

微灌系统大量使用塑料管，主要有聚氯乙烯（PVC）管、聚丙烯（PP）管和聚乙烯（PE）管。在首部枢纽也使用一些镀锌钢管。

微灌工程的规划设计主要内容包括：作物需水量计算、灌溉制度确定、工作制度确定、流量计算、管道水力计算、支毛管设计和干管及首部枢纽设计等。

## 复 习 思 考 题

1. 微灌有哪些优缺点？

2. 微灌系统由哪几部分组成？系统类型有几种？

3. 微灌系统布置应遵循哪些原则？

4. 如何拟定微灌的灌溉制度和工作制度？

5. 微灌系统规划设计内容包括哪些？

6. 某蔬菜地拟建滴灌系统，已知滴头流量为 4L/h，毛管间距 1m，毛管上滴头间距为 0.7m，滴灌土壤湿润比为 80%，土壤计划湿润层深度为 0.3m，土壤有效持水率为 15%（占土壤体积的百分比），需水高峰期日平均耗水强度为 6mm/d。试求：

（1）滴灌设计灌水定额。

（2）设计灌水周期。

（3）滴头一次灌水的工作时间。

7. 某滴灌毛管（塑料管）沿果树行布设（地面坡度为 0），果树株距 2m，每树布设两个管式滴头，滴头设计工作压力为 10m 水头，出水量为 4m³/h，毛管上滴头等距布设，间距为 1m，并限制首尾滴头工作压力差不小于滴头设计工作压力的 20%。试求：

（1）毛管管径与长度。

（2）计算距毛管进口 20m 处的工作压力。

8. 某滴灌支管长 78m，控制 20 排毛管（每排毛管对称自支管分水），每排毛管间距为 4m，第一排毛管分水口距支管进口为 2m。毛管等长，毛管进口流量为 196L/h，毛管进口要求的工作压力为 12m（水头），支管沿线地面坡度为 0.01，顺坡自上而下布设。支管管径在 0～34m 间为 40mm（内径），34～78m 间为 32mm。试求支管进口工作压力。

9. 选择题

(1) 微灌系统的控制调度中心是 （    ）。

A. 水源　　　　　B. 首部枢纽　　　　C. 输配水管网　　　　D. 灌水器

(2) 主要用于果园灌溉的是 （    ）。

A. 固定式地面微灌系统　　　　　B. 地下渗灌系统

C. 半固定式微灌系统　　　　　　D. 移动式微灌系统

(3) （    ） 是当今世界最先进的灌水技术。

A. 渠道防渗　　B. 管道输水　　　C. 喷、微灌技术　　D. 地面灌水

(4) 微灌比一般喷灌省水 15%～20%，比地面沟、畦灌溉省水 （    ）。

A. 20%～25%　B. 25%～30%　　C. 30%～50%　　　D. 50%～60%

(5) （    ） 是用水量最省的一种微灌技术。

A. 滴灌　　　　B. 微喷灌　　　　C. 涌泉灌　　　　D. 渗灌

(6) 微灌的灌水均匀度高，一般可达 （    ）。

A. 60%～70%　B. 70%～80%　　C. 80%～90%　　　D. 85%～95%

(7) 对供水量需要调蓄或含沙量很大的水源，常要修建蓄水池和沉淀池。沉淀池主要用于去除灌溉水源中的 （    ）。

A. 大固体颗粒　B. 小颗粒泥沙　C. 藻类植物　　　D. 微生物

(8) 输配水管网包括干、支管和毛管三级管道。微灌系统中，大于 63mm 的管道常用 （    ）。

A. 聚丙烯管材　B. 硬聚乙烯管材　C. 聚氯乙烯管材　　D. 软聚乙烯管材

(9) 土壤计划湿润层深度应根据各地的经验确定，大田作物一般为 （    ）。

A. 0.2～0.3m　B. 0.3～0.6m　　C. 0.7～0.8m　　　D. 1～1.5m

(10) 微灌系统毛管是指安装有灌水器的管道，一般采用耐老化低密度聚乙烯管材制造，直径一般为 （    ）。

A. 5～10mm　　B. 10～20mm　　C. 20～30mm　　　D. 30～40mm

# 第三章 低压管道灌溉技术

【学习指导】

**学习要求：**

1. 了解低压管道灌溉技术特点及适用条件；

2. 了解低压管道灌溉系统类型、组成及主要设备；

3. 掌握低压管道灌溉技术的规划设计内容及方法。

**本章重点：**

1. 低压管道灌溉系统的技术参数及设备的选择；

2. 低压管道灌溉系统规划设计内容与方法。

## 第一节 概 述

### 一、低压管道灌溉工程及其优缺点

低压管道输水灌溉（简称管灌），是以低压输水管道代替明渠输水灌溉的一种工程形式，它是通过一定的压力，将灌溉水由低压管道系统输送到田间。再由管道分水口分水或外接软管输水进入沟、畦的地面灌溉技术。其特点是出水流量大，出水口工作压力较低（3~5kPa），管道系统设计工作压力一般小于 0.4MPa，管道不会发生堵塞。

1. 优点

（1）节约用水。管道输水减少了输水过程中的渗漏与蒸发损失，井灌区管道系统水的利用系数在 0.95 以上，比土渠输水节水 30%左右；渠灌区采用管道输水后，比土渠节水 40%左右。

（2）节省土地。井灌区渠道占用耕地一般在 1%左右，渠灌区渠道占用耕地面积约 1.5%~2%，采用管道输水后，管道埋入地下代替渠道减少了渠道占地，可增加 1%~2%的耕地面积。对于我国土地资源紧缺，人均耕地面积不足 1.5 亩的现状来说，具有显著的社会效益和经济效益。

（3）节省能源。由于管道输水灌溉节省了大量的灌溉用水，缩短了灌水时间，使单位面积的灌溉能耗显著降低。据试验观测，管道输水比土渠输水节能 20%~30%。

（4）省工省时。管道输水速度快、供水及时，可缩短轮灌周期，提高了灌水的工作效率。管道代替明渠之后，避免了跑水漏水现象，可节省管理用工，在渠灌区省工的优点更加明显。

（5）对地形适应性较强。管道输水灌溉属有压供水，能适应各种地形，可使原来渠道难以达到灌溉的耕地实现灌溉，扩大灌溉面积。

（6）成本低，灌溉效益高。低压管道灌溉系统单位面积上管道用量少，一次性投资少，移动式软管灌溉平均每公顷管道用量为 75～90m，投资 60～80 元；半固定式管道灌溉系统每公顷投资 500～1000 元，远小于喷灌或微灌的投资。同等水源条件下，由于管道灌溉可扩大灌溉面积，改善田间灌水条件，有利于适时适量灌溉，从而及时有效地满足作物生长期的需水要求，起到了增产增收的效果。一般年份可增产 15％，干旱年份增产 20％以上。

2. 缺点

（1）我国的低压管道输水灌溉工程从立项、设计、施工到验收缺乏严格规范的要求，造成节水灌溉的工程质量与节水灌溉技术要求差距较大，直接影响了低压管道输水灌溉技术的进一步发展。

（2）缺少大口径管材、系列配套管件及附属设备。我国还没有专门生产农用管道系列管材、管件及附属设备的厂家，特别缺乏适合大型灌区发展管道输水灌溉技术的大口径管材。即便井灌区用的管材、管件也没有形成系列化、规格化、标准化和产业化生产。这一现状直接影响了管道输水灌溉技术的发展速度和工程质量。

（3）工程规划设计水平有待提高。管网系统投资在整个管道输水系统中占的比重最大，特别是在大型灌区，对管网进行总体优化设计可明显降低工程投资。

（4）田间工程的标准和配套程度低。由给水栓或出水口向田间输水垄沟灌水的配水装置尚未形成标准化、系列化的定型产品。

## 二、低压管道输水灌溉系统的组成与分类

### （一）低压管道输水灌溉系统的组成

低压管道输水灌溉系统由水源与取水工程部分、输水配水管网系统和田间灌水系统三部分组成。

1. 水源与取水工程

低压管道输水灌溉系统的水源有井、泉、沟、渠道、塘坝、河湖和水库等。水质应符合 GB 5084《农田灌溉水质标准》的规定，且不含大量杂草、泥沙等杂物。

井灌区取水部分除选择适宜机泵外，还应安装压力表及水表，并配备井房。而在自压灌区或大中型提水灌区的取水工程还应设置进水闸、分水闸、拦污栅、沉淀池和水质净化处理设施及量水建筑物。

2. 输水配水管网系统

输配水管网系统是指管道输水灌溉系统中的各级管道、分水设施、保护装置和其他附属设施。在面积较大的灌区，管网可由干管、分干管、支管、分支管等多级管道组成。

3. 田间灌水系统

田间灌水系统指分水口以下的田间部分。作为整个管道输水灌溉系统，田间灌水系统是节水灌溉的重要组成部分。田间工程质量差，会造成严重的用水浪费现象。灌溉田块应进行平整，使田块坡度符合地面灌水要求（0.001～0.002），畦田长宽适宜。为达到灌水均匀、减小灌水定额的目的，通常将长畦改为短畦或给水栓接移动软管。其中闸管系统是减少向畦中灌水水量损失的较好措施之一。

## （二）低压管道灌溉系统的类型

低压管道灌溉系统按其输配水方式、管网形式、固定方式、输水压力和结构形式分类，下面介绍前三种分类方式。

**1. 按输配水方式分类**

按输配水方式可分为水泵提水输水系统和自压输水系统，水泵提水又可分为水泵直送式和蓄水池式。

（1）水泵提水输水系统。水源水位不能满足自压输水要求，需要利用水泵加压将水输送到所需要的高度进行灌溉。一种形式是水泵直接将水送入管道系统，然后通过分水口进入田间。另一种形式是水泵通过管道将水输送到某一高位蓄水池，然后由蓄水池通过管道自压向田间供水。目前，平原井灌区管道系统大部分为水泵直送式。

（2）自压输水系统。利用地形自然落差所提供的水头作为管道系统在运行时所需的工作压力。在水源位置较高的自流灌区多采用这种形式。

**2. 按管网形式分类**

低压管道输水灌溉系统按管网形式可分为树状网和环状网两种类型，见图 3-1。

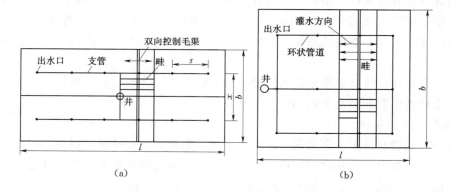

图 3-1 管网系统示意图
（a）树状管网；（b）环状管网

（1）树状网。管网为树枝状，水流从"树干"流向"树枝"，即在干管、支管、分支管中从上游流向末端，只有分流而无汇流，如图 3-1（a）所示。

（2）环状网。管网通过节点将各管道连接成闭合环状网。根据给水栓位置和控制阀启闭情况，水流可作正逆方向流动，如图 3-1（b）所示。

目前国内低压管道输水灌溉系统多采用树状网，环状网在一些试点地区也有所应用。

**3. 按固定方式分类**

低压管道输水灌溉系统按固定方式可分为移动式、半固定式和固定式。

（1）移动式。除水源外，管道及分水设备都可移动，机泵可固定也可移动，管道多采用软管。简便易行，一次性投资低，多在井灌区临时抗旱时应用。但是劳动强度大，管道易破损。

（2）半固定式。其管灌系统的一部分固定，另一部分移动。一般是水源固定，干管或干、支管为固定地埋管，由分水口连接移动软管输水进入田间。这种形式工程投资介于移动式和固定式之间，比移动式劳动强度低，但比固定式管理难度大，经济条件一般的地区较宜采用半固定式系统。

（3）固定式。管灌系统中的水源和各级管道及分水设施均埋入地下，固定不动。给水栓或分水口直接分水进入田间沟、畦，没有软管连接。田间毛渠较短，固定管道密度大，标准高。这类系统一次性投资大，但运行管理方便，灌水均匀。有条件的地方应逐渐推行这种形式。

## 第二节 低压管道灌溉工程常用管材及附件

### 一、常用管材

可用于低压管道输水灌溉的管材较多，按管道材质可分为塑料类管材、金属类管材、水泥类管材和其他材料管四类。

#### （一）塑料类硬管

塑料硬管具有重量轻、易搬运、内壁光滑、输水阻力小、耐腐蚀和施工安装方便等优点，在低压管道输水灌溉工程中得到广泛应用。塑料硬管抗紫外线性能差，故多埋于地下，以减缓老化速度。在地埋条件下，使用寿命可达 20 年以上，能适应一定程度的不均匀沉陷。

在低压管道输水灌溉系统中常用的硬塑料管材主要有普通聚氯乙烯管、聚乙烯管、聚丙烯管、双壁波纹管和加筋 PVC 管等。

1. 硬聚氯乙烯管材

硬聚氯乙烯管材是按一定的配方比例将聚氯乙烯树脂、各种添加剂均匀混合，加热熔融、塑化后，经挤出、冷却定型而成。根据外观可分为光滑管和波纹管。硬聚氯乙烯管材应符合 GB/T 10002.1《给水用硬聚氯乙烯（PVC—U）管材》、GB/T 13664《低压输水灌溉用硬聚氯乙烯（PVC—U）管材》、QB/T 1916《硬聚氯乙烯（PVC—U）双壁波纹管材》、GB/T 23241《灌溉用塑料管材和管件基本参数及技术条件》的规定。目前，按国家标准生产的用于管道输水和灌溉系统的硬聚氯乙烯管材主要有低压输水灌溉系列和给水系列等。

（1）灌溉用普通硬聚氯乙烯管（PVC）。综合国家和水利部标准，将管道输水灌溉工程中常用的管材规格列于表 3-1。低压管道灌溉系统设计时可根据工作压力要求选取相应公称压力的管材。在 PVC 管材的生产过程中，同一套模具采用不同的牵拉速度，可生产出不同壁厚的管材，因此，部分厂家生产的管材有多种壁厚规格。可按管材的性能指标根据设计要求选用。

（2）硬聚氯乙烯（PVC—U）双壁波纹管材。硬聚氯乙烯双壁波纹管材按压力等级分为无压、0.20MPa 和 0.40MPa 三个级别，在管道输水灌溉系统中主要采用 0.20MPa 和 0.40MPa 两个系列。

目前生产硬聚氯乙烯双壁波纹管材的厂家较少，规格不够齐全，选用时必须详细了解各厂家的产品规格。

表 3-1　　　　　　　　　　　　　　硬聚氯乙烯管公称压力和规格尺寸

| 公称外径 $d_n$ | 公称压力 $P_N$/MPa | | | |
|---|---|---|---|---|
| | 0.2 | 0.25 | 0.32 | 0.4 |
| | 公称壁厚 $e_n$/mm | | | |
| 90 | — | — | 1.8 | 2.2 |
| 110 | — | 1.8 | 2.2 | 2.7 |
| 125 | — | 2.0 | 2.5 | 3.1 |
| 140 | 2.0 | 2.2 | 2.8 | 3.5 |
| 160 | 2.0 | 2.5 | 3.2 | 4.0 |
| 180 | 2.3 | 2.8 | 3.6 | 4.4 |
| 200 | 2.5 | 3.2 | 3.9 | 4.9 |
| 225 | 2.8 | 3.5 | 4.4 | 5.5 |
| 250 | 3.1 | 3.9 | 4.9 | 6.2 |
| 280 | 3.5 | 4.4 | 5.5 | 6.9 |
| 315 | 4.0 | 4.9 | 6.2 | 7.7 |

注　1. 公称壁厚（$e_n$）根据设计应力（$\sigma_a$）8.0MPa确定。
　　2. 本表规格尺寸适用于低压输水灌溉工程用管。
　　3. 本表摘自 GB/T 23241—2009《灌溉用塑料管材和管件基本参数及技术条件》。

（3）其他硬聚氯乙烯管材。近年来，随着低压管道输水灌溉技术发展的特殊要求，通过改变生产工艺和配方，生产出一些新型的硬聚氯乙烯管材。如：通过添加赤泥生产的赤泥硬聚氯乙烯管材，改善了管材的抗老化性能，提高了强度；通过加入环向钢筋生产的加筋硬聚氯乙烯管材，提高了大口径管材的强度、减小了壁厚、降低了造价。

目前国内生产的可用于管道输水灌溉的 PVC 管材种类较多，应根据当地条件选用。系统工作压力和口径较大时，选用加筋 PVC 管比普通 PVC 管更经济。当系统压力较低时，为提高管道外刚度，宜选用双壁波纹管。若施工条件较好，管道沟的开挖和回填能严格控制，亦可选用薄壁 PVC 管。在地形复杂、施工条件较差的丘陵区，应选用压力稍高、外刚度较大的管材。

2. 聚乙烯管材

聚乙烯（PE）管材由于不含有毒的氯，更适于输送饮用水，因而在与饮水相结合的管灌工程中，可选用 PE 管材。另外，由于 PE 管较 PVC 硬管柔软、重量轻，可用于管沟开挖难以控制的山丘区，还可作为移动管。目前微灌系统多采用 PE 管，若考虑今后可能改建成微灌工程，管灌系统亦可采用 PE 管。

根据所采用的聚乙烯材料密度的不同，PE 管材可分为高密度聚乙烯（HDPE）和低密度聚乙烯（LDPE、LLDPE）两种。低密度聚乙烯又称为高压聚乙烯，相应的管材又称为高压聚乙烯管材。聚乙烯（PE）管材应符合 GB/T 13663 的规定。

（1）高密度聚乙烯（HDPE）管材。其施工方便、运行可靠、耐久性好，但价格较高。因此在管道输水灌溉工程使用较少。

（2）低密度聚乙烯（LDPE、LLDPE）管材。其抗冲击性强，适宜地形较复杂的地区。这类管材多用于微灌工程，对于输水流量较小的山丘区果树管道输水灌溉工程也可采用这种管材，其规格见表3－2。

表3－2　　　　　　　　　　低密度硬聚乙烯管公称压力和规格尺寸

| 公称外径 $d_n$ | 公称压力 $P_N$/MPa | | |
|---|---|---|---|
| | 0.25 | 0.40 | 0.63 |
| | 公称壁厚 $e_n$/mm | | |
| 16 | 0.8 | 1.2 | 1.8 |
| 20 | 1.0 | 1.5 | 2.2 |
| 25 | 1.2 | 1.9 | 2.7 |
| 32 | 1.6 | 2.4 | 3.5 |
| 40 | 1.9 | 3.0 | 4.3 |
| 50 | 2.4 | 3.7 | 5.4 |
| 63 | 3.0 | 4.7 | 6.8 |
| 75 | 3.6 | 5.6 | 8.1 |
| 90 | 4.3 | 6.7 | 9.7 |
| 110 | 5.3 | 8.1 | 11.8 |

注　1. 公称壁厚（$e_n$）根据设计应力（$\sigma_a$）2.5MPa确定。

　　2. 本表摘自 GB/T 23241—2009《灌溉用塑料管材和管件基本参数及技术条件》。

3. 聚丙烯管材

聚丙烯管材是以聚丙烯树脂为基料，加入其他材料，经挤出成型而制成的性能良好的共聚改性管材。这种管材的性能、适用条件与 HDPE 管材类似。

4. 硬塑料管材的连接

硬塑料管的连接有扩口承插式、套管式、锁紧接头式、螺纹式、法兰式、热熔焊接式等形式。同一连接形式中又有多种连接方法，不同连接方法的适用条件、适用范围及选用的连接件亦不同。因此，在选择连接形式、连接方法时，应根据被连接管材的种类、规格及管道系统设计压力、施工环境、连接方法的适用范围、操作人员技术水平等综合考虑。

（1）扩口承插式连接。是目前管道灌溉系统中应用最广的一种形式。其连接方法有热软化扩口承插连接、扩口加密封圈承插连接和溶剂粘合式承插连接三种。相同管径之间的连接一般不需要连接件，只是在分流、转弯、变径等情况时才使用管件。塑料管件一般带有承口，采用溶剂粘合或加密封圈承插连接即可，如图3－2和图3－3所示。

对于双壁波纹管，可选用溶剂粘接式承插管件，连接时用专用橡胶圈密封，亦可加胶粘接。

（2）套管式连接。对于无扩口直管的连接，除了在施工现场扩口连接之外，还可采用套管连接，即用一个专用接头将两节管子连接在一起，如图3－4所示。图3－4（a）是固定式套管，接头与管子连接后成为一个整体，不易拆卸，接头成本较低。图3－4（b）是活接头，接头与管子连接后也成为一个整体，但管子与管子之间可通过松紧螺帽来拆卸，接头成本较高，一般多用于系统中需要经常拆卸处。

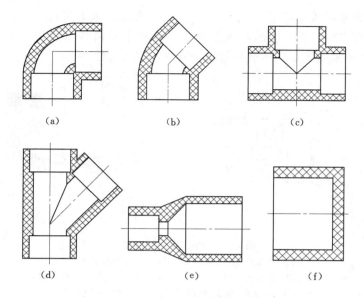

图 3-2　溶剂粘合式承插连接管件

（a）90°弯头；（b）45°弯头；（c）90°三通；（d）45°三通；（e）异径；（f）堵头

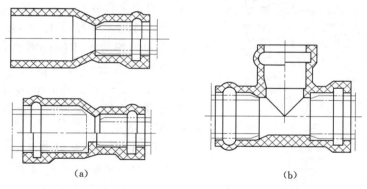

图 3-3　加密封圈承插连接件

（a）异径；（b）堵头

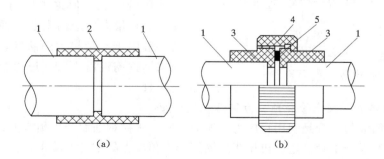

图 3-4　套管式连接

（a）固定式套管；（b）活接头

1—塑料管；2—PVC 固定套管；3—承口端；4—PVC 螺帽；5—平密封胶垫

83

（3）组合式锁紧连接件连接。如图3-5所示，通过紧锁箍将管子连接在一起，能承受较高的压力。图3-5（a）所示的锁紧接头主要用于塑料管与塑料管之间的连接，图3-5（b）所示的锁紧接头则用于塑料管与金属管之间的连接。

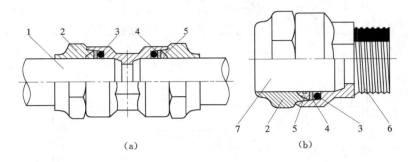

图3-5　组合式锁紧连接

（a）管与塑料管连接；（b）塑料管与金属管连接

1—塑料管；2—铸铁紧固螺栓；3—O形橡胶密封圈；4—铸铁压力环；

5—铸铁夹环；6—与金属管连接端；7—与塑料管连接端

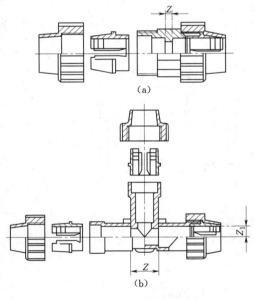

图3-6　组合式锁紧连接

（a）接头；（b）三通

除图3-5所示的形式外，还有图3-6所示的相应管径的三通、变径、弯管等，这类管件适用于管径不大于63mm的管材。连接较软的管材可用注塑管件，如LDPE管；连接较硬的管材可用金属管件，如HDPE管。对于管径大于63mm的管件，其锁紧螺母改为法兰盘，一般采用金属加工制成，如图3-7所示。

**（二）水泥类预制管**

水泥类预制管类型很多，主要有自应力钢筋混凝土管、预应力钢筋混凝土管、石棉水泥管、素混凝土管等。其共同优点是耐腐蚀，使用寿命长。但这类管材性脆易断裂、管壁厚、重量大、运输安装不便。水泥类预制管一般用于流量较大的灌区，系统压力较大时采用钢筋混凝土管，压力较小时采用素混凝土管。

**1. 自应力钢筋混凝土管和预应力钢筋混凝土管**

自应力钢筋混凝土管是利用自应力水泥的膨胀力张拉钢筋而产生预应力的钢筋混凝土管。预应力钢筋混凝土管是通过机械张拉钢筋产生预应力的钢筋混凝土管。预应力钢筋混凝土管按制造工艺的不同又分为震动挤压（一阶段）工艺管和管芯绕丝（三阶段）工艺管。自应力、预应力钢筋混凝土管均具有良好的抗渗性和耐久性。采用橡胶圈密封的子母口承插连接，施工安装比较简单。因受其材料力学性能和制造工艺的限制，自应力钢筋混

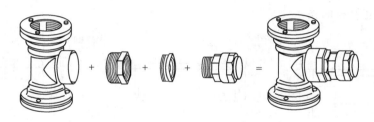

图 3-7　管径大于 63mm 管道组合式锁紧连接

凝土管的管径较小，预应力钢筋混凝土管的管径较大。表 3-3 列出了自应力钢筋混凝土管的主要规格。

表 3-3　　　　　　　　　自应力钢筋混凝土管主要规格

| 公称内径 $D_0$/mm | 100 | 150 | 200 | 250 | 300 | 350 | 400 | 500 | 600 | 800 |
|---|---|---|---|---|---|---|---|---|---|---|
| 外径 $D_1$/mm | 150 | 200 | 260 | 320 | 380 | 440 | 490 | 610 | 720 | 960 |
| 壁厚 $h$/mm | 25 | 25 | 30 | 35 | 40 | 45 | 45 | 55 | 60 | 80 |
| 有效长度 $L_0$/mm | 3000 | 3000 | 3000 | 3000 | 4000 | 4000 | 4000 | 4000 | 4000 | 4000 |
| 管体长度 $L_1$/mm | 3080 | 3080 | 3080 | 3080 | 4088 | 4088 | 4107 | 4107 | 4117 | 4140 |
| 参考重量/(kg/根) | 90 | 115 | 180 | 260 | 470 | 615 | 700 | 1070 | 1415 | 2536 |

**注**　本表引自 GB 4084《自应力混凝土输水管》。

2. 石棉水泥管

石棉水泥管以石棉和水泥为原料经制管机制成。与其他水泥混凝土管相比，石棉水泥管具有重量轻、耐腐蚀、承压能力高、便于搬运和铺设、内外壁光滑、切削钻孔加工容易及施工简单等优点。但抗冲击、碰撞能力差、价格稍高。

石棉水泥管有平口和承插口两种，接头也有刚性接头和柔性接头两类。刚性接头常用石棉水泥填缝或素混凝土浇筑而成，或采用环氧树脂和玻璃布缠结而成。对于柔性接头，平口管对接常用管箍带橡胶圈止水，承插口则直接采用橡胶圈止水。我国目前生产的石棉水泥管承压能力较强，主要用于喷灌系统。

3. 素混凝土预制管

素混凝土管的主要特点是价格低廉，可以承受一定的低压水压力，可应用于管灌系统中作为地埋管道。制管用混凝土强度等级应不低于 C15，试验水压必须大于管道系统工作压力的 2 倍，管的内壁应光滑，内外壁无裂缝。公称直径小于 300mm 的管内径允许偏差为 ±3mm，壁厚允许偏差为 ±2mm；公称直径大于等于 300mm 的内径允许偏差为 ±（6～8）mm，壁厚允许偏差为 ±（2～3）mm。一般每节长 1～2m，采用平口（Ⅰ型）、企口（Ⅱ型）或子母口（Ⅲ型）承插连接。水利部标准 SL/T 98《灌溉用低压输水混凝土管技术条件》中规定的混凝土管尺寸如图 3-8 所示，工作压力和检验压力见表 3-4 和表 3-5。

4. 混凝土预制管管件

钢筋混凝土管件的制作工艺较复杂，多根据需要现场浇筑。素混凝土管件各地曾有研制，但形成系列产品并批量生产的不多。由于目前没有混凝土管件制作方面的标准可依，制作时可参考有关灌溉用混凝土管国家或行业技术标准要求进行，制作的管件各项性能指标应不低于配套管材的技术要求。

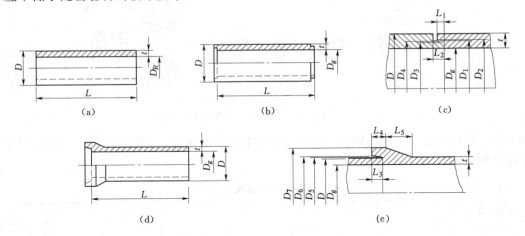

图 3-8　素混凝土管外形及连接尺寸图

（a）Ⅰ型混凝土管外形；（b）Ⅱ型混凝土管外形；（c）Ⅱ型混凝土管连接尺寸；

（d）Ⅲ型混凝土管外形；（e）Ⅲ型混凝土管连接尺寸

表 3-4　　　　　　　　　　　　混凝土管尺寸及参考重量表

| 内径 $D_g$/mm | | 100 | 150 | 200 | 250 | 300 | 350 | 400 | 500 | 600 |
|---|---|---|---|---|---|---|---|---|---|---|
| 外径 $D$/mm | | 150 | 200 | 260 | 310 | 370 | 430 | 480 | 590 | 700 |
| 壁厚 $t$/mm | | 25 | 25 | 30 | 30 | 35 | 40 | 40 | 45 | 50 |
| Ⅱ型/mm | 母口 D1 | | | | | | 385 | 435 | 540 | 645 |
| | | D2 | | | | | | 388 | 438 | 544 | 649 |
| | L1 | | | | | | 10 | 10 | 15 | 15 |
| | 子口 D3 | | | | | | 381 | 431 | 536 | 640 |
| | | D4 | | | | | | 383 | 433 | 539 | 643 |
| | L2 | | | | | | 18 | 18 | 24 | 24 |
| Ⅲ型/mm | 承口 D5 | 152 | 202 | 263 | 313 | 374 | 434 | 484 | 594 | 705 |
| | D6 | 168 | 218 | 279 | 329 | 392 | 452 | 504 | 616 | 729 |
| | D7 | 215 | 265 | 335 | 385 | 455 | 525 | 575 | 695 | 815 |
| | L3 | 50 | 50 | 50 | 50 | 60 | 60 | 70 | 80 | 90 |
| | L4 | 60 | 60 | 65 | 65 | 75 | 75 | 85 | 100 | 120 |
| | L5 | 65 | 65 | 75 | 75 | 85 | 95 | 95 | 105 | 115 |
| 有效长度 $L$/mm | | 1000 | 1000 | 1000 | 1000 | 1000 | 1000 | 1000 | 1000 | 1000 |
| | | 1500 | 1500 | 1500 | 1500 | 1500 | 1500 | | | |
| 参考重量/(kg/根) | Ⅰ型 | 26 | 36 | 57 | 69 | 98 | 130 | 147 | 204 | 271 |
| | | 39 | 55 | 86 | 105 | 147 | 195 | | | |
| | Ⅱ型 | | | | | | 130 | | | 271 |
| | | | | | | | 195 | | | |
| | Ⅲ型 | 28 | 39 | 62 | 76 | 106 | 142 | 161 | 227 | 303 |
| | | 41 | 58 | 91 | 111 | 155 | 207 | | | |

表 3－5　　　　　　　　　混凝土压力管等级代号及主要参数

| 压力等级代号 | 0.5 | 1.0 | 1.5 | 2.0 |
|---|---|---|---|---|
| 工作压力/MPa | 0.05 | 0.1 | 0.15 | 0.2 |
| 检验压力/MPa | 0.1 | 0.2 | 0.3 | 0.4 |
| 对应最大管径/mm | 600 | 600 | 600 | 600 |

　　混凝土管件的接口一般做成子母口形的母（承）口，其形状和尺寸可参考Ⅲ型混凝土管承口（图 3－8）。

**（三）金属管**

1. 钢管

　　在低压管道输水灌溉工程中，钢管主要用于水泵的进出水管和阀件连接段等部位。钢管可分为焊接形钢管和无缝钢管。

　　（1）焊接形钢管。焊接形钢管是由卷成管形的钢板以对缝或螺旋缝焊接而成，根据制造条件，常分为输送低压流体用焊接钢管、螺旋缝电焊钢管、直缝卷焊钢管、电焊管等。

　　（2）无缝钢管。普通无缝钢管分为冷轧（拔）无缝钢管和热轧无缝钢管。在管道工程中，公称直径不小于 50mm 时一般采用热轧无缝钢管；公称直径小于 50mm 时一般采用冷轧（拔）无缝钢管。

2. 铸铁管

　　铸铁管耐锈蚀，外刚度大，承压能力强，在输水灌溉工程中经常用于流量、压力较大、外刚度要求高的场合。铸铁管按其制造方法不同分为砂型离心铸铁直管和连续铸铁直管。砂型铸铁直管按材质分为灰口铸铁管、球墨铸铁管和高硅铸铁管。

3. 钢管及铸铁管的连接件

　　钢管可采用焊接、法兰连接和螺纹连接。一般公称直径小于 50mm 者可采用螺纹连接，有相应的连接管件可供选用；对公称直径不小于 50mm 者，为了与水表、闸阀等管件连接可采用法兰连接。

　　铸铁管一般采用承插连接，用橡胶圈密封止水（柔性连接）或用石棉水泥填塞接缝止水（刚性连接）。分水、转弯、变径等均有相应管件可供选择。

**（四）软质管**

　　在半固定式或移动式低压管道输水灌溉系统中，需要用移动管道。移动管道通常采用轻便柔软易于盘卷的软质管，软管按其生产材料可分为薄膜塑料软管、涂塑软管、双壁加线塑料软管、涂胶软管、橡胶管、橡塑管等，管道灌溉系统中使用最多的是聚乙烯薄膜塑料软管和涂塑软管。

1. 聚乙烯塑料软管

　　聚乙烯塑料软管也称聚乙烯薄膜塑料软管，在低压管道输水灌溉系统中应用的聚乙烯塑料软管主要是线性低密度聚乙烯塑料软管。不仅作为地面移动输水管道，也作为地埋外护污工管的防渗内衬材料。

　　力学性能指标一般要求：①拉伸强度（纵、横向）不小于 17MPa；②断裂伸长率不小于 450%；③直角撕裂强度（纵、横向）不小于 10MPa。

2. 涂塑软管

涂塑软管是用锦纶纱、维纶纱或其他强度较高的材料织成管坯，内外壁或内壁涂敷聚氯乙烯（PVC）或其他塑料制成。根据管坯材料的不同，涂塑软管分为锦纶塑料软管、维纶塑料软管等种类。涂塑软管具有质地强、耐酸碱、抗腐蚀、管身柔软、使用寿命较长、管壁较厚等特点，使用寿命可达 3～4 年。应用时，可根据设计工作压力选择软管。要求软管表面光滑平整，没有断线、抽筋、松筋、内外糟、脱胶、气孔和涂层夹杂质等缺陷，壁厚均匀，质量规格符合 JB/T 8512 标准。必要时还应根据表 3－6 的耐压试验要求进行耐压试验。

| 表 3－6 | | 涂塑软管的耐压试验压力 | | | 单位：MPa |
|---|---|---|---|---|---|
| 工作压力 | 0.3 | 0.4 | | 0.6 | 0.8 |
| 试验压力 | 0.9 | 1.3 | | 1.8 | 2.5 |

**（五）低压管道灌溉管材的选择**

1. 低压管道管材应达到的技术要求

（1）能承受设计要求的工作压力。管材允许工作压力应大于或等于管道最大工作压力。当管道可能产生较大水锤压力时，管材的允许工作压力应不小于水锤发生时的最大压力。

（2）管壁要均匀一致，壁厚误差应不大于 5%。

（3）地埋管材在农业机具和车辆等外荷载的作用下管材的径向变形率（即径向变形量与外径的比值）不得大于 5%。

（4）便于运输和施工，能承受一定的局部沉陷应力。

（5）管材内壁光滑，内外壁无可见裂缝，耐土壤化学侵蚀，耐老化，使用寿命满足设计年限要求。

（6）管材与管材、管材与管件连接方便。连接处应能承受相应的工作压力、满足抗弯折、抗渗漏、强度、刚度及安全等方面的要求。

（7）移动管道要轻便、易快速拆卸、耐碰撞、耐摩擦、具有较好的抗穿透及抗老化能力等。

（8）当输送的水流有特殊要求时，还应考虑对管材的特殊要求。如灌溉与饮水结合的管道，要符合输送饮用水的要求。

2. 选择管材的方法

在满足技术要求的前提下综合考虑管材管件价格、施工费用、工程的使用年限、工程维修费用等经济因素进行管材选择。

在经济条件较好的地区，固定管道可选择价格相对较高但施工、安装方便及运行可靠的硬 PVC 管；移动管可选择涂塑软管。在经济条件较差的地区，可选择价格低廉的管材。如固定管可选素混凝土管、水泥砂土管等地方管材；移动管可选塑料薄膜软管。在水泥、砂石料可就地取材的地方，选择就地生产的素混凝土管较经济。对将来可能发展喷灌的地区，应选择承压能力较高的管材，以便于发展喷灌时利用。对于山区果园灌溉，将来可能发展微灌的地方，可部分选择 PE 管材。

总之，管材选择要遵循经济实用、因地制宜、就地取材、减少运输、方便施工的原则，并适当考虑管材生产供应状况和灌溉技术的发展情况。

## 二、管道附件

### （一）给水装置

　　给水装置是对连接在一起的三通、立管、给水栓（出水口）的统称。通常所说的给水装置一般是指给水栓（或出水口）。出水口是指把地下管道系统的水引出地面进行灌溉的放水口，一般不能连接地面移动软管；给水栓是能与地面移动软管连接的出水口。给水栓有多种分类方法，在此仅按阀体结构形式分类进行介绍。

　　1. 移动式给水装置

　　移动式给水装置也称分体移动式给水装置，由上、下栓体两大部分组成。密封部分在下栓体内，下栓体固定在地下管道的立管上并配有保护盖，出露在地表面或地下保护池内，系统运行时不需停机就能启闭给水栓、更换灌水点。上栓体的作用是控制给水、出水方向，可以移动使用，同一管道系统只需配2～3个上栓体，以节省投资。常用的移动式给水栓有以下（图3-9～图3-11）几种型号：

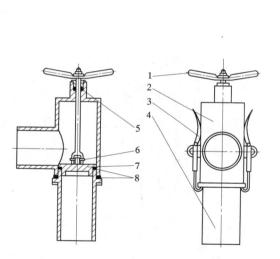

图3-9　G2Y1—G型平板阀移动式给水栓
1—阀杆；2—上栓壳；3—连接装置；4—上栓壳；
5—填料；6—销钉；7—阀瓣；8—密封胶垫

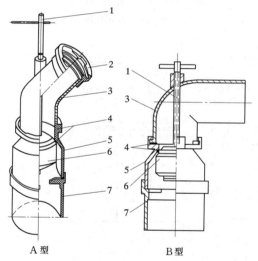

A型　　　　　　B型

图3-10　G1Y5—S型球阀移动式给水栓
1—操作杆；2—快速接头；3—上栓壳；
4—密封胶圈（垫）；5—下栓壳；
6—浮子；7—连接管

　　2. 半固定式给水装置

　　半固定式给水装置的特点是集密封、控制给水于一体，有时密封面也设在立管的栓体与立管螺纹连接或法兰连接处，非灌溉期可以卸下，在室内保存；同一灌溉系统计划同时工作的出水口必须在开机运行前安装好栓体，否则更换灌水点时需停机；同一灌溉系统也可按轮灌组配备，通过停机轮换使用，不需每个出水口配一套。半固定式给水栓有平板阀式和丝堵式两种，如图3-12和图3-13所示。

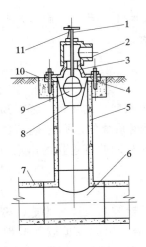

图3-11 G3Y5—H型球阀移动式给水栓

1—操作杆；2—上栓壳；3—下栓壳；

4—预埋螺栓；5—立管；6—三通；

7—地下管道；8—球篮；9—球阀；

10—底盘；11—固定挂钩

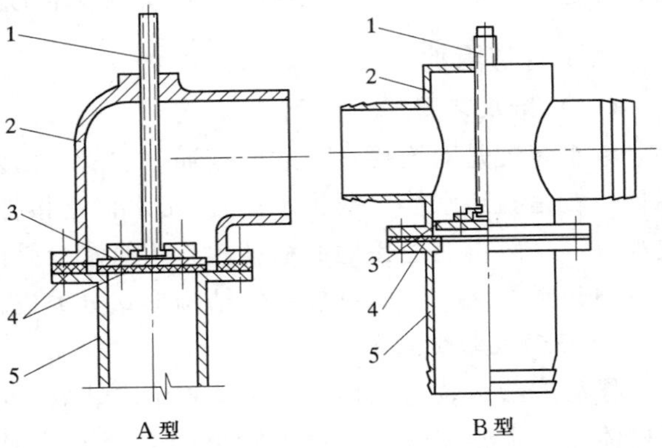

图3-12 G2B1—H（G）型平板阀半
固定式给水栓阀

1—操作杆；2—栓壳；3—阀瓣；

4—密封胶垫；5—法兰管

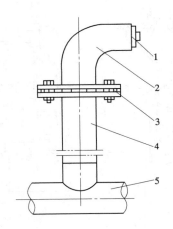

图3-13 C2B7—H型丝堵
半固定式出水口

1—丝堵；2—弯头；3—密封胶垫；

4—法兰立管；5—地下管道

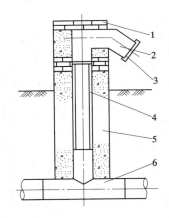

图3-14 C2G7—S/N型丝盖
固定式出水口

1—砌砖；2—放水管；3—丝盖；

4—立管；5—混凝土固定墩；

6—硬PVC三通

3. 固定式给水装置

固定式给水装置亦称整体固定式给水装置，特点是集密封、控制给水于一体；栓体一般通过立管与地下管道系统牢固地结合在一起，不能拆卸；同一系统的每一个取水口必须安装一套给水装置，投资相对较大。常见的固定式给水栓形式及结构如图3-14～图3-17所示。

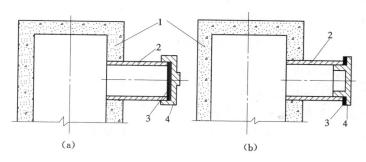

图 3-15　C7G7—N 型丝盖固定式出水口

（a）外丝盖式；（b）内丝盖式

1—混凝土立管；2—出水横管；3—密封胶垫；4—止水盖

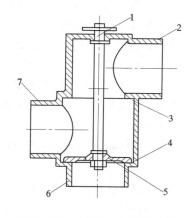

图 3-16　G2G1—G 型平板阀
固定式给水栓

1—操作杆；2—出水口；3—上密封面；

4—下密封面；5—阀瓣；6—下游管道

进水口；7—上游管道进水口

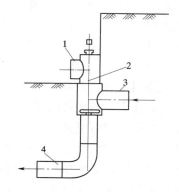

图 3-17　G2G1—G 型
平板阀固定式给水栓

1—出水口；2—阀杆；3—进水口

（接上游的管道）；4—接下游的管道

## （二）安全保护装置

低压管道输水灌溉系统的安全保护装置主要有进（排）气阀、安全阀、多功能保护装置、调压装置、逆止阀、泄水阀等。主要作用分别是破坏管道真空、排除管内空气、减小输水阻力、超压保护、调节压力、防止管道内的水回流而引起水泵高速反转。

### 1. 进（排）气阀

进（排）气阀按阀瓣的结构分为球阀式、平板阀式进（排）气阀两大类。按材料分为铸铁、钢、塑料进（排）气阀等。进（排）气阀的工作原理是管道充水时，管内气体从进（排）气口排出，球（平板）阀靠水的浮力上升，在内水压力作用下封闭进（排）气口，使进（排）气阀密封而不渗漏。管道停止供水时，球（平板）阀因虹吸作用和自重而下落，离开进（排）气口，空气进入管道，破坏管道真空或使管道水的回流中断，避免了管道真空破坏或因管内水的回流引起的机泵高速反转。进（排）气阀可按式（3-1）计算选择，一般安装在顺坡布置的管道系统首部、逆坡布置的管道系统尾部、管道系统的凸起处、管道朝水流方向下折超过 $10°$ 的变坡处。

$$d_c = 1.05 D_0 \left(\frac{v}{v_0}\right)^{1/2} \tag{3-1}$$

式中　$d_c$——进（排）气阀通气孔直径，mm；

　　　　$D_0$——被保护管道内径，mm；

　　　　$v$——被保护管道内水流速度，m/s；

　　　　$v_0$——进（排）气阀排出空气流速，m/s，计算时可取 $v_0 = 45$m/s。

　　2. 安全阀

　　安全阀是一种压力释放装置，安装在管路较低处，起超压保护作用。低压管道灌溉系统中常用的安全阀按其结构形式可分为弹簧式、杠杆重锤式两大类。

　　安全阀的工作原理是将弹簧力或重锤的重量加载于阀瓣上来控制、调节开启压力（即整定压力）。在管道系统压力小于整定压力时，安全阀密封可靠，无渗漏现象；当管道系统压力升高并超过整定压力时，阀门立即自动开启排水，使压力下降；当管道系统压力降低到整定压力以下时，阀门及时关闭并密封如初。安全阀的特点是结构比较简单，制造、维修方便，但造价较高；启闭迅速及时，关闭后无渗漏，工作平稳，灵敏度高；使用寿命长。弹簧式安全阀可通过更换弹簧来改变其工作压力级别，同一压力级范围内可通过调压螺栓来调节开启压力。其载荷随阀门开启高度的增大而增大。

　　杠杆重锤式安全阀可通过更换重锤来改变其工作压力级别，但在同一压力级范围内的开启压力是不变的。其载荷不随阀门开启高度变化。

　　在选用安全阀时，应根据所保护管路的设计工作压力确定安全阀的公称压力。由计算出的安全阀整定压力值决定其调压范围。弹簧式、杠杆重锤式安全阀均适用于低压管道输水灌溉系统。但弹簧式安全阀更好一些。

　　安全阀一般铅垂安装在管道系统的首部，操作者容易观察并便于检查、维修；也可安装在管道系统中任何需要保护的位置。弹簧式安全阀的结构如图 3-18 和图 3-19 所示。

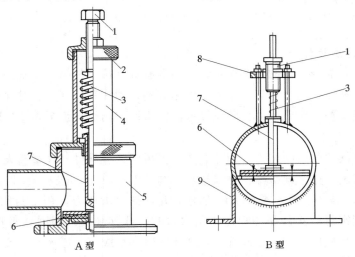

A 型　　　　　　　　　　　　　B 型

图 3-18　A3T—G 型弹簧式安全阀

1—调压螺栓；2—压盖；3—弹簧；4—弹簧壳室；5—阀壳室；
6—阀瓣；7—导向套；8—弹簧支架；9—法兰管

### 3.多功能保护装置

多功能保护装置主要是针对低压管道灌溉系统研制的，集进（排）气、止回水、超压保护等两种以上功能于一体的安全保护装置，有的还兼有灌溉给水和其他功能。最大特点是结构紧凑，体积小，连接、安装比较方便。但设计比较复杂，安装位置和使用条件有一定的局限性。

如图3-20所示为AJD型多功能保护装置。其主要特点是集止回水、进（排）气、超压保护于一体；结构较紧凑，多用于系统首部枢纽，安装维护方便；仅适用于平原井灌区。一般安装在顺坡或高差不大的逆坡布置的管道系统首端，起进气、排气、止回水、超压保护等作用。

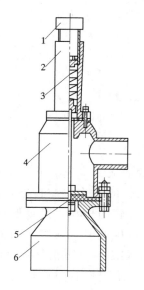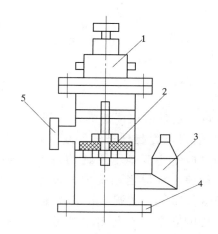

图3-19 A1T—G型弹簧式安全阀
1—调压螺栓；2—弹簧壳室；3—弹簧；4—阀瓣室；5—阀瓣；6—阀座管

图3-20 AJD型多功能保护装置
1—安全阀；2—止回阀瓣；3—进（排）气阀；4—（与水泵连接）连接法兰；5—（与管道）连接法兰

另一种常用的保护装置是调压管。调压管又称调压塔、水泵塔、调压进（排）气井。其结构形式如图3-21所示。调压管（塔）有2个水平进、出口和1个溢流口，进口与水泵上水管出口相接，出口与地下管道系统的进水口相连，溢流口与大气相通。主要特点是取材方便，建造容易，功能多，可代替进（排）气阀、安全阀和止回阀，综合造价较低；适宜于顺坡和高差不太大的逆坡布置的管道系统。

调压管（塔）工作原理：①调压。在管道系统运行过程中及停机时，保证系统的工作压力始终保持在管道系统最大设计工作压力范围内。如系统末按操作规程运行（未打开出水口就开机等）或因停机水回流造成系统压力升高时，水流从调压管顶部溢流口处排出，而不使系统的压力继续升高；②进（排）气。开机运行充水时，管道中的空气由调压管溢流口排出；停机时，水泵上水管口以上的水回流入水源，待上水口露出时，泵管进气，管

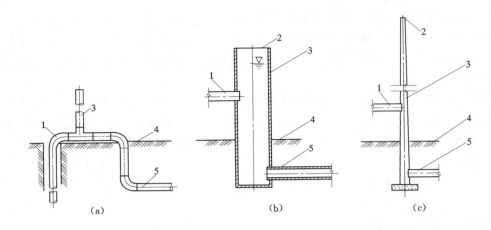

图 3-21 调压管（塔）
(a) 调压管；(b) 调压进（排）气井；(c) 调压塔
1—水泵上水管；2—溢流口；3—调压管（井、塔）；4—地面；5—地下管道

内水回流中断。

调压管（塔）设计时应注意的几个问题：①调压管溢流水位应不小于设置点设计水位 30cm；②为使调压管起到进气、止回水作用，调压管的进水口应设在出水口之上；③调压管的内径应不小于地下管道的内径。为减小调压管的体积，其横断面可以在进水口以上处开始缩小，但当系统最大设计流量从溢流口排放时，在缩小断面处的平均流速不应大于 3.05m/s；④调压管必须建立在牢固的基础之上，防止基础处理不好造成不均匀沉陷，影响安全。水泵出水管尽可能用柔性管，用刚性管时应设特殊防震接头与调压管连接，防止水泵运行时产生的振动通过上水管传播到调压管上；⑤在水源含沙量较大时，调压管底部应设沉沙井；⑥调压管的进水口前应装设拦污栅，防止污物进入地下管道。

**（三）分（取）水控制装置**

低压管道灌溉系统中常用的分（取）水控制装置主要有闸阀、截止阀以及结合低压管道系统特点研制的一些专用控制装置等。闸阀和截止阀大部分都是工业通用产品，在此只作简单介绍。重点介绍各地结合低压管道输水灌溉特点研制的一些结构简单、经济实用、功能较多的水流、水量控制装置。

**1. 常用的工业阀门**

低压管道输水灌溉系统常用的工业阀门主要是公称压力不大于 1.6MPa 的闸阀和截止阀，作用是接通或截断管道中的水流。

（1）普通闸阀的主要结构、特点：①闸板呈圆盘状，在垂直于阀座通道中心线的平面内作升降运动；②局部阻力系数小；③结构长度小；④启闭较省力；⑤介质流动方向不受限制；⑥高度尺寸大，启闭时间长；⑦结构较复杂，制造维修困难，成本较高；⑧对水质要求不是很高，可用于含泥沙的水流。

（2）普通截止阀的主要结构、特点：①阀瓣呈圆盘状，沿阀座通道中心线作升降运动；②局部阻力系数大；③启闭时阀瓣行程小、高度尺寸小，但结构长度较大；④启闭较费力；⑤介质需从阀瓣下方向上流过阀座，流动方向受限制；⑥结构比较简单，制造比较方便；⑦密封面不易擦伤和磨损，密封性好，寿命长。

也有适用于水平管道上的截止阀，但它对水质要求较高，不宜用于含泥沙的水流。设计时，应根据使用目的，阀件的公称压力、操作、安装方式、水流阻力系数大小、维修难易、价格等情况来选择阀门。

2. 管道输水灌溉系统用典型控制装置

（1）箱式控水阀。箱式控水阀是针对低压管道输水灌溉系统特点研制的一种集控制、调节、汇水、分水于一体的控制装置。其结构形式如图 3-22 所示。JN 型箱式控水阀一般用于公称直径不大于 200mm 的管道系统；SQ 型箱式控水阀一般用于公称直径不小于 110mm 的管道系统。箱式控水阀有两通、三通、四通等形式，即分别有两个、三个、四个进出水口。

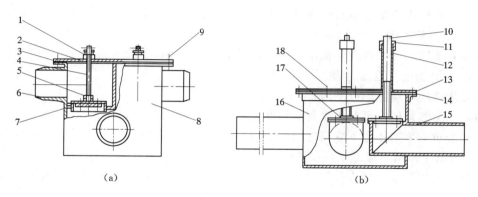

图 3-22 箱式控水阀

（a）三通式 JN 型箱式控水阀；（b）四通式 SQ 型箱式控水阀

1—填料函；2—阀顶盖板；3—密封胶垫；4—螺杆；5—活节套；6—阀瓣；7—阀座；8—箱体；
9—螺栓；10—螺杆；11—填料压盖；12—螺杆套；13—阀顶盖；14—密封胶垫；
15—进（出）水口；16—箱体；17—阀瓣；18—螺栓

两通式控水阀主要安装在直段管道上，起接通、截断水流的作用；三通式控水阀主要安装在管道系统的分支处，起接通、截断、分流、汇流及三通等作用；四通式控水阀主要安装在管道系统的分支处，起接通、截断、分流、汇流及四通等作用。箱式控水阀与同样功能的工业闸阀相比，可降低投资 30%～60%。

（2）分水闸门。如图 3-23 所示分水闸门适用于混凝土管道系统，用来控制主管道向支管道输配水。其特点是：因地制宜修建，结构简单，安装、操作方便；设有保护、检修井，维修方便，且易于保护。

（3）简易分流闸。简易分流闸适用于混凝土管道系统，用来控制上级管道系统向下级管道系统输配水。输配水时，用操作杆提出锥塞，水流进入下级管道系统；停水时，塞入锥塞即可。

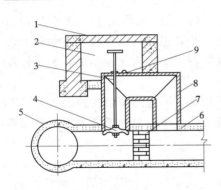

图 3-23　分水闸门及安装示意图
1—盖板；2—保护井；3—操作杆；
4—阀瓣；5—干管；6—支管；
7—截流板；8—铸铁弯管；9—挂环

（4）多功能配水阀。多功能配水阀主要由阀体（三通壳体）、上下盖、扇形阀片、转向杆、凸轮轴、橡胶止水、手轮、连杆、弹簧和方向指针等组成。除止水用橡胶外，其余部件采用铸铁材料。橡胶止水用 801 胶粘贴在扇形阀片外壁上。只有 152.4mm 一种规格，同时配有 152.4mm、127.0mm、101.6mm 的变径接头，可与不同规格的地下管道连接。安装在输水干管与支管分水处，起控制水量大小、水流方向、封闭管道和三通、弯头等作用。

**（四）测量装置**

低压管道灌溉系统中常用的测量装置主要有测量压力和流量的装置。测量压力装置是用来测量管道系统的水流压力，了解、检查管道工作压力状况；测量流量装置主要用来测量管道水流总量和单位时间内通过的水量，是用水管理的基础。

1. 压力测量装置

低压管道输水灌溉系统中常用的压力测量装置是弹簧管压力表。有 Y 型弹簧管压力表、YX—150 型电接点压力表、Z 型弹簧管真空表等。

压力表选用时应考虑以下因素：

（1）压力测量的范围和所需要的精度。

（2）静负荷下工作值不应超过刻度值的 2/3，在波动负荷下，工作值不应超过刻度值的 1/2，最低工作值不应低于刻度值的 1/3。

设计时可由五金手册查得压力表外形尺寸、规格及性能。按照说明书要求进行安装和维护。

2. 流量测量装置

测量总量的装置称为计量装置，测量水流量的装置称为流量装置。我国目前还没有专用的农用水表，在低压管道输水灌溉系统中通常采用工业与民用水表、流量计、流速仪、电磁流量计等进行量水。在此仅简单介绍一下低压管道输水灌溉系统最为常用的水表。

（1）水表的种类。低压管道灌溉系统常用的水表有 LXS 型旋翼湿式水表和 LXL 型水平螺翼式水表。两种水表都是以叶轮的转数为依据，水流通过翼轮盒时推动叶轮旋转，利用叶轮转速与水流速度成正比的关系，由叶轮轴上的齿轮传送到计数装置，由标度盘上的指示针指示出流量的累计值，即水流总量。设计时可由五金手册查得各种水表的外形尺寸、规格及性能。安装与维护应严格按说明书要求进行。

（2）水表的选用：①根据管道的流量，参考厂家提供的水表流量—水头损失曲线进行选择，尽可能使水表经常使用流量接近公称流量，且量水精度不低于 5%；②用于管道灌溉系统的水表一般安装在野外田间，因此选用湿式水表较好；③水平安装时，选用旋翼式或水平螺翼式水表；④非水平安装时，宜选用水平螺翼式水表。

# 第三节　低压管道灌溉工程规划与设计

管灌工程和其他灌溉工程一样，在兴建之前，也必须先进行总体规划。它是搞好设计的前提与基础，优秀的管灌工程规划对节约灌溉用水、提高工程效益、合理确定工程规模、节省工程投资都具有重要的意义。

## 一、规划设计的原则及内容

### （一）规划的基本原则

（1）低压管道输水灌溉系统规划属农田基本建设规划范畴。因此，必须与当地农业区划、农业发展计划、水利规划及农田基本建设规划相适应。在原有农业区划和水利规划的基础上，综合考虑与规划区内沟、渠、路、林、输电线路、引水水源等设施的关系，统筹安排、全面规划，充分发挥已有水利工程的作用。

（2）近期需要与远景发展规划相结合。结合当前的经济状况和今后农业现代化发展的需要，特别是节水灌溉技术的发展要求，如果低压管道灌溉系统有可能改建为喷灌或微灌系统，规划时，干支管应采用符合改建后系统压力要求的管材。这样，既能满足当前的需要，又可避免今后发展喷灌或微灌系统重新更换管材而造成的巨大浪费。

（3）系统运行可靠。低压管道输水灌溉系统能否长期发挥效益，关键在于能否保证系统运行的可靠性。因此，在规划中要对水源、管网布置方案、管材、管件等进行反复比较并严格控制施工质量。做到对每一个环节严格把关，确保整个低压管道输水灌溉系统的质量。

（4）运行管理方便。低压管道输水灌溉系统规划时，应充分考虑工程投入运行后科学的运行管理方案。

（5）综合考虑管道系统各部分之间的联系，取得最优规划方案。管道系统规划方案要进行反复比较和技术论证，综合考虑引水水源与管网线路、调蓄建筑物及分水设施之间的关系，力求取得最优规划方案，最终达到节省工程量、减少投资和最大限度地发挥管道系统效益的目的。

### （二）规划内容

（1）确定适宜的引水水源和取水工程的位置、规模及形式。在井灌区应确定适宜的井位，在渠灌区则应选择适宜的引水渠段。

（2）确定田间灌溉工程标准，沟畦的适宜长、宽，给水栓入畦方式及给水栓连接软管时软管的合适长度。

（3）选择管网类型、确定管网的布置方案及管网中各控制阀门、保护装置、给水栓及附属建筑物的位置。

（4）拟定可供选择的管材、管件、给水栓、保护装置、控制阀门等设施的系列范围。

## 二、设计参数的确定

设计参数的合理选择是正确确定工程标准、为设计提供可靠依据的关键环节，管灌工程的设计参数主要有以下几个：

（1）灌溉设计保证率。根据当地自然条件和经济条件确定，但应不低于75%。

（2）管道系统水利用系数设计值应不低于0.95。

（3）田间水利用系数设计值：旱作地区应不低于0.9，水稻灌区应不低于0.95。

（4）灌溉水利用系数。井灌区不低于0.80，渠灌区不低于0.70。

（5）规划区灌水定额。根据当地试验资料确定，无资料地区可参考邻近地区试验资料确定。

### 三、低压管道灌溉工程规划设计

#### （一）基本资料的收集与整理

基本资料的收集与整理是进行低压管道灌溉工程规划设计的基础和前提，基本资料的准确与否将直接影响着设计的质量。管灌工程规划设计需要收集的资料主要包括：当地中、长期农业发展规划、水利建设规划和农田基本建设规划资料；灌区位置及地形资料；水文气象资料；土壤及农作物资料；水源状况；水利工程现状；管材管件生产供应状况；社会经济情况等。具体体现为：

（1）近期与中长期发展规划。近期与中长期发展规划包括农田基本建设规划、农业发展规划、水利区划和水利中长期发展供求规划等，以及规划区今后人口增长、工业与农业发展目标、耕地面积与灌溉面积变化趋势和可供水资源量与需水量。

（2）地形地貌。灌区规划阶段用1/5000～1/10000地形图。典型工程设计用1/1000～1/2000局部地形图。局部地形图上要标明行政区划、灌区位置、控制范围边界线，以及耕地、村庄、沟渠、道路、林带、池塘、井泉、水库、河流、泵站和输电线路等。地形变化明显处要注明高程。

（3）水文气象。年、月、旬平均气温，最低、最高气温；多年、月平均降水量，降水特征，旱、涝灾情特点；年、月平均蒸发量，最大、最小月蒸发量；月或旬日照小时数；无霜期及始、终日期；土壤冻结及解冻时间，冻土层深度；主风向及风速等。

（4）土壤及其特性。包括土壤类型及分布、土壤质地和层次、耕作层厚度及养分状况、土壤主要物理化学性能等。如土壤的干密度、田间持水率、适宜含水率等。

（5）灌溉水源。

1）地下水。年内最高与最低埋深及出现时间，含水层厚度及埋藏深度、地下水水力坡度、流速、给水度、渗透系数及井的涌水量等有关资料。入渗补给量、入渗补给系数等参数。

2）河水。收集当地或相关水文站中不同水平年水位及流量的年内分配过程，水位流量关系曲线及年内含沙量的分配等资料。

3）水库塘坝。收集流域降雨径流情况、历年蓄水情况、水位库容曲线、水库调节性能及可供灌溉用水量。

（6）水利工程现状。掌握现有水利设施状况，在井灌区要搜集已建成井的数量、分布、出水量、机泵性能、运行状况、历年灌溉面积等。对于引河和水库灌区还要搜集水库和引水建筑物类别、有关尺寸、引水流量、灌溉面积、供水保证程度、各级渠道配套情况、设施完好状况、渠系水利用系数和灌溉水利用系数等。

（7）灌溉试验资料。搜集当地或类似地区已有的灌溉试验资料。包括灌溉回归系数、降雨入渗补给系数、潜水蒸发系数、主要作物需水量以及各生育阶段适宜土壤含水率、需水规律、灌溉制度、灌水技术要素及渠灌区各级渠道水利用系数等。

（8）管材管件资料。调查厂家生产管材管件的规格、性能、造价和质量。若厂家出厂的产品有关技术参数不足时，还要通过试验取得设计所需要的数据。有关管材、管件种类等可参考本章第二节。

（9）社会经济。社会经济包括规划区内人口、劳力、耕地面积、林果面积、作物种类、种植比例、粮棉等作物产量，农、林、牧、副各业产值，分配与积累、交通能源、建材状况等。

**（二）水量平衡分析**

水量供需平衡分析是灌溉工程规划设计中的重要内容，通过水量的供需平衡分析，可以合理确定工程的规模，即一定水源条件下可以发展的灌溉面积或一定灌溉面积需要的水源供水能力。对充分挖掘水资源潜力，提高灌溉效益起着非常重要的作用。在此以平原井灌区为例介绍水量平衡分析的方法（引水灌溉工程的水量平衡分析见"农田水利"相关教材）。

水量供需平衡分析应以区划为单元进行。井灌区如已超采，规划时应根据水量供需平衡分析结果，确定适宜的管灌面积和作物种植结构，以控制地下水超采。平原井灌区水量平衡分析的基本内容如下。

1. 可供水量分析

平原地区井灌区以开采浅层地下水为主，由于浅层地下水的补给随气象（降雨、蒸发等）和水文条件而变化。所以，在确定开采量之前，必须进行规划区地下水资源的分析计算。即根据当地水文地质资料分析计算出地下水补给量，以此作为井灌区规划的依据。

（1）降雨入渗补给量。降雨是浅层地下水的主要补给源之一，降雨入渗补给量与降雨强度、雨型、土壤的初始含水率及地下水等因素有关。为简化计算，可根据灌溉设计保证率选取设计降雨年，然后从当地水文地质资料中查得降雨入渗补给系数（见表3-7）。由式（3-2）计算降雨入渗补给量。

$$W_1 = 0.001\alpha PA \tag{3-2}$$

式中　$W_1$——降雨入渗补给量，$m^3$；

　　　$\alpha$——降雨入渗补给系数；

　　　$P$——设计年降水量，mm；

　　　$A$——地下水补给面积，$m^2$。

表3-7　　　　　　　　　不同气候条件下降雨入渗补给系数 $\alpha$ 值

| 地下水埋深/m 土质 水文年 | 1~2 | | 2~4 | | 4~6 | | 7 | |
|---|---|---|---|---|---|---|---|---|
| | 亚砂 | 亚黏 | 亚砂 | 亚黏 | 亚砂 | 亚黏 | 亚砂 | 亚黏 |
| 丰水年 | | 0.26 | 0.26 | 0.22 | 0.21 | 0.19 | 0.21 | 0.18 |
| 平水年 | | 0.21 | 0.20 | 0.18 | 0.17 | 0.15 | 0.17 | 0.14 |
| 干旱年 | | 0.16 | 0.14 | 0.13 | 0.12 | 0.11 | 0.12 | 0.10 |

（2）侧向补给量。侧向补给是影响浅层地下水量的因素之一。根据区域均衡法原理将规划区作为一个储水整体，计算一年内区域边界补给或排泄的水量。

$$W_2 = 365 K h_含 \sum (L_i J_i) \qquad (3-3)$$

式中 $W_2$——侧向补给量（补给为正，排泄为负），$m^3$；

$K$——含水层渗透系数，$m/d$；

$h_含$——补给区内地下水含水层厚度，$m$；

$L_i$——补给区边界长度，$m$；

$J_i$——补给区内对应边界的地下水坡度。

（3）灌溉回归水量。规划区内渠灌和井灌水均会部分入渗补给地下水。灌溉回归水量受多种因素影响。因此，一般由当地水文地质资料查得的灌溉回归系数计算灌溉回归水量。

$$W_3 = 10 \beta M_毛 A \qquad (3-4)$$

式中 $W_3$——灌溉回归水量，$m^3$；

$\beta$——灌溉回归系数；

$M_毛$——毛灌溉定额，$m^3/hm^2$；

$A$——灌溉面积，$hm^2$。

（4）地下水总补给量（可开发利用量）。地下水埋深较浅时，潜水蒸发是地下水主要消耗项之一，但平原井灌区地下水一般埋深较大，通常可不考虑该项。因此，地下水总补给量计算如下

$$W_供 = W_1 + W_2 + W_3 \qquad (3-5)$$

2. 需水量分析

（1）灌溉用水量 $W_n$。灌溉用水量是指作物灌溉需要的水量，它是根据灌溉面积、作物种植情况、土壤、水文地质和气象条件等因素决定的。灌溉用水量随年降水量及降雨的年内分配情况而变化。因此，必须在对历年降水资料进行统计分析的基础上，按已确定的灌溉设计保证率确定典型水文年份进行规划设计。一般以典型水文年份的气象资料作为依据计算灌溉用水量，通常选75%和50%的水文年份作为典型水文年份。

1）灌溉设计标准。我国灌溉规划中通常采用灌溉设计保证率表示灌溉工程设计标准。灌溉设计保证率因各地自然条件、作物种类、经济条件的不同而各异，可参考表3-8进行选择。

表3-8　　　　　　　　　　　灌溉设计保证率

| 地区类型 | 缺水地区 | | 丰水地区 | |
|---|---|---|---|---|
| 作物种类 | 以旱作物为主 | 以水稻为主 | 以旱作物为主 | 以水稻为主 |
| 灌溉设计保证率/% | ≥75 | 75～85 | 75～85 | 85～95 |

2）净灌溉定额。作物净灌溉定额指作物生育期内实际需水量减去作物生育期内有效降水、土壤水和地下水利用量，可按式（3-6）计算或由《中国主要农作物需水量等值线图》查得。

$$M_净 = K(ET_C - P_0 - S) \qquad (3-6)$$

式中　$M_净$——作物净灌溉定额，mm；

$\quad\quad ET_C$——作物生育期内实际需水量，mm；

$\quad\quad S$——土壤水及地下水利用量，mm，井灌区地下水埋层较深，可不考虑该项；

$\quad\quad K$——局部灌溉修正系数，管道输水灌溉可取 1.0；

$\quad\quad P_0$——有效降雨量，mm。

$$P_0 = \sum f_i P_i \tag{3-7}$$

式中　$P_i$——作物生长期内第 $i$ 次降雨量，mm；

$\quad\quad f_i$——降雨有效利用系数。$P_i < 50\text{mm}$ 时，$f_i = 1.0$；$P_i = 50 \sim 100\text{mm}$ 时，$f_i = 0.8 \sim 0.75$；$P_i > 100\text{mm}$ 时，$f_i = 0.7$。

3）毛灌溉定额。灌区内种植同一种作物时，毛灌溉定额按式（3-8）计算；种植不同作物时，毛灌溉定额按式（3-9）综合计算。

$$M_毛 = \frac{M}{\eta} \tag{3-8}$$

$$M_毛 = \sum \alpha_i M_i = \alpha_1 M_1 + \alpha_2 M_2 + \cdots + \alpha_i M_i \tag{3-9}$$

式中　　　$M_毛$——毛灌溉定额，mm；

$\quad\quad\quad \eta$——灌溉水利用系数，井灌区 $\eta > 0.8$，渠灌区 $\eta$ 值根据渠系工程状况确定；

$M_1$、$M_2$、$\cdots$、$M_n$——不同作物的毛灌溉定额，mm，为便于计算，$M$ 应换算为 $\text{m}^3/\text{hm}^2$；

$a_1$、$a_2$、$\cdots$、$a_n$——不同作物面积占总种植面积比例。

规划区灌溉面积确定后，灌溉用水量由式（3-10）计算。

$$W_n = 10 M_毛 A \tag{3-10}$$

式中　$W_n$——灌溉总用水量，$\text{m}^3$；

$\quad\quad A$——作物种植面积，$\text{hm}^2$。

（2）工业、乡镇企业用水量 $W_g$。规划区内工业或乡镇企业用水量根据其生产规模及产品内容，按万元产值取水量计算。

（3）生活用水量 $W_s$。规划区内人畜用水量根据人口数量、日用水量及大小牲畜数量计算，日用水量参考人畜供水标准计算。

（4）其他用水量 $W_q$。除农业、工业、生活用水量以外的部门用水量。

3. 水量供需平衡分析与计算

水量供需平衡可按下式计算

$$W_供 \geqslant W_需 = W_n + W_g + W_s + W_q \tag{3-11}$$

水量供需平衡分析应考虑到工业和乡镇企业的发展及人口的增长。若可供水量大于或等于总用水量之和，说明管灌系统规划的灌溉面积有保证，不会引起地下水超采。若可供水量小于总用水量，应开辟新水源。无新水源可开辟时，应调整作物种植结构布局，或减少灌溉面积。

为了达到整个规划区节水增产的目的，应采用先进的节水灌溉技术，减小灌水定额，但绝不应以超量开采地下水来提高供水保证程度。

【例 3-1】　某井灌区控制面积 1500hm²，乡镇政府驻地在区内，灌区内人口 1.5 万人，大小牲畜 2.5 万头，工副业、乡镇企业用水量为 32.8 万 $m^3$。全部采用低压管道输水灌溉后，冬小麦种植面积 $1200hm^2$，夏玉米复种面积 $1150hm^2$，棉花 $250hm^2$，另外种植部分蔬菜。水源以浅层地下水为主，灌区周边主要承受北部边界地下水补给，南部边界有少量排出，东西边界无地下水补给和排出，南北边界长 $L_{ns}=5.2km$，北界水力坡度 $J_n=0.005$，南界水力坡度 $J_s=0.0015$，东西边各长 $L_{ew}=3.0km$；地下水埋深大于 $8m$；该区多年平均降雨量 $P=650mm$；灌区范围内为砂壤土，含水层厚度 $h_{含}=25m$，渗透系数 $K=25m/d$。试对该井灌区进行水量供需平衡分析与计算。

**解：** 根据已知条件、上面所述要求及公式计算如下。

（1）可供水量计算。

1）降雨入渗补给量（$W_1$）。是根据灌区范围内土质及地下水埋深，由表 3-7 查得降雨入渗补给系数 $\alpha=0.12$，补给面积 $A=5.2\times3.0=15.6km^2$，然后按式（3-2）计算为

$$W_1=0.001\alpha PA=0.001\times0.12\times650\times15.6\times10^6=121.68（万\ m^3）$$

2）侧向补给量（$W_2$）。

$$W_2=365Kh_{含}L_{ns}(J_n-J_s)=365\times25\times25\times5200\times(0.005-0.0015)=415.19（万\ m^3）$$

3）地下水埋深大于 $8m$，可忽略不计灌溉回归入渗量 $W_3$。

因此，可供水量为

$$W_{供}=W_1+W_2=536.87（万\ m^3）$$

（2）需水量计算。由《中国主要农作物需水量等值线图》查得该井灌区所在区域主要作物生长期需水量见表 3-9。蔬菜净灌溉定额按每年平均 $800mm$ 计。

**表 3-9  作物生长期需水量**　单位：mm

| 作 物 | 多年平均 | 50% | 75% |
|---|---|---|---|
| 冬小麦 | 285.5 | 262.8 | 309.0 |
| 夏玉米 | | | 55.3 |
| 棉花 | 153.7 | 118.8 | 168.5 |

1）灌溉用水量（$W_n$）。灌溉水利用系数 $\eta$ 取 0.9，算得灌溉用水量见表 3-10。

**表 3-10  灌区灌溉用水量计算表**

| 项目\作物 | 面积/$hm^2$ | 频率 多年平均 $M_{净i}$/mm | 频率 多年平均 $W_n$/万 $m^3$ | 频率 50% $M_{净i}$/mm | 频率 50% $W_n$/万 $m^3$ | 频率 75% $M_{净i}$/mm | 频率 75% $W_n$/万 $m^3$ |
|---|---|---|---|---|---|---|---|
| 冬小麦 | 1200 | 285.8 | 381.1 | 262.8 | 350.4 | 309.0 | 412.0 |
| 夏玉米 | 1150 | | | | | 55.3 | 70.7 |
| 棉花 | 250 | 153.7 | 42.7 | 118.8 | 33.0 | 168.5 | 46.8 |
| 蔬菜 | 50 | 80 | 40.0 | 80.0 | 40.0 | 80.0 | 40.0 |
| 合计 | | | 463.8 | | 423.4 | | 569.0 |

2）该区工副业、乡镇企业用水量为 32.8 万 $m^3$。

3）生活用水量按人均日用水量 40L，大小牲畜日用水量平均 35L，则

$$W_s=(1.5\times40\times10^{-3}+2.5\times35\times10^{-3})\times365=53.8（万\ m^3）$$

规划区供需水量及由式（3-11）计算的总需水量见表3-11。

（3）供需平衡分析。由可供水量和需水量比较可知，多年平均和50％水文年份时供需基本平衡，即供略大于需。75％水文年份时尚缺水量119万m³。可通过减少小麦种植面积、降低灌溉定额、采用非充分灌溉技术、引地表水补源等措施解决水源短缺问题。

表 3-11　　规划区总需水量　　单位：m³

| 项目　　频率 | 多年平均 | 50％ | 75％ |
|---|---|---|---|
| 农　业 | 463.8 | 423.4 | 569.0 |
| 工副业 | 32.8 | 32.8 | 32.8 |
| 生　活 | 53.8 | 53.8 | 53.8 |
| 合　计 | 550.4 | 510.0 | 656.1 |

**（三）管网规划布置**

管网规划与布置是管道系统规划中的关键部分。一般管网工程投资占管道系统总投资的70％以上。管网布置的合理与否，对工程投资、运行状况和管理维护有很大影响。因此，对管网规划布置方案应进行反复比较，最终确定合理方案，以减小工程投资并保证系统运行可靠。

1. 规划布置的原则

（1）井灌区的管网宜以单井控制灌溉面积作为一个完整系统。渠灌区应根据作物布局、地形条件、地块形状等分区布置，尽量将压力接近的地块划分在同一分区。

（2）规划时首先确定给水栓的位置。给水栓的位置应当考虑到灌水均匀。若不采用连接软管灌溉，向一侧灌溉时，给水栓纵向间距为40～50m；横向间距一般按80m、100m布置。在山丘区梯田中，应考虑在每个台地中设置给水栓以便于灌溉管理。

（3）在已确定给水栓位置的前提下，力求管道总长度最短。

（4）管线尽量平顺，减少起伏和转折。

（5）最末一级固定管道的走向应与作物种植方向一致，移动软管或田间垄沟垂直于作物种植行。在山丘区，干管应尽量平行于等高线、支管垂直于等高线布置。

（6）管网布置要尽量平行于沟、渠、路、林带，顺田间生产路和地边布置，以利耕作和管理。

（7）充分利用已有的水利工程，如穿路倒虹吸和涵管等。

（8）充分考虑管道中量水、控制和保护等装置的适宜位置。

（9）尽量利用地形落差实施自压输水。

（10）各级管道尽可能采用双向供水。

（11）避免干扰输油、输气管道及电讯线路等。

（12）干、支两级固定管道在灌区内的长度，宜为90～150m/hm²。

2. 规划布置的步骤

根据管网布置原则，按以下步骤进行管网规划布置。

（1）根据地形条件分析确定管网类型。

（2）确定给水栓的适宜位置。

（3）按管道总长度最短原则，确定管网中各级管道的走向与长度。

（4）在纵断面图上标注各级管道桩号、高程、给水装置、保护设施、连接管件及附属建筑物的位置。

（5）对各级管道、管件、给水装置等，列表分类统计。

3. 管网布置

管网布置之前，首先根据适宜的畦田长度和给水栓供水方式确定给水栓间距，然后根据经济分析结果将给水栓连接而形成管网。下面介绍井灌区管网布置方法。

以井灌区管网典型布置形式为例。当给水栓位置确定时，不同的管道连接形式形成管道总长度不同的管网，因此，工程投资也不同。我国井灌区管道输水管网的布置，可根据水源位置、控制范围、地面坡降、地块形状和作物种植方向等条件，采用如图3-24～图3-30所示的几种常见布置形式。

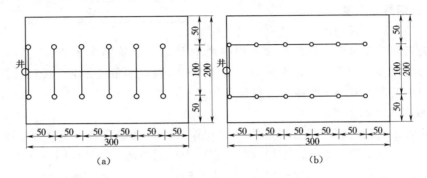

图 3-24 给水栓向一侧分水示意图（单位：m）
(a) 圭字形布置；(b) π形布置

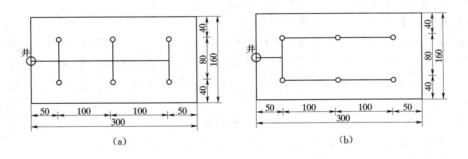

图 3-25 给水栓向两侧分水示意图（单位：m）
(a) 圭字形布置；(b) π形布置

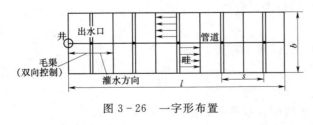

图 3-26 一字形布置

机井位于地块一侧，控制面积较大且地块近似成方形，可布置成圭字形、π形，如图3-24、图3-25所示。这些布置形式适合于井出水量60～100m³/h，控制面积150～300亩，地块长宽比≈1的情况。

机井位于地块一侧，地块呈长条形，可布置成一字形、L形、丁字形，如图3-26～图3-28所示。这些布置形式适合于井出水量20～40m³/h，控制面积50～100亩，地块长宽比不大于3的情况。

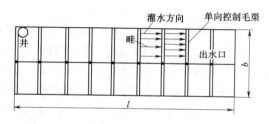

图 3-27　L 形布置

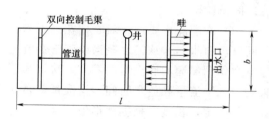

图 3-28　T 形布置

机井位于地块中心时，常采用图 3-29 所示的 H 形布置形式。这种布置形式适合于井出水量 40~60m³/h，控制面积 100~150 亩，地块长宽比不大于 2 的情况。当地块长宽比大于 2 时，宜采用图 3-30 所示的长一字形布置形式。

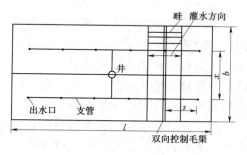

图 3-29　H 形布置

**（四）田间灌水系统布置**

田间灌水系统是指给水栓以下的田间沟渠或配水闸管，以及灌水沟畦规格等。田间灌水工程标准低是造成灌溉水浪费的重要原因之一。因此，提高田间灌水工程标准是实现作物合理需水要求、提高整个灌溉系统灌水利用系数的一项重要措施。

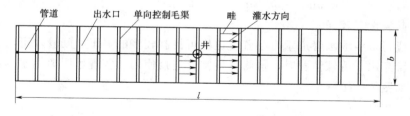

图 3-30　长一字形布置

1. 沟畦灌水规格

田间水利用系数、灌溉水储存率和灌水均匀度是评价灌水质量的主要技术指标。在生产实践中，这些技术指标往往难以形成最佳组合。因此，必须根据当地条件合理确定灌水要素。在管灌系统中，田间灌水工程首先要满足以下标准：

田间水利用系数
$$\eta_{田} = W_{田}/W_{净} \geq 0.95 \tag{3-12}$$

灌水均匀度
$$C_u = 1 - \frac{\Delta Z}{Z} \geq 0.95 \tag{3-13}$$

式中　$W_{田}$——灌入田间的水量；

　　　$W_{净}$——田间计划湿润层所需要水量；

　　　$Z$——灌后沟畦中的平均蓄水深度；

　　　$\Delta Z$——沟畦各点实际蓄水深度与平均蓄水深度的离差。

（1）畦灌灌水要素。畦灌是水在田面上沿畦田纵坡方向流动，逐渐湿润土壤。畦灌灌水要素应根据灌水定额并结合给水栓出口流量、作物布局、灌水定额和土壤质地等因素通过田间试验确定。

（2）沟灌灌水要素。对于棉花、玉米、薯类及某些蔬菜等多采用沟灌。沟灌是在作物行间开沟引水，水从输水垄沟或闸管系统进入灌水沟后，借毛管作用力湿润沟两侧土壤，以重力作用浸润沟底土壤的灌水方法。为了保证沟灌质量，应合理地确定灌水沟的沟距、长度、入沟流量和放水时间。沟灌适宜的地面坡度为 3‰～8‰。灌水沟的沟距应结合作物行距确定，长度应根据地形坡度大小、土壤透水性及地面平整情况确定。灌水沟长度一般为 30～50m，最长可达 100m，入沟流量以 0.5～3.0L/s 为宜。

### 2. 入沟（畦）输水方式

（1）输水垄沟。输水垄沟仍是当前田间灌溉入畦的主要方式，属于末级输水毛渠。田间支管间距一般在 100m 左右，故分水口向一侧分水的输水垄沟长度在 50m 左右。这种输水垄沟是农民长期使用的输水方法，就地挖沟培土，施工简单，开口入畦方便。垄沟底与畦田面保持齐平或稍高于田面，两边培土夯实且高于沟内水面即可。由于输水距离和时间均较短，故产生的输水渗漏损失比较少。

（2）闸管系统。闸管系统是代替输水垄沟的一种先进的节水灌溉措施，是管道系统较理想的配套形式。这种方法是将闸管系统与给水栓连接，水通过闸管直接进入畦田，避免了输水垄沟的部分渗漏。闸管系统在国外使用较早，材质多为橡胶管、尼龙管和铝管，每隔 0.8m 开一小孔。橡胶管和铝管较短、较重、较贵，尼龙管一般长约 120m 左右，管径为 145～400mm，用小轮拖拉机牵引，使用不很方便。我国自行研制的闸管系统每根长50m 左右，管径 90～160mm，每隔 4m 开一小放水孔，重量约 3kg，人工卷起移动方便，抗渗水、抗撕裂性能较强。

闸管一般与末级输水管道垂直布置，这样可控制较多的畦田。闸管也可与管道平行布置，实行退管灌水。特殊情况时，可将数根闸管连接使用，实现远距离输水。田间移动软管布置形式如图 3-31 所示。

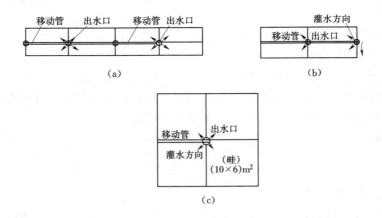

图 3-31　田间移动软管灌水示意图
(a) 长畦双浇；(b) 长畦单浇；(c) 双畦双浇

### （五）水力计算

管网水力计算是在管网布置和各级管道流量已确定的前提和满足约束条件下，计算各级管道的经济管径。对于管道首端水压未知时，根据管径、流量、长度计算水头损失，确定首端工作压力，从而选择适宜机泵。对于管道首端水压已知时，则是在满足首端水压条件下，确定管网各级管道的管径。

1. 管网设计流量计算

管网设计流量是水力计算的依据。灌溉规模确定后，根据水源条件、作物灌溉制度和灌溉工作制度计算灌溉设计流量。然后以灌溉期间的最大流量作为管网设计流量，以最小流量作为系统校核流量。

（1）灌溉制度。灌溉制度是指作物播种前（或水稻栽秧前）及全生育期内的灌水次数、每次的灌水日期、灌水定额及灌溉定额。

1）设计灌水定额。灌水定额是指单位面积一次灌水的灌水量或水层深度。管网设计中，采用作物生育期内各次灌水量中最大的一次作为设计灌水定额，对于种植不同作物的灌区，通常采用设计时段内主要作物的最大灌水定额作为设计灌水定额。冬小麦、棉花和玉米不同生育期灌水湿润层深度和适宜含水率可参考表 3-12。

$$m = 1000\gamma_s h\beta(\beta_1 - \beta_2) \qquad (3-14)$$

式中　$m$——设计灌水定额，$m^3/hm^2$；

　　　$h$——计划湿润层深度，m。一般大田作物取 0.4～0.6m，蔬菜取 0.2～0.3m，果树取 0.8～1.0m；

　　　$\gamma_s$——计划湿润层土壤的干容重，$kN/m^3$；

　　　$\beta_1$——土壤适宜含水率（重量百分比）上限，取田间持水率的 85%～95%；

　　　$\beta_2$——土壤适宜含水率（重量百分比）下限，取田间持水率的 60%～65%；

　　　$\beta$——田间持水率，占干土重的百分比。

表 3-12　　　　　　　　　土壤计划湿润层深度 h 和适宜含水率表

| 冬　小　麦 | | | 棉　花 | | | 玉　米 | | |
|---|---|---|---|---|---|---|---|---|
| 生育阶段 | $h$/cm | 土壤适宜含水率/% | 生育阶段 | $h$/cm | 土壤适宜含水率/% | 生育阶段 | $h$/cm | 土壤适宜含水率/% |
| 出苗 | 30～40 | 45～60 | 幼苗 | 30～40 | 55～70 | 幼苗 | 40 | 55 |
| 三叶 | 30～40 | 45～60 | 现蕾 | 40～60 | 60～70 | 拔节 | 40 | |
| 分蘖 | 40～50 | 45～60 | 开花 | 60～80 | 70～80 | 孕穗 | 50～60 | 65～70 |
| 拔节 | 50～60 | 45～60 | 吐絮 | 60～80 | 50～70 | 抽穗 | 50～80 | 70～80 |
| 抽穗 | 50～80 | 60～75 | | | | 开花 | 60～80 | 70 |
| 扬花 | 60～100 | 60～75 | | | | 灌浆 | | |
| 成熟 | 60～100 | 60～75 | | | | 成熟 | | |

注　土壤适宜含水率以田间持水率的百分比计。

2）设计灌水周期。根据灌水临界期内作物最大日需水量值按式（3-15）计算理论灌水周期，因为实际灌水中可能出现停水，故设计灌水周期应小于理论灌水周期，即

$$T_{理} = \frac{m}{10ET_d}, \quad T < T_{理} \qquad (3-15)$$

式中　$T_{理}$——理论灌水周期，d；

　　　$T$——设计灌水周期，d；

$m$——设计净灌水定额，$m^3/hm^2$；

$ET_d$——控制区内作物最大日需水量，$mm/d$。

（2）灌溉设计流量。根据设计灌水定额、灌溉面积、灌水周期和每天的工作时间可计算灌溉设计流量。在井灌区，灌溉设计流量应小于单井的稳定出水量。当管灌系统内种植单一作物时，按式（3-16）计算灌溉设计流量。

$$Q_0 = \frac{\alpha m A}{\eta T t} \qquad (3-16)$$

式中　$Q_0$——管灌系统的灌溉设计流量，$m^3/h$；

$\alpha$——作物种植比例，即作物的种植面积与总的耕作面积之比，%；

$m$——设计净灌水定额，$m^3/hm^2$；

$\eta$——灌溉水利用系数，取 $0.80\sim0.90$；

$T$——设计灌水周期，d；

$t$——每天灌水时间，h，取 $18\sim22h$（尽可能按实际灌水时间确定）；

$A$——灌溉面积，$hm^2$。

当 $Q_0$ 大于水泵流量时，应取 $Q_0$ 等于水泵流量，并相应减小灌溉面积或种植比例。

（3）灌溉工作制度。灌溉工作制度是指管网输配水及田间灌水的运行方式和时间，是根据系统的引水流量、灌溉制度、畦田形状及地块平整程度等因素制定的。有续灌、轮灌和随机灌溉三种方式。

1）续灌方式。灌水期间，整个管网系统的出水口同时出流的灌水方式称为续灌。在地形平坦且引水流量和系统容量足够大时，可采用续灌方式。

2）轮灌方式。在灌水期间，灌溉系统内不是所有管道同时通水，而是将输配水管分组，以轮灌组为单元轮流灌溉。系统同时只有一个出水口出流时称为集中轮灌；有两个或两个以上的出水口同时出流时称为分组轮灌。井灌区管网系统通常采用这种灌水方式。

系统轮灌组数目是根据管网系统灌溉设计流量、每个出水口的设计出水量及整个系统的出水口个数按式（3-17）计算的，当整个系统各出水口流量接近时，式（3-17）可简化为式（3-18）。

$$N = \text{int}(\sum_{i=1}^{n} q_i / Q_0) \qquad (3-17)$$

$$N = \text{int}(nq/Q_0) \qquad (3-18)$$

式中　$N$——轮灌组数；

$q_i$——第 $i$ 个出水口设计流量，$m^3/h$；

int——取整符号；

$n$——系统出水口总数。

轮灌组数划分的原则：①每个轮灌组内工作的管道应尽量集中，以便于控制和管理；②各个轮灌组的总流量尽量接近，离水源较远的轮灌组总流量可小些，但变动幅度不能太大；③地形地貌变化较大时，可将高程相近地块的管道分在同一轮灌组，同组内压力应大致相同，偏差不宜超过 20%；④各个轮灌组灌水时间总和不能大于灌水周期；⑤同一轮灌组内作物种类和种植方式应力求相同，以方便灌溉和田间管理；⑥轮灌组的编组运行方式要有一定规律，以利于提高管道利用率并减少运行费用。

3）随机灌溉方式。随机灌溉方式用水是指管网系统各个出水口在启闭时间和顺序上不受其他出水口工作状态的约束，管网系统随时都可供水，用水单位可随时取水灌溉。

（4）树状管网各级管道流量计算。对于单井出水量小于 $60m^3/h$ 的井灌区，通常按开启一个出水口的集中轮灌方式运行，此时各条管道的流量均等于系统设计流量。同时开启的出水口个数超过两个时，按式（3-19）计算各级管道流量。

$$Q = \frac{n_{栓}}{N_{栓}} Q_0 \qquad (3-19)$$

式中　$Q$——管道设计流量，$m^3/h$；

　　$n_{栓}$——管道控制范围内同时开启的给水栓个数；

　　$N_{栓}$——全系统同时开启的给水栓个数。

2. 水头损失计算

（1）沿程水头损失。在管道输水灌溉管网设计计算中，根据不同材料管材使用范围的流态，通常采用式（3-20）的通式计算有压管道的沿程水头损失。

$$h_f = f \frac{Q^m}{d^b} L \qquad (3-20)$$

式中　$f$——沿程水头损失摩阻系数；

　　$m$——流量指数；

　　$b$——管径指数；

　　$L$——管道长度，m；

　　其余符号意义同前。

各种管材的 $f$、$m$、$b$ 值见表3-13。

**表3-13**　　　　　　　　　　**不同管材的 $f$、$m$、$b$ 值**

| 管　道　种　类 | | $f[Q/(m^3/s), d/m]$ | $f[Q/(m^3/h), d/mm]$ | $m$ | $b$ |
|---|---|---|---|---|---|
| 混凝土及当地材料管 | 糙率＝0.013 | 0.00174 | $1.312×10^6$ | 2.00 | 5.33 |
| | 糙率＝0.014 | 0.00201 | $1.516×10^6$ | 2.00 | 5.33 |
| | 糙率＝0.015 | 0.00232 | $1.749×10^6$ | 2.00 | 5.33 |
| 旧钢管、旧铸铁管 | | 0.00179 | $6.250×10^5$ | 1.90 | 5.10 |
| 石棉水泥管 | | 0.00118 | $1.455×10^5$ | 1.85 | 4.89 |
| 硬塑料管 | | 0.000915 | $0.948×10^5$ | 1.77 | 4.77 |
| 铝质管及铝合金管 | | 0.000800 | $0.861×10^5$ | 1.74 | 4.74 |

对于地面移动软管，由于软管壁薄、质软并具有一定的弹性，输水性能与一般硬管不同。过水断面随充水压力而变化，其沿程阻力系数和沿程水头损失不仅取决于雷诺数、流量及管径，而且明显受工作压力影响，此外还与软管铺设地面的平整程度及软管的顺直状况等有关。在工程设计中，地面软管沿程水头损失通常采用塑料硬管计算公式计算后乘以（1.1~1.5）的加大系数，该加大系数根据软管布置的顺直程度及铺设地面的平整程度

取值。

（2）局部水头损失。局部水头损失一般以流速水头乘以局部水头损失系数来计算。管道的总局部水头损失等于管道上各局部水头损失之和。在实际工程设计中，为简化计算，总局部水头损失通常按沿程水头损失的 10%～15% 考虑。

$$h_j = \sum \frac{\xi v^2}{2g} \tag{3-21}$$

式中　$h_j$——局部水头损失，m；

　　　　$\xi$——局部水头损失系数，可由表 3-14 或相关设计手册中查出；

　　　　$v$——断面平均流速，m/s；

　　　　$g$——重力加速度，m/s²，$g = 9.81 \text{m/s}^2$。

表 3-14　　　　　　　　　　　局 部 水 头 损 失 系 数

| 直角状进口 | 喇叭状进口 | 滤网 | 滤网带底阀 | 90°弯头 |
|---|---|---|---|---|
| 0.5 | 0.2 | 2～3 | 5～8 | 0.2～0.3 |
| 40°弯头 | 渐细接头 | 渐粗接头 | 逆止阀 | 闸阀全开 |
| 0～0.15 | 0.1 | 0.25 | 1.7 | 0.1～0.5 |
| 直流三通 | 折流三通 | 分流三通 | 直流分支三通 | 出口 |
| 0.1 | 1.5 | 1.5 | 0.1～1.5 | 1.0 |

### 3. 管径确定

在各级管道流量已确定的前提下，各级管道管径的选取，对管网投资和运行费用有很大影响。对于有压输配水管道，当选用的管径增大时，管道流速减小，水头损失减小，相应的水泵提水所需的能耗降低，能耗费用减少，但是管材造价却增大。当选用管径减小时，管道流速增大，水头损失相应增大，能耗随之增高，能耗费用也增大，但管材造价却可降低。在一系列的管径中，可选取在投资偿还期内，管网投资年折算费用与年运行费用之和最小的一组管径，即经济管径。

管径确定的方法有计算简便的经济流速法和界限设计流量法，还有借助于计算机进行的多种管网优化计算方法。

管径确定应满足的约束条件：①管网任意处工作压力的最大值应不大于该处材料的公称压力；②管道流速应不小于不淤流速（一般取 0.5m/s），不大于最大允许流速（通常取 2.5～3.0m/s）；③设计管径必须符合已生产的管径规格；④树状管网各级管道管径应由上到下逐级逐段变小；⑤在设计运行工况下，不同的运行方式水泵工作点均应在高效区内。

（1）经济流速法。在井灌区和其他一些非重点的管道工程设计中，多采用计算工作量较小的经济流速法。该法是根据不同的管材确定适宜流速，然后由管道水力学公式计算或由有关表格查得一组比较经济的管径，最后根据管径规格进行标准化修正。

$$d = 1000 \sqrt{\frac{4Q}{3600\pi v}} = 18.8 \sqrt{\frac{Q}{v}} \tag{3-22}$$

式中　$d$——管道直径，mm；

$v$——管道内水的流速，m/s；

$Q$——计算管段的设计流量，m³/h。

经济流速受当地管材价格、使用年限、施工费用及动力价格等因素的影响较大。若当地管材价格较低，而动力价格较高，经济流速应选取较小值，反之则选取较大值。因此，在选取经济流速时应充分考虑当地的实际情况。表 3-15 列出了不同管材经济流速的参考值。

表 3-15　　　　　　　　　　经 济 流 速 表

| 管　材 | 钢筋混凝土 | 混凝土 | 石棉水泥 | 水 泥 土 | 硬 塑 料 | 陶　瓷 |
|---|---|---|---|---|---|---|
| $v$/(m/s) | 0.8～1.5 | 0.8～1.4 | 0.7～1.3 | 0.5～1.0 | 1.0～1.5 | 0.6～1.1 |

（2）界限设计流量法。每种标准管径不仅有相应的最经济流量，而且有其界限设计流量，在界限设计流量范围内，只要选用这一管径都是比较经济的。

确定界限设计流量的条件是相邻两个商品管径的年费用折算值相等。当两种管径的折算费用相等时，相应的流量即为相邻管径的界限设计流量。例如，设 $d_1 < d_2 < d_3$，若 $Q_1$ 既是管径 $d_1$ 的上限设计流量，又是管径 $d_2$ 的下限设计流量；$Q_2$ 既是管径 $d_2$ 的上限设计流量，又是管径 $d_3$ 的下限设计流量。则，凡是管段流量在 $Q_1$ 和 $Q_2$ 之间的，应选用 $d_2$，否则就不经济。标准管径分档越细，则管径的界限设计流量范围也越小。

表 3-16 和表 3-17 是管道输水灌溉中常用的塑料管材和混凝土管材的界限设计流量和经济管径，设计时可参考使用。

表 3-16　　　　　　　　　　混凝土管界限设计流量　（m³/s）

| $d$/mm ＼ $v$/(m/s) | 0.8 | 1.0 | 1.2 | 1.4 | 1.6 | 1.8 | 2.0 |
|---|---|---|---|---|---|---|---|
| 63 | <16.4 | <13.5 | <10.5 | <8.8 | <7.6 | <6.1 | <5.1 |
| 75 | 15.0～21.5 | 12.5～18.2 | 10.5～15.4 | 8.8～13.1 | 1.3～11.1 | 6.1～9.4 | 5.1～7.9 |

| $v$/(m/s) $d$/mm | 0.8 | 1.0 | 1.2 | 1.4 | 1.6 | 1.8 | 2.0 |
|---|---|---|---|---|---|---|---|
| 90 | 21.5～31.8 | 18.2～27.2 | 15.4～23.4 | 13.1～20.0 | 11.1～17.2 | 9.4～14.7 | 7.9～12.6 |
| 110 | 31.8～44.8 | 27.2～38.9 | 23.4～33.7 | 20.0～29.1 | 17.2～25.3 | 14.7～22.0 | 12.6～19.0 |
| 125 | 44.8～57.4 | 38.9～50.2 | 33.7～43.9 | 29.2～38.3 | 25.3～33.5 | 22.0～29.3 | 19.0～25.6 |
| 140 | 57.4～73.8 | 50.2～65.0 | 43.9～57.3 | 38.3～50.5 | 33.5～44.5 | 29.3～39.2 | 25.6～34.5 |
| 160 | 73.8～95.5 | 65.0～84.9 | 57.3～75.4 | 50.5～67.0 | 44.5～59.5 | 39.2～52.9 | 34.5～47.0 |
| 180 | 95.5～120.1 | 84.9～107.5 | 75.4～96.2 | 67.0～86.1 | 59.5～77.1 | 52.9～69.0 | 47.0～61.8 |
| 200 | 120.1～150.7 | 107.5～135.9 | 96.2～122.6 | 86.1～110.5 | 77.1～99.7 | 69.0～89.9 | 61.8～81.1 |
| 225 | ＞150.7 | ＞135.9 | ＞122.6 | ＞110.5 | ＞99.7 | ＞89.9 | ＞81.1 |

注 管径指数 $b=5.33$，流量指数 $m=2.0$。

表 3-17　　　　　　　　　　塑料管界限设计流量（m³/s）

| $v$/(m/s) $d$/mm | 0.8 | 1.0 | 1.2 | 1.4 | 1.6 | 1.8 | 2.0 |
|---|---|---|---|---|---|---|---|
| 63 | ＜16.4 | ＜13.5 | ＜11.1 | ＜9.2 | ＜7.3 | ＜6.2 | ＜5.1 |
| 75 | 16.4～23.4 | 13.5～19.5 | 11.1～16.3 | 9.2～13.6 | 7.6～11.4 | 6.2～9.5 | 5.1～7.9 |
| 90 | 23.4～34.3 | 19.5～29.0 | 16.3～24.6 | 13.6～20.8 | 11.4～17.6 | 9.5～14.9 | 7.9～12.6 |
| 110 | 34.3～48.1 | 29.0～41.2 | 24.6～35.3 | 20.8～30.3 | 17.6～25.9 | 14.9～22.2 | 12.6～19.0 |
| 125 | 48.1～61.4 | 41.2～53.0 | 35.3～45.8 | 30.3～39.6 | 25.9～34.2 | 22.2～29.6 | 19.0～25.6 |
| 140 | 61.4～78.5 | 53.0～68.5 | 45.8～59.7 | 39.6～52.1 | 34.2～45.4 | 29.6～39.6 | 25.6～34.5 |
| 160 | 78.5～101.2 | 68.5～89.1 | 59.7～78.4 | 52.1～69.0 | 45.4～60.7 | 39.6～53.4 | 34.5～47.0 |
| 180 | 101.2～126.8 | 89.1～112.5 | 78.4～99.8 | 69.0～88.5 | 60.7～78.5 | 53.4～69.6 | 47.0～61.8 |
| 200 | 126.8～158.6 | 112.5～141.8 | 99.8～126.8 | 88.5～113.4 | 78.5～101.4 | 69.6～90.7 | 61.8～81.1 |
| 225 | ＞158.6 | ＞141.8 | ＞126.8 | ＞113.4 | ＞101.4 | ＞90.7 | ＞81.1 |

注 管径指数 $b=4.77$，流量指数 $m=1.74$。

**4. 水泵扬程计算与水泵选择**

（1）管道系统设计工作水头。管道系统设计工作水头按式（3-23）计算

$$H_0 = \frac{H_{max} + H_{min}}{2} \tag{3-23}$$

式中　$H_0$——管道系统设计工作水头，m；

　　　$H_{max}$——管道系统最大工作水头，m，按式（3-24）计算；

　　　$H_{min}$——管道系统最小工作水头，m，按式（3-25）计算。

$$H_{max} = Z_2 - Z_0 + \Delta Z_2 + \sum h_{f2} + \sum h_{j2} \tag{3-24}$$

$$H_{min} = Z_1 - Z_0 + \Delta Z_1 + \sum h_{f1} + \sum h_{j1} \tag{3-25}$$

式中　$Z_0$——管道系统进口高程，m；

　　　$Z_1$——参考点 1 地面高程；在平原井区，参考点 1 一般为距水源最近的出水口，m；

　　　$Z_2$——参考点 2 地面高程；在平原井区，参考点 2 一般为距水源最远的出水

口，m；

$\Delta Z_1$、$\Delta Z_2$——参考点 1 与参考点 2 处出水口中心线与地面的高差，m，出水口中心线高程，应为所控制的田间最高地面高程加 0.15m；

$\sum h_{f1}$、$\sum h_{j1}$——管道系统进口至参考点 1 的管路沿程水头损失与局部水头损失，m；

$\sum h_{f2}$、$\sum h_{j2}$——管道系统进口至参考点 2 的管路沿程水头损失与局部水头损失，m。

（2）水泵扬程计算。灌溉系统设计扬程按式（3-26）计算

$$H_p = H_0 + Z_0 - Z_d + \sum h_{f0} + \sum h_{j0} \qquad (3-26)$$

式中　　$H_p$——灌溉系统设计扬程，m；

$Z_d$——机井动水位，m；

$\sum h_{f0}$、$\sum h_{j0}$——分别为水泵吸水管进口至管道进口之间的管道沿程水头损失与局部水头损失，m。

根据以上计算的水泵扬程和系统设计流量选取水泵，然后根据水泵的流量-扬程曲线和管道系统的流量-水头损失曲线校核水泵工作点。

为保证所选机泵在高效区运行，对于按轮灌组运行的管网系统，可根据不同轮灌组的流量和扬程进行比较，选择水泵。若控制面积大且各轮灌组流量与扬程差别很大时，可选择两台或多台水泵分别对应各轮灌组提水灌溉。

5. 水锤压力计算与水锤防护

有压管道中，由于管内流速突然变化而引起管道中水流压力急剧上升或下降的现象，称为水锤。在水锤发生时，管道可能因内水压力超过管材公称压力或管内出现负压而损坏管道。

在低压管道系统中，由于压力较小，管内流速不大，一般情况下水锤压力不会过高。因此，在低压管道中，只要严格按照操作规程，并配齐安全保护装置，可不进行水锤压力计算。但对于规模较大的低压管道输水灌溉工程，应该进行水锤压力验算。

（1）水锤压力计算。水锤波传播速度为

$$C = \frac{1435}{\sqrt{1 + \dfrac{Kd}{Ee}}} = \frac{1435}{\sqrt{1 + \alpha \dfrac{d}{e}}} \qquad (3-27)$$

式中　$C$——均质圆形管（$e/d < 1/20$）水锤波传播速度，m/s；

$d$——管径，m；

$e$——管壁厚度，m；

$K$——水的体积弹性模数，$kN/m^2$，随水温和水压的增加而增大，25 个大气压以下的水温 10℃时，$K = 206 \times 10^4 kN/m^2$；

$E$——管材纵向弹性模数，$kN/m^2$；

$\alpha$——$K/E$ 比值。

不同管材的 $a$、$E$ 值见表 3-18。

（2）水锤类型判别。水锤波在管路中往返一次所需的时间，即一个水锤相时，按式（3-28）计算；根据阀门关闭历时与水锤相时可确定水锤类型，即直接水锤或间接水锤。当阀门关闭历时等于或小于一个水锤相时所产生的水锤为直接水锤，否则为间接水锤。

**表 3 - 18**　　　　　　　　　水的弹性模数和管材弹性模数之比 （$\alpha$） 值表

| 管　材 | 钢　管 | 铸铁管 | 混凝土管 | 钢筋混凝土管 | 钢丝网水泥管 | 石棉水泥管 |
|---|---|---|---|---|---|---|
| $E/(kN/m^2)$ | $206\times10^6$ | $88\times10^6$ | $206\times10^6$ | $206\times10^6$ | $206\times10^6$ | $324\times10^5$ |
| $\alpha=K/E$ | 0.01 | 0.02 | 0.10 | 0.10 | 0.10 | 0.06 |

| 管　材 | 陶土管 | 硬聚氯乙烯管 | 灰土管 | 砌石管 | 砌砖管 |
|---|---|---|---|---|---|
| $E/(kN/m^2)$ | $490\times10^4$ | $392\times10^4$ | $588\times10^4$ | $785\times10^4$ | $294\times10^4$ |
| $\alpha=K/E$ | 0.42 | 0.53 | 0.35 | 0.26 | 0.70 |

$$T_t=\frac{2L}{C} \tag{3-28}$$

式中　　$T_t$——水锤相时，s；

$L$——计算管段管长，m。

（3）水锤水头。

直接水锤水头

$$H_d=\frac{Cv_0}{g}=\frac{2Lv_0}{gT_t} \tag{3-29}$$

间接水锤水头

$$H_i=\frac{2Lv_0}{g(T_t+T_g)} \tag{3-30}$$

式中　　$H_d$——直接水锤水头，m；

$H_i$——间接水锤水头，m，关阀为正，开阀为负；

$v_0$——闸阀前水的流速，m/s；

$T_g$——关闭阀门时间，s；

$g$——重力加速度，$g=9.81m/s^2$；

其余符号意义同前。

（4）防止水锤压力的措施。水锤压力计算公式表明：影响水锤压力的主要因素有阀门启闭时间、管道长度和管内流速，因此，可针对以上因素在管道工程设计和运行管理中采取以下措施来避免和减小水锤危害。

1）操作运行中应缓慢启闭阀门以延长阀门启闭时间，从而避免产生直接水锤并可降低间接水锤压力。

2）由于水锤压力与管内流速成正比，因此在设计中应控制管内流速不超过最大流速限制范围。

3）由于水锤压力与管道长度成正比，因此在设计中可隔一定距离设置具有自由水面的调压井或安装安全阀和进（排）气阀，以缩短管道长度并削减水锤压力。

# 第四节　低压管道管灌工程规划设计示例

## 示例一　某井灌区机压管灌工程设计

### 一、基本情况

某井灌区，灌区内主要以粮食生产为主，地下水丰富，多年来建成了以离心泵为主要提水设备，土渠为输水工程的灌溉体系，为灌区粮食生产提供了可靠保证。由于近几年来的连续干旱，灌区地下水普遍下降，为发展节水灌溉，提高灌溉水利用系数，改离心泵为潜水泵提水，改土渠输水为低压管道输水。

井灌区内地势平坦，田、林、路布置规整（如图 3-32 所示），单井控制面积 12.67hm²，地面以下 1.0m 土层内为中壤土，平均容重 14.8kN/m³，田间持水率为 24%。

工程范围内有水源井一眼，位于灌区的中部。据多年抽水测试，该井出水量为 55 m³/h，井径为 220mm，采用钢板卷管护筒，井深 20m，静水位埋深 7m，动水位埋深 9m，井口高程与地面相平，根据安香曲家村吃水工程水质检验结果分析，该井水质满足 GB 5084《农田灌溉水质标准》，可以作为该工程的灌溉水源，水源处有 380V 三相电源。

### 二、井灌区管灌系统的设计参数

（1）灌溉设计保证率：75%。

（2）管道系统水的利用率：95%。

（3）灌溉水利用系数：0.85。

（4）设计作物耗水强度：5mm/d。

（5）设计湿润层深：0.55m。

### 三、灌溉制度及工作制度

1. 净灌水定额计算

$$m = 1000\gamma_s h(\beta_1 - \beta_2)$$

式中：$\gamma_s = 14.8\text{kN/m}^3$，$h = 0.55\text{m}$，$\beta_1 = 0.24 \times 0.95 = 0.228$，$\beta_2 = 0.24 \times 0.65 = 0.156$，则

$$m = 1000 \times 14.8 \times 0.55 \times (0.228 - 0.156) = 554.4 (\text{m}^3/\text{hm}^2)$$

2. 设计灌水周期

$$T = \frac{m}{10ET_d}$$

式中：$m = 554.4\text{m}^3/\text{hm}^2$，$ET_d = 5\text{mm/d}$，则 $T = 554.4/(10 \times 5) = 11.09(\text{d})$，取 $T = 11\text{d}$。

3. 毛灌水定额

$$m_{毛} = \frac{m}{\eta} = \frac{554.4}{0.85} = 652.2 (\text{m}^3/\text{hm}^2)$$

4. 灌水次数与灌溉定额

根据灌区内多年灌水经验，小麦灌水 4 次，玉米灌水 1 次，则全年需灌水 5 次，灌溉定额为 1911m³/hm²。

### 四、设计流量及管径确定

1. 设计流量

$$Q_0 = \frac{\alpha m A}{\eta T t}$$

则

$$Q_0 = \frac{1 \times 554.4 \times 12.7}{0.85 \times 11 \times 18} = 41.8 (\text{m}^3/\text{h})$$

因系统流量小于水井设计出水量，故取水泵设计出水量为 $Q=50\text{m}^3/\text{h}$，灌区水源能满足设计要求。

2. 管径确定

根据输送流量、经济流速，考虑运行管理方式，按下式计算干、支管经济管径，即

$$d=18.8\sqrt{\frac{Q}{v}}=18.8\times\sqrt{\frac{50}{1.5}}=108.54(\text{mm})$$

选取 $\phi110\times3\text{PE}$ 管材。

3. 工作制度

（1）灌水方式。考虑运行管理情况，采用各出水口轮灌方式。

（2）各出水口灌水时间。

$$t=\frac{mA}{\eta Q}$$

式中　$m$——净灌水定额，$m=554.4\text{m}^3/\text{hm}^2$；

　　　$A$——出水口控制面积，$A=0.5\text{hm}^2$；

　　　$\eta$——灌溉水利用系数，$\eta=0.85$；

　　　$Q$——出水口设计流量，$Q=50\text{m}^3/\text{h}$。

则　　　　　　　　　　$t=554.4\times0.50/0.85\times50=6.5(\text{h})$

4. 支管流量

因各出水口采用轮灌工作方式，单个出水口轮流灌水，故各支管流量及管径与干管相同。

## 五、管网系统布置

1. 布置原则

（1）管理设施、井、路、管道统一规划，合理布局，全面配套，统一管理，尽快发挥工程效益。

（2）依据地形、地块、道路等情况布置管道系统，要求线路最短，控制面积最大，便于机耕，管理方便。

（3）管道尽可能双向分水，节省管材，沿路边及地块等高线布置。

（4）为方便浇地、节水，长畦要改短。

（5）按照村队地片，分区管理，并能独立使用的原则。

2. 管网布置

（1）支管与作物种植方向相垂直。

（2）干管尽量布置在生产路、排水沟渠旁成平行布置。

（3）保证畦灌长度不大于120m，满足灌溉水利用系数要求。

（4）出水口间距满足 GB/T 20203《管道输水灌溉工程技术规范》要求。

管网布置如图 3−32 所示。

## 六、设计扬程计算

（1）水力计算简图如图 3−33 所示。

（2）水头损失计算。

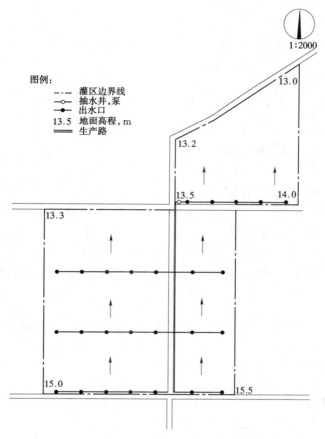

图 3-32　管网平面布置图

$$h = 1.1 h_f$$

$$h_f = f \frac{Q^m}{d^b} L$$

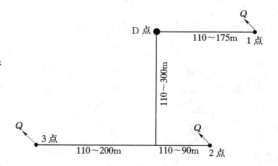

图 3-33　管道水力计算简图

式中　$f$——管材摩阻系数，选取聚乙烯管
材，则 $f = 1.05 \times 0.948 \times 10^5 = 0.9954 \times 10^5$；

$Q$——设计流量，$Q = 50 \text{m}^3/\text{h}$；

$m$——流量指数，取 $m = 1.77$；

$d$——管道内径：选取塑料管材为
$\phi 110 \times 3 \text{PE}$ 管，$d = 110 - 3 \times 2 = 104 \text{mm}$；

$b$——管径指数，取 $b = 4.77$。

水头损失计算分三种情况。

1）D 点—1 点水头损失。

$$h = 1.1 \times 0.948 \times 10^5 \times \frac{50^{1.77}}{104^{4.77}} \times 175 = 4.44 (\text{m})$$

117

2）D点—2点水头损失。

$$h = 1.1 \times 0.948 \times 10^5 \times \frac{50^{1.77}}{104^{4.77}} \times 390 = 9.89(\text{m})$$

3）D点—3点水头损失。

$$h = 1.1 \times 0.948 \times 10^5 \times \frac{50^{1.77}}{104^{4.77}} \times 500 = 12.68(\text{m})$$

（3）设计水头计算。

出水点为1点时，设计扬程为

$$9 + (14 - 13.5) + 4.44 = 13.94(\text{m})$$

出水点为2点时，设计扬程为

$$9 + (15.5 - 13.5) + 9.89 = 20.89(\text{m})$$

出水点为3点时，设计扬程为

$$9 + (15 - 13.5) + 12.68 = 23.18(\text{m})$$

由此看出，出水点3为最不利工作处。因此，选取23.18m作为设计扬程。

## 七、首部设计

根据设计流量 $Q = 50\text{m}^3/\text{h}$，设计扬程 $H = 23.81\text{m}$，选取水泵型号为：200QJ50—26/2 潜水泵。

首部工程配有止回阀、蝶阀、水表及进排气装置。

## 八、工程预算

具体内容见表3-19。

表3-19　　　　机压管灌典型工程投资概预算表（12.7hm²）

| 内容 | 工程或费用名称 | 单位 | 数量 | 单价/元 | | | 合计/元 | | |
|---|---|---|---|---|---|---|---|---|---|
| | | | | 小计 | 其中：人工费 | 其中：材料费 | 小计 | 其中：人工费 | 其中：材料费 |
| 第一部分 | 建筑工程 | | | | | | 3511.3 | 2238.35 | 1272.95 |
| 一 | 输水管道 | | | | | | 3099.0 | 2176.5 | 922.5 |
| 1 | 土方开挖 | m³ | 350 | 4.78 | 4.78 | | 1673.0 | 1673.0 | |
| 2 | 土方回填 | m³ | 350 | 0.86 | 0.86 | | 301.0 | 301.0 | |
| 3 | 出水口砌筑 | m² | 4.5 | 250.0 | 45.0 | 205.0 | 1125.0 | 202.5 | 922.5 |
| 二 | 井房 | | | | | | | | |
| 三 | 其他工程 | | | | | | 412.3 | 61.85 | 350.45 |
| 1 | 零星工程 | 元 | | | | | 412.3 | 61.85 | 350.45 |
| 第二部分 | 机电设备及安装工程 | | | | | | 33307.95 | 1589.95 | 31718.0 |
| 一 | 水源工程 | | | | | | 5660.55 | 269.55 | 5391.0 |

续表

| 内容 | 工程或费用名称 | 单位 | 数量 | 单价/元 | | | 合计/元 | | |
|---|---|---|---|---|---|---|---|---|---|
| | | | | 小计 | 其中:人工费 | 其中:材料费 | 小计 | 其中:人工费 | 其中:材料费 |
| 1 | 200QJ50—26/2潜水泵 | 套 | 1 | 4978.05 | 237.05 | 4741.0 | 4978.05 | 237.05 | 4741.0 |
| 2 | DN80 逆止阀 | 台 | 1 | 131.25 | 6.25 | 125.0 | 131.25 | 6.25 | 125.0 |
| 3 | DN80 蝶阀 | 台 | 1 | 131.25 | 6.25 | 125.0 | 131.25 | 6.25 | 125.0 |
| 4 | 启动保护装置 | 套 | 1 | 420.0 | 20.0 | 400.0 | 420.0 | 20.0 | 400.0 |
| 二 | 输供水工程 | | | | | | 27647.4 | 1320.4 | 26327.0 |
| 1 | 泵房连接管件 | 套 | 1 | 507.15 | 24.15 | 483.0 | 507.15 | 24.15 | 183.0 |
| 2 | φ110×3.0PE输水管 | m | 1350 | 18.21 | 0.87 | 17.34 | 24583.5 | 1174.5 | 23409.0 |
| 3 | 出水口 | 个 | 26 | 89.25 | 4.25 | 85.0 | 2320.5 | 110.5 | 2210.0 |
| 4 | 管件 | 个 | 5 | 47.25 | 2.25 | 45 | 236.25 | 11.25 | 225.0 |
| | | | | | | | | | |
| 第三部分 | 其他费用 | | | | | | 2618.77 | 272.27 | 2346.5 |
| 1 | 建设单位管理费(2%) | 元 | 36819.25 | | | | 736.39 | 76.57 | 659.82 |
| 2 | 勘测设计费(2.5%) | 元 | 38476.12 | | | | 920.48 | 95.70 | 824.78 |
| 3 | 工程监理质量监督检测费(2.5%) | 元 | 38476.12 | | | | 961.90 | 100.0 | 861.90 |
| | | | | | | | | | |
| | 第一至第三部分之和 | | | | | | 39438.2 | | |
| | | | | | | | | | |
| 第四部分 | 预备费 | | | | | | 1971.90 | | |
| 1 | 基本预备费(5%) | 元 | 39438.02 | | | | 1971.90 | | |
| | | | | | | | | | |
| | 总投资 | | | | | | 41409.92 | | |

## 示例二 某水库灌区自压管灌工程设计

### 一、基本情况

某水库灌区灌溉面积 1000hm²。灌区土壤为中壤土,土壤容重 14kN/m³,田间持水率 24%,作物以小麦、玉米为主,灌溉水利用系数 0.57,为发展节水灌溉,拟对干渠以下输水系统进行改造，并利用水库水位较高的自然落差，建成以管道输水的自压管道灌区。西干某支渠灌溉面积 8.4hm²。

### 二、自压管灌系统设计参数的选择

（1）灌溉设计保证率：75%。

（2）管道系统水的利用率：95%。

（3）灌溉水利用系数：0.85。

（4）设计作物耗水强度：5mm/d。

（5）设计湿润层深：0.55m。

（6）分水井设计水位：43.0m。

### 三、灌溉制度及工作制度

**（一）灌溉制度**

1. 净灌水定额计算

$$m = 1000\gamma_s h(\beta_1 - \beta_2)$$

式中：$\gamma_s = 14 \text{kN/m}^3$，$h = 0.55\text{m}$，$\beta_1 = 0.24 \times 0.95 = 0.228$，$\beta_2 = 0.24 \times 0.65 = 0.156$，则

$$m = 1000 \times 14 \times 0.55 \times (0.228 - 0.156) = 554.4 (\text{m}^3/\text{hm}^2)$$

2. 毛灌水定额

$$m_{毛} = \frac{m}{\eta} = \frac{554.4}{0.85} = 652.2 (\text{m}^3/\text{hm}^2)$$

3. 设计灌水周期

$$T = \frac{m}{10ET_d}$$

式中：$m = 554.4\text{m}^3/\text{hm}^2$，$ET_d = 5\text{mm/d}$，则 $T = \frac{554.4}{10 \times 5} = 11.09 (\text{d})$，取 $T = 11\text{d}$。

4. 灌水次数与灌溉定额

根据灌区内多年灌水经验，小麦灌水 4 次，玉米灌水 1 次，全年需灌水 5 次，灌溉定额为 1911m³/hm²。

**（二）工作制度**

1. 灌水方式

考虑运行管理方式，采用各出水口轮灌。

2. 各出水口灌水时间

$$t = \frac{mA}{\eta Q}$$

式中　　$m$——净灌水定额，$m = 554.4\text{m}^3/\text{hm}^2$；

　　　　$A$——出水口控制面积，$A = 8.4\text{hm}^2$；

　　　　$\eta$——灌溉水利用系数，$\eta = 0.85$；

　　　　$Q$——出水口设计流量，$Q = 40\text{m}^3/\text{h}$。

各出水口的灌水时间计算结果见表 3-20。

表 3－20 各出水口的灌水时间

| 出水口编号 | | 1 | 2 | 3 | 4 | 5 | 6 | 7 | 8 | 9 | 10 | 11 |
|---|---|---|---|---|---|---|---|---|---|---|---|---|
| 0＋010 支管 | 管灌面积/m² | 2400 | 1400 | 1150 | 650 | 600 | | | | | | |
| | 灌水时间/h | 3.9 | 2.3 | 1.9 | 1.1 | 1.0 | | | | | | |
| 0＋080 支管 | 管灌面积/m² | 2800 | 2800 | 1700 | 1700 | 1000 | 1000 | 1600 | | | | |
| | 灌水时间/h | 4.6 | 4.6 | 2.8 | 2.8 | 1.6 | 1.6 | 2.6 | | | | |
| 0＋162 支管 | 管灌面积/m² | 3000 | 3000 | 1600 | 1600 | 1600 | 1700 | 2300 | 2400 | 1500 | 1500 | |
| | 灌水时间/h | 4.9 | 4.9 | 2.6 | 2.6 | 2.6 | 2.8 | 3.8 | 3.9 | 2.4 | 2.4 | |
| 0＋262 支管 | 管灌面积/m² | 2300 | 2500 | 2500 | 2400 | 2400 | 2400 | 2400 | 2400 | 2600 | 2100 | 2100 |
| | 灌水时间/h | 3.8 | 4.1 | 4.1 | 3.9 | 3.9 | 3.9 | 3.9 | 3.9 | 4.2 | 3.4 | 3.4 |
| 0＋346 支管 | 管灌面积/m² | 2000 | 2400 | 2300 | 1700 | 1600 | 1500 | 1400 | 1700 | 2200 | 1800 | 1800 |
| | 灌水时间/h | 3.3 | 3.9 | 3.8 | 2.8 | 2.6 | 2.4 | 2.8 | 3.6 | 2.9 | 2.9 | |

## 四、管网系统布置

自压灌溉系统由水处理工程、分水井工程及管网系统等组成。

管网系统布置原则：

（1）尽量布置于生产路旁，干管沿渠边生产路布置，支管垂直于干管布置。

（2）畦灌长度不大于 120m。

（3）出水口间距不大于 40m，考虑消能作用均采用 Dg100 铁出水口。

管网布置如图 3－34 所示。

## 五、设计流量及管径确定

1. 设计流量

$$Q=\frac{\alpha m A}{\eta T t}$$

式中 $Q$——灌溉系统设计流量，m³/h；

$\alpha$——控制性作物种植比例，取 $\alpha=100\%$；

$A$——灌溉系统灌溉面积，$A=8.4\mathrm{hm}^2$；

$\eta$——灌溉水利用系数，$\eta=0.85$；

$T$——次灌水延续时间，$T=11\mathrm{d}$；

$t$——日灌水时间，$t=16\mathrm{h}$。

则

$$Q=\frac{1\times554.4\times8.4}{0.85\times11\times16}=31.2(\mathrm{m}^3/\mathrm{h})$$

取设计流量 $Q=40\mathrm{m}^3/\mathrm{h}$。

2. 管径确定

根据设计区内的地形特点，参考经济管径的要求，选择干管管径时，要满足区内最高地块的需水要求。选择支管管径时，要满足各出水口的出水量相对均匀的要求（用管径调节工作压力）。同时，支管管径要满足输水要求，不得低于 $\phi75$ 的管径，按经济流速确定经济管径，选择管径

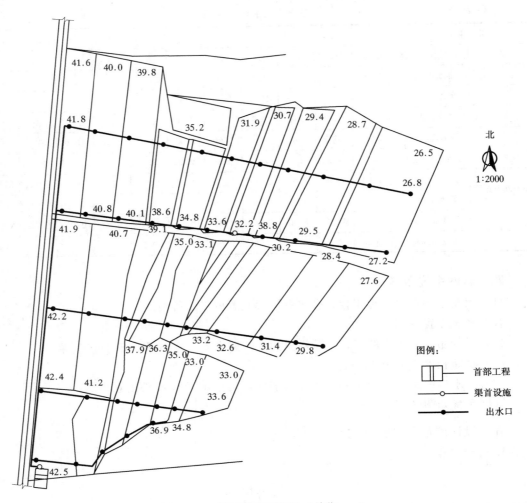

图 3-34 管网平面布置图（单位：m）

$$d=18.8\sqrt{\frac{Q}{v}}=18.8\times\sqrt{\frac{40}{1.5}}=97(\text{mm})$$

故选择干管：$\phi160\times3.2$PVC 管；支管：$\phi75\times2.6$PE～$\phi110\times3.0$PE 管。

## 六、水力计算

水头损失计算采用下式

$$h=1.1h_f$$

$$h_f=f\frac{Q^m}{d^b}L$$

式中　$f$——管材摩阻系数，选取聚氯乙烯塑料管材，$f=0.948\times10^5$；

　　　$Q$——设计流量，$Q=40\text{m}^3/\text{h}$；

　　　$m$——流量指数，$m=1.77$；

　　　$d$——管道内径，$d=\text{mm}$；

$b$——管径指数，$b=4.77$。

$$设计水位＝分水井设计水位－水头损失$$
$$工作压力＝设计水位－地面高程$$

**1. 干管水头损失计算**

选取干管为 $\phi160\times3.2$PVC 管材，$d=160-6.4=153.6$（mm），干管水力计算见表3-21。

表 3-21　　　　干 管 水 力 计 算 表

| 桩号 | 设计管径/mm | 水头损失/m | 设计水位/m | 地面高程/m | 工作压力/MPa |
|---|---|---|---|---|---|
| 0+000 | $\phi160$ | | 43.00 | 42.5 | 0.006 |
| 0+010 | $\phi160$ | 0.03 | 42.97 | 42.5 | 0.0047 |
| 0+080 | $\phi160$ | 0.21 | 42.79 | 42.4 | 0.0039 |
| 0+162 | $\phi160$ | 0.43 | 42.57 | 42.2 | 0.0037 |
| 0+262 | $\phi160$ | 0.70 | 42.30 | 41.9 | 0.0030 |
| 0+346 | $\phi160$ | 0.92 | 42.08 | 41.8 | 0.0028 |

由表（3-21）可见，$\phi160\times3.2$PVC 管材可满足最高地块用水需求，满足设计要求。

**2. 支管水力计算**

支管选取聚乙烯塑料管材，则摩阻系数为

$$f=1.05\times0.948\times10^5=0.995\times10^5$$

支管水力计算结果见表 3-22。

表 3-22　　　　支 管 水 力 计 算 结 果

| 桩号或出水口编号 | 管段长/m | 设计管径/mm | 水头损失/m | 设计水位/m | 地面高程/m | 工作压力/MPa |
|---|---|---|---|---|---|---|
| 0+000 | | | | 43.00 | 42.5 | 0.005 |
| 0+010 | | | | 42.97 | | |
| (1) | 2 | $\phi110$ | 0.04 | 42.93 | 42.5 | 0.0043 |
| (2) | 38 | $\phi110$ | 0.68 | 42.25 | 41.2 | 0.0095 |
| (3) | 32 | $\phi90$ | 1.54 | 40.71 | 39.6 | 0.0111 |
| (4) | 28 | $\phi90$ | 1.34 | 39.37 | 37.5 | 0.0187 |
| (5) | 28 | $\phi75$ | 3.47 | 35.90 | 35.2 | 0.007 |
| 0+080 | | | | 42.79 | | |
| (1) | 4 | $\phi110$ | 0.07 | 42.72 | 42.4 | 0.0032 |
| (2) | 46 | $\phi110$ | 0.83 | 41.89 | 41.2 | 0.0069 |
| (3) | 28 | $\phi90$ | 1.34 | 40.55 | 38.2 | 0.0235 |
| (4) | 18 | $\phi75$ | 2.23 | 38.32 | 36.8 | 0.0152 |
| (5) | 18 | $\phi75$ | 2.23 | 36.09 | 35.4 | 0.0069 |
| (6) | 18 | $\phi90$ | 0.86 | 35.23 | 34.0 | 0.0123 |

| 桩号或出水口编号 | 管段长<br>/m | 设计管径<br>/mm | 水头损失<br>/m | 设计水位<br>/m | 地面高程<br>/m | 工作压力<br>/MPa |
|---|---|---|---|---|---|---|
| (7) | 28 | φ90 | 1.34 | 33.89 | 33.8 | 0.0009 |
| 0+162 | | | | 42.57 | | |
| (1) | 8 | φ110 | 0.14 | 42.43 | 42.2 | 0.0023 |
| (2) | 36 | φ110 | 0.65 | 41.78 | 40.99 | 0.0079 |
| (3) | 36 | φ90 | 1.73 | 40.05 | 39.5 | 0.0055 |
| (4) | 18 | φ75 | 2.23 | 37.82 | 35.5 | 0.0232 |
| (5) | 22 | φ75 | 2.73 | 35.09 | 34.7 | 0.0039 |
| (6) | 9 | φ90 | 0.43 | 34.66 | 33.5 | 0.0116 |
| (7) | 28 | φ90 | 1.34 | 33.32 | 32.6 | 0.0072 |
| (8) | 42 | φ110 | 0.76 | 32.56 | 31.4 | 0.0116 |
| (9) | 34 | φ110 | 0.61 | 31.95 | 30.2 | 0.0175 |
| (10) | 28 | φ110 | 0.50 | 31.45 | 29.8 | 0.0165 |
| 0+262 | | | | 42.3 | | |
| (1) | 6 | φ110 | 0.48 | 41.82 | 41.9 | −0.0008 |
| (2) | 24 | φ110 | 0.43 | 41.39 | 40.8 | 0.0059 |
| (3) | 32 | φ110 | 0.58 | 40.81 | 40.1 | 0.0071 |
| (4) | 30 | φ110 | 1.44 | 39.37 | 38.6 | 0.0077 |
| (5) | 26 | φ75 | 3.22 | 36.15 | 34.8 | 0.0135 |
| (6) | 26 | φ90 | 1.25 | 34.90 | 336 | 00130 |
| (7) | 28 | φ90 | 1.34 | 33.56 | 32.2 | 0.0136 |
| (8) | 26 | φ90 | 1.25 | 32.31 | 30.0 | 0.0151 |
| (9) | 30 | φ90 | 1.44 | 30.87 | 29.5 | 0.0137 |
| (10) | 45 | φ90 | 2.16 | 28.71 | 27.5 | 0.0121 |
| (11) | 45 | φ110 | 0.81 | 27.90 | 27.2 | 0.0070 |
| 0+346 | 6 | | | 42.08 | | |
| (1) | 26 | φ110 | 0.11 | 41.97 | 41.8 | 0.0017 |
| (2) | 34 | φ110 | 0.47 | 41.50 | 408 | 0.0070 |
| (3) | 32 | φ110 | 0.61 | 40.89 | 40.2 | 0.0069 |
| (4) | 38 | φ90 | 1.54 | 39.35 | 38.1 | 0.0125 |
| (5) | 28 | φ90 | 1.82 | 37.53 | 34.0 | 0.0353 |
| (6) | 28 | φ75 | 3.47 | 34.06 | 32.1 | 0.0196 |
| (7) | 28 | φ90 | 1.34 | 32.72 | 31.5 | 0.0122 |
| (8) | 28 | φ90 | 1.34 | 31.38 | 30.0 | 0.0138 |
| (9) | 34 | φ90 | 1.63 | 29.75 | 28.3 | 0.0145 |
| (10) | 45 | φ90 | 2.16 | 27.2 | 27.2 | 0.0039 |
| (11) | 40 | φ110 | 0.72 | 26.8 | 26.8 | 0.0007 |

由支管水力计算可见：出水口处工作压力水头为 0.07～3.53m，出水口出水量认为相对均匀。当实际运行中，出现出水均匀情况较差时，可用首部闸阀进行调整。

### 七、首部工程设计

首部工程有水处理工程、分水井及渠首设施组成，水处理工程及分水井如图 3-35 所示。

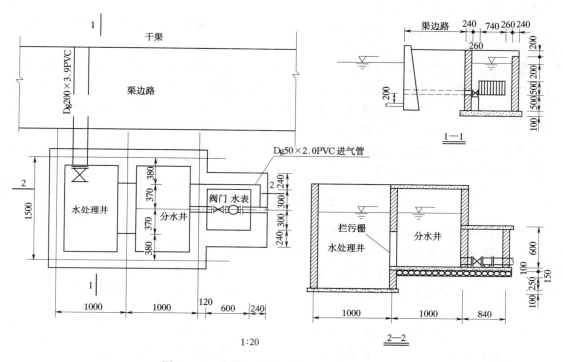

图 3-35　首部工程平面布置图（单位：mm）

渠首设施配有蝶阀、水表及进排气装置。

### 八、工程预算 （略）

# 小　结

低压管道灌溉是以低压输水管道代替明渠输水灌溉的一种工程形式，它是通过一定的压力，将灌溉水由低压管道系统输送到田间，再由管道分水口分水或外接软管输水进入沟、畦的地面灌溉技术。其特点是出水流量大，出水口工作压力较低（3～5kPa），管道系统设计工作压力一般小于 0.4MPa，管道不会发生堵塞。具有节约用水、节省土地、节约能源、省工省时，对地形适应性强、成本低等优点，缺点是田间工程的标准和配套程度低、管材及相应设备没有标准化和系列化的产品等。

低压管道灌溉系统由水源与取水工程、输配水管网系统和田间灌水系统组成。按输配水方式可分为水泵提水输水和自压输水系统；按管网形式可分为树状网和环状网两种类型;按固定方式可分为固定式、移动式和半固定式三类。

管网和给水栓是低压管道灌溉系统的主要组成部分。低压管道以当地材料管为主,多采用各种类型的塑料硬管、钢筋混凝土管、预应力钢筋混凝土管、石棉水泥管、素混凝土管和聚乙烯塑料软管、涂塑软管,个别重要部位采用钢管和铸铁管。管道上附件包括阀门、安全阀、减压阀、进排气阀、水锤消除器、专用阀等控制件以及弯头、三通、四通、异径管、堵头、法兰等连接件。

管道系统布置形式根据水源位置和地块形状确定,主要有丰字形、L形和梳齿形等布置形式。

低压管道灌溉系统的工程规划是对整个工程进行总体安排,是进行工程设计的前提。规划应在收集水源、气象、地形、土壤、作物、灌溉试验、能源、材料、设备、社会经济状况与发展规划等方面的基本资料基础上,通过技术经济比较确定低压管道灌溉工程的总体规划设计方案。规划设计步骤包括:规划设计资料收集、系统选型、技术参数的确定、管网系统布置、灌溉制度的拟定、管道水力计算、水锤压力计算与水锤防护、水泵及动力选择、管道及泵站结构设计等。

## 复 习 思 考 题

1. 低压管道灌溉系统常用的管材和管道附件有哪些?

2. 低压管道灌溉系统的管道水力计算包括哪些方面的内容?

3. 低压管道灌溉系统有何优点? 系统一般由哪几部分组成?

4. 在系统的规划布置中常用的管网布置形式有哪些? 各适用于什么情况?

5. 选择题

(1) ( ) 效率高、占地少,灌溉渠系管道化已成为各国共同的发展趋势。

A. 渠道防渗　　　　B. 管道输水　　　　C. 喷、微灌技术　　　　D. 地面灌水

(2) 管道输水减少了渠道渗漏损失,一般可节省能耗 ( )。

A. 10%~15%　　　　B. 20%~25%　　　　C. 20%~30%　　　　D. 25%~30%

(3) 塑料硬管在管灌中得到广泛应用,埋在地下寿命可达 ( )。

A. 10 年以上　　　　B. 20 年以上　　　　C. 25 年以上　　　　D. 30 年以上

(4) 目前灌区移动式管道输水中所用管材主要是 ( )。

A. 塑料硬管　　　　B. 塑料软管　　　　C. 水泥预制管　　　　D. 现场连续浇筑管

(5) 渠灌区采用管道输水后,比土渠节水 ( )。

A. 20%左右　　　　B. 30%左右　　　　C. 40%左右　　　　D. 50%左右

(6) 低压管道输水灌溉系统设计工作压力一般小于 ( )。

A. 0.2MPa　　　　B. 0.25MPa　　　　C. 0.3MPa　　　　D. 0.4MPa

(7) 低压管道输水灌溉系统按管网形式可分为两种类型。目前,国内低压管道输水灌溉系统多采用 ( )。

A. 树状网　　　　B. 环状网　　　　C. 混合管网　　　　D. H 形管网

(8) 机井位于地块一侧,控制面积较大且地块近似成方形,可布置成 ( )。

A. 一字形、丁字形　　B. L 形　　　　C. 圭字形、π 形　　　　D. H 形

（9）低压管道输水灌溉系统中常用的压力测量装置是弹簧管压力表。静负荷下工作值不应超过刻度值的（　　　）。

    A. 1/3 　　　　　B. 2/3 　　　　　C. 1/2 　　　　　D. 3/4

（10）下列不属于低压管道输水灌溉系统的安全保护装置的是（　　　）。

    A. 进（排）气阀　　　B. 调压装置　　　C. 给水栓　　　　D. 泄水阀

# 第四章　管道灌溉工程施工与运行管理

## 【学习指导】

**学习要求：**

1. 了解管道灌溉工程施工前的组织及准备工作；
2. 掌握管道工程施工放样及管槽开挖程序；
3. 掌握管道安装的一般要求；
4. 了解管道水压及渗水量的试验目的及方法；
5. 了解工程竣工验收程序及所要提交的文件资料；
6. 了解管道灌溉工程运行管理的基本知识。

**本章重点：**

1. 管道工程施工放样、管槽开挖和回填的程序及要求；
2. 管道安装的一般要求及方法。

## 第一节　管道灌溉工程的施工与安装

管道灌溉工程包括低压管道输水工程、喷灌工程、微灌工程等。不同形式的管道灌溉工程虽然工程内容不同，但其施工及设备安装的重点具有很多相同之处，它们均具有安装比较复杂等特点。这里主要介绍管道工程的施工与安装，水源工程、泵站工程施工可参考其他教材或书籍。

### 一、管道工程施工准备与管理

管道系统的施工必须严格按设计要求和施工程序（熟悉设计图纸和有关技术资料、测量放线、管槽开挖、管道铺设与安装、设备与首部工程安装、试压及冲洗、试运行、竣工验收）精心组织，严格执行规范和相应的技术标准，做好设备安装和工程验收工作。

#### （一）施工准备

管道工程施工前，应做好各项组织和准备工作。

（1）认真阅读设计文件，这些文件包括设计任务书、设计图纸、工程投资预算、施工进度要求等，以便掌握本工程特点、关键技术和设备，明确工程重点和难点，为组织施工做好准备。

（2）进行施工现场踏勘，了解施工现场的具体情况和条件，为施工组织设计做好准备。

（3）进行施工组织设计，编制施工计划，建立施工组织，对施工队伍进行必要的技术培训。施工队伍应在施工前熟悉工程的设计图纸、设计说明以及施工技术要求、质量检验标准等技术文件，并应认真阅读工程所用设备的安装使用说明书，掌握其安装技术要求。同时注意校对设计是否与灌区地形、水源、作物种植及首部枢纽等位置相符，若发现问题，应与设计部门协商，提出合理修改方案。

（4）施工队伍应根据工程特点和施工要求编制劳力、工种、材料、设备、工程进度计划，制定质量检查方法和安全措施以及施工管理办法。

（5）按设计要求检查工程设备器材，购置原材料和设备必须严格按制度进行质量检验，确保工程质量。

（6）准备好施工机具、临时供水、供电等设施，满足施工要求。

**（二）施工管理**

施工中应严格管理，设专职或兼职的质检人员监督每道工序的施工，工程规模较大时应采用施工监理制，以确保工程质量。管道灌溉工程的管理人员或业主应参加施工管理，一方面监督施工质量，另一方面熟悉工程情况，便于今后的运行管理和工程维护。

### 二、施工放样及管槽开挖

**（一）施工放样**

施工放样是按设计图纸要求，将各级管道、建筑物的位置布置到地面上以便施工，它是落实设计方案的重要一步。小型工程可根据设计图纸直接测量管线纵断面，大型工程现场应设置施工测量控制网，并应保留到施工完毕。施工放样一般从首部枢纽开始，用经纬仪、水准仪定出建筑物主轴线，机房轮廓线及各级管道的中心线和宽度以及进水口位置，用石灰标出开挖线，并标明各建筑物的设计标高。在管道中心线上每隔 30～50m 打一木桩标记，并在管线的分支、转弯、变径及有建筑物和安装附属设备的地方加桩，地形起伏变化较大地段及其他需要标记的地方也要打桩，桩上应标注开挖深度。在微灌、喷灌等首部枢纽控制室内，应标出机泵及专用设备，如化肥罐、过滤器等的安装位置。

**（二）管槽开挖**

管槽开挖应按下列要求进行。

（1）管槽的断面形式。根据现场土质、地下水位、管材种类和规格、开挖深度、施工方法等选择矩形、梯形或复式结构。一般情况下，土质较松、地下水位较高，宜采用梯形槽；土质坚实、地下水位低，可采用矩形槽；管径大、沟槽深，宜采用梯形槽或复式结构，反之可采用矩形槽。

（2）管槽开挖宽度与深度。以便于施工和节约工程量为原则，一般为 0.5m 左右，管件安装部位应适当加宽。管槽开挖深度应符合设计要求，管道埋深应在当地冻土层以下，并能承受一定的外荷载，且埋深一般不小于 0.7m。毛管的开挖深度，一般为 0.3～0.4m，宽度为 0.2m 左右。

（3）管槽开挖后应清除管槽底部的石块杂物，并一次整平。管槽经过岩石、卵石等硬基础处，槽底超挖不应小于 10cm，清除砾石后再用细土回填夯实至设计高程。如果开挖后不能立即进行下道工序，应预留 15～30cm 土层，待下道工序开始前再挖至设计高程。

（4）开挖土料应堆置管槽一侧 30cm 以外。固定墩、阀门井开挖宜与管槽开挖同时进行。管槽开挖完毕后经检查合格后方可铺设管道。

### 三、管道安装

#### (一) 管道安装的一般要求

（1）管道安装前应检查管材、管件外观，检查管材的质量、规格、工作压力是否符合设计要求，是否有材质检验合格证，管道是否有裂纹、扭折、接口崩缺等损坏现象，禁止使用不合格的管道。

（2）管道安装宜按从首部到尾部、从低处向高处、先干管后支管的顺序进行；承插口管材的插口在上游，承口在下游，依次施工。

（3）管道中心线应平直，管底与管基应紧密接触，不得用木、砖或其他垫块。

（4）安装带有法兰的阀门和管件时，法兰应保持同轴、平行，保证螺栓自由穿入，不得用强紧螺栓的方法消除歪斜。

（5）管道安装应随时进行质量检查，分期安装或因故中断应用堵头封口，不得将杂物留在管内。

（6）管道穿越道路或其他建筑物时，应加套管或修涵洞加以保护。管道系统上的建筑物，必须按设计要求施工，出地竖管的底部和顶部应采取加固措施。

#### (二) 塑料管道的安装

管道灌溉系统所用管道按其材质一般有塑料管、钢管、铸铁管、钢筋混凝土管、石棉水泥管、铝合金管等。常用的塑料管材有硬聚氯乙烯（PVC—U）管、聚乙烯（PE）管和聚丙烯（PP）管。

1. 硬塑料管的连接

硬塑料管的连接形式有承插连接、胶接黏接、热熔焊接等。

（1）扩口承插连接。扩口承插连接是目前应用最广的一种形式。其连接方法有热软化扩口承插连接和扩口加密封圈承插连接等。相同管径之间的连接一般不需要连接件，只是在分流、转弯、变径等情况下才使用管件。塑料管件一般带有承口，采用溶剂粘合或加密封圈承插连接即可。

热软化扩口承插连接法，是利用塑料管材对温度变化灵敏的热软化、冷硬缩的特点，在一定温度的热介质里（或用喷灯）加热，将管子的一端（承口）软化后与另一节管子的一端（插口）现场连接，使两节管子牢固地结合在一起。这种方法的特点是，承口不需预先制作、人工现场操作、方法简单、连接速度快、接头费用低。适用于管道系统设计压力不大于 0.15MPa，管壁厚度不小于 2.5mm 的同管径光滑管材的连接。热介质（多用甘油或机油）软化扩口安装时，将承口端长约 1.2～1.6 倍的公称外径浸入温度为（130±5）℃的热介质中软化 10～20s，再用两把螺丝刀（或其他合适的扩口工具）稍微扩口的同时插入被连接管子的插口端。接头的适宜承插长度视系统设计工作压力和被连接管材的规格而定。

扩口加密封圈连接法，主要适用于双壁波纹管和用弹性密封圈连接的光滑管材。每节管长一般 5～6m，采用承插（子母口）连接。管材的承口是在工艺生产时直接形成或施工前用专用撑管工具软化管端加工而成。为承受一定的水压力，达到止水效果，插头处配有专用的密封橡胶圈。连接施工时，先在子口端装上专用橡胶密封圈，然后在要连接的母口内壁和子口外壁涂刷润滑剂（可采用肥皂液，禁止用黄油或其他油类作润滑剂），将子口和母口对齐，同心后，用力将子口端插入母口，直到子口端与母口内底端相接为止。管道与管件间的连接方法与管道连接相同。

（2）胶接粘接。是利用粘合剂将管子或其他被连接物胶接成整体的一种应用较广泛的连接方法。可在管子承口端内壁和插头端外壁涂抹粘合材料承插连接管段，或用专用套管将两节（段）管子涂抹粘合剂后承插连接。其接头密封压力均较高。粘合剂的品种很多，除市场上出售的可供选择外还可自行配制，但必须根据被胶接管道的材料、系统设计压力、连接安装难易、固结时间长短等因素来选配合适的。几种常见管材连接时所适用的粘合剂见表 4-1。

表 4-1　　　　　　　　　　几种常见管材连接时所适用的粘合剂

| 连　接　管　材 | 适　用　粘　合　剂 |
| --- | --- |
| 聚氯乙烯与聚氯乙烯 | 聚酯树脂、丁腈橡胶、聚氨酯橡胶 |
| 聚乙烯与聚乙烯、聚丙烯与聚丙烯 | 环氧树脂、苯醛甲醛聚乙烯醇缩丁醛树脂、天然橡胶或合成橡胶 |
| 聚氯乙烯与金属 | 聚酯树脂、氯丁橡胶、丁腈橡胶 |
| 聚乙烯与金属 | 天然橡胶 |

使用粘合剂连接管子时，应注意以下几点：①被胶接管子的端部要清洁，不能有水分、油污、尘砂；②粘合剂应用毛刷迅速均匀的涂刷在承口内壁和插口外壁；③承插口涂刷粘合剂后，应立即找正方向将管端插入承口，用力挤压，并稳定一段时间；④承插接口连接完毕后，应及时将挤出的粘合剂擦洗干净。粘接后，不得立即对接合部位强行加载。其静置固化时间不应低于 45min，且 24h 内不能移动管道。

（3）热熔焊接。热熔连接是在两节管子的端面之间用一块电热金属片加热，使管端呈发粘状态，抽出加热片，再在一定的压力下对挤，自然冷却后即牢固结合在一起。这种热熔对接方式需使用圆形电烙铁和碰焊机等专门的工具。其要求如下：①热熔对接的管子材质、直径和壁厚应相同，焊接前管端应锯平，并清除杂质、污物；②应按设计温度加热至充分塑化而不烧焦；③加热板应清洁、平整、光滑，加热板的抽出及合拢应迅速，两管端面应完全对齐，四周挤出树脂应均匀；④冷却时应保持清洁，自然冷却应防止尘埃侵入；水冷却应保持水质清洁，完全冷却前管道不应移动；⑤管道对接后，两管端面应熔接牢固，并按 10% 进行抽检；若两管端对接不齐应切开重新加工对接。

2. 软管连接

（1）揣袖法。揣袖法就是顺水流方向将前一节软管插入后一节软管内，插入长度视输水压力的大小而定，以不漏水为宜。该法多用于质地较软的聚乙烯软管的连接。特点是连接方便，不需专用接头或其他材料，但不能拖拉。连接时，接头处应避开地形起伏较大的地段和管路拐弯处。

（2）套管法。套管法一般用长约 15～20cm 的硬塑料管作为连接管，将两节软管套接在硬塑料管上，用活动管箍固定，也可用铁丝或绳子绑扎。该法的特点是接头连接方便、承压能力高、拖拉时不易脱开。

（3）快速接头法。软管的两端分别连接快速接头，用快速接头对接。该法连接速度快，接头密封压力高，使用寿命长，是目前地面移动软管灌溉系统应用最广的一种连接方法，但接头价格较高。

### （三）水泥制品管道安装

#### 1. 钢筋混凝土管安装

对于承受压力较大的钢筋混凝土管可采取承插式连接。连接方式有两种：一种可用橡胶圈密封做成柔性连接，一种用石棉水泥和油麻填塞接口。后一种接口施工方法同铸铁管安装。钢筋混凝土管的柔性连接应符合下列要求。

（1）承口向上游，插口向下游。

（2）套胶圈前，承插口应刷干净，胶圈上不得粘有杂物，套在插口上的胶圈不得扭曲、偏斜。

（3）插口应均匀进入承口，回弹就位后，仍应保持对口间隙10～17mm。

（4）在沟槽土壤或地下水对胶圈有腐蚀性的地段，管道覆土前应将接口封闭。

#### 2. 混凝土管安装

对承受压力较小的混凝土管应按下列方法连接。

（1）平口（包括楔口）式接头宜采用纱布包裹水泥砂浆法连接，要求砂浆饱满，纱布和砂浆结合严密。严禁管道内残留砂浆。

（2）承插式接头，承口内应抹1∶1水泥砂浆，插管后再用1∶3水泥砂浆封口。接管时应固定管身。

（3）预制管连接后，接头部位应立即覆20～30cm厚的湿土。

### （四）铸铁管的安装

铸铁管通常采用承插连接，其接头形式有刚性接头和柔性接头两种。安装前应首先检查管子有无裂纹、砂眼、结疤等缺陷，清除承口内部及插口外部的沥青及飞边毛刺，检查承口和插口尺寸是否符合要求。安装时，应在插口上做出插入深度的标记，以控制对口间隙在允许范围内。对口间隙、承插口环形间隙及接口转角，应符合表4-2的规定。

表4-2　　　　　　　　　　对口间隙、承插口环形间隙及接口转角值

| 项　　目 | 对口最小间隙 /mm | 对口最大间隙/mm | | 承插口标准环形间隙/mm | | | | 每个接口允许转角/(°) |
|---|---|---|---|---|---|---|---|---|
| | | DN100～ DN250 | DN300～ DN350 | DN100～DN200 | | DN250～DN350 | | |
| | | | | 标准 | 允许偏差 | 标准 | 允许偏差 | |
| 沿直线铺设安装 | 3 | 5 | 6 | 10 | +3 −2 | 11 | +4 −2 | — |
| 沿曲线铺设安装 | 3 | 7～13 | 10～14 | — | — | — | — | 2 |

**注**　DN为管道公称直径。

承插口的嵌缝材料为水泥类的接头称为刚性接头。刚性接头抗震动性能和抗冲击性能不高，但材料来源丰富，施工方法比较成熟，是最常用的方法。刚性接头的嵌缝材料主要为油麻、石棉水泥或膨胀水泥等。

（1）采用油麻填塞时，油麻应拧成辫状，粗细应为接头缝隙的1.5倍，麻辫搭接长度应为10～15cm，接头应分散，填塞时应打紧塞实，打紧后的麻辫填塞深度应为承插深度

的 1/3～1/2。

（2）采用膨胀水泥填塞时，配合比一般为：膨胀水泥：砂：水＝1：1：0.3，拌和膨胀水泥用的砂应为洁净的中砂，粒度为 1.0～1.5mm，洗净晾干后再与膨胀水泥拌和。

（3）采用石棉水泥填塞时，水泥一般选用 425 号硅酸盐水泥，石棉水泥材料的配合比为 3：7（重量比），水与水泥加石棉重量和之比为 1：10～1：12，调匀后手捏成团，松手跌落后散开即为合适。填塞深度应为接口深度的 1/2～2/3，填塞应分层捣实、压平，并及时养护。

使用橡胶圈作为止水件的接头称为柔性接头。它能适应一定量的位移和震动。胶圈一般由管材生产厂家配套供应。柔性接头的施工程序为：①清除承插口工作面上的附着污物；②向承口斜形槽内放置胶圈；③在插口外侧和胶圈内侧涂抹肥皂液；④将插口引入承口，确认胶圈位置正常，承插口的间隙符合要求后，将管子插入到位，找正后即可在管身覆土以稳定管子。用柔性接头承插的管子，若沿直线铺设，承口和插口的安装间隙一般为4～6mm，曲线铺设时为 7～14mm。

管道安装就位后，应在每节管子中部两侧填土，将管道稳固。

**（五）管件和附属设备的安装**

材质和管径均相同的管材、管件连接方法与管道连接方法相同；管径不同时由变径管来连接。材质不同的管材、管件连接需通过加工一段金属管来连接，接头方法与铸铁管连接方法相同。

附属设备的安装方法一般有螺纹连接、承插连接、法兰连接、管箍式连接、粘合连接等。其中法兰连接、管箍连接、螺纹连接拆卸比较方便；承插连接、粘合连接拆卸比较困难或不能拆卸。在工程设计时，应根据附属设备维修、运行等情况来选择连接方式。公称直径大于50mm的阀门、水表、安全阀、进（排）气阀等多选用法兰连接；给水栓则可根据其结构形式，选用承插或法兰连接等方法；对于压力测量装置以及公称直径小于50mm的阀门、水表、安全阀，进（排）气阀等多选用螺纹连接。附属设备与不同材料管道连接时，需通过一段钢法兰管或一段带丝头的钢管与之连接，并应根据管材采用不同的方法。与塑料管道连接时，可直接将法兰管或钢管与管道承插连接后，再与附属设备连接。与混凝土管及其他材料管道连接时，可先将法兰管或带丝头的钢管与管道连接后，再将附属设备连接上。

**（六）首部枢纽的安装**

管道灌溉系统的首部枢纽主要包括水泵、动力机、阀门、压力表、过滤器等设备。泵房建成，经验收合格，即可在泵房内进行枢纽部分的组装。其安装顺序为：水泵→动力机→主阀门→压力表→过滤器→水表→压力表→各灌区阀门。化肥罐安装在主阀门和过滤器之间。枢纽部分的连接管件一般为金属件，多采用法兰或螺纹连接。各部件与管道连接，应保持同轴、平行、螺栓自由穿入，不得用强紧螺栓的方法消除歪斜。用法兰连接时，须安装止水胶垫。首部枢纽的各项设备除化肥罐、过滤器外，沿水泵出水管中心线安装，管道中心线距地面高度以 0.5m 左右为宜。

首部枢纽各种设备应按有关安装规范和产品说明书的要求进行安装。过滤器应按输入流向标记安装，不得反向。与人畜饮水联合使用的灌溉工程，严禁在首部枢纽和人畜饮水管道上安装施肥或施农药装置。测量仪表和保护设备安装前应清除封口和接头处的油污和杂物，压力表宜装在环形连接管上，如用直管连接，应在连接管与仪表之间装控制阀。水表应按设计要求和流向标记水平安装。

### 四、管道水压及渗水量试验

管道灌溉工程施工安装期间，较大的喷灌工程应对管道进行分段水压试验，施工安装结束后应进行管网水压试验，对于较小的喷灌工程可不做分段水压试验；微灌管道工程一般只做渗水量试验，有条件的可进行水压试验；低压输水管道工程，只做充水试验。

1. 管道水压试验

管道水压试验的目的是检查管道安装的密封性是否符合规定，同时也对管材的耐压性能和抗渗性能进行全面复查。水压试验中发现的问题须进行妥善处理，否则将成为隐患。水压试验的方法是先将待试管段上的排气阀和末端出水口处的闸阀打开，然后向管道内徐徐充水，当管道全部充满水后，关闭排气阀及出水阀，使其封闭。再用水泵等加压设备使管道水压逐渐增至规定数值，并保持一定时间。如管道没有渗漏和变形即为合格。

水压试验必须符合以下规定：①压力表应选用0.35级或0.4级的标准压力表，加压设备应能缓慢调节压力；②水压试验前应检查整个管网的设备状况，阀门启闭应灵活，开度应符合要求，排、进气装置应通畅；③检查地埋管道填土定位是否符合要求，管道应固定，接头处应显露并能观察清楚渗水情况；④通水冲洗管道时先冲洗干管，然后分轮灌组冲洗支、毛管，直到出水清澈为止；⑤冲洗后应使管道保持注满水的状态，金属管道和塑料管必须经24h，水泥制品管必须经48h方可进行耐水压试验，否则会因空气析出影响试验结果，甚至影响水泥制品管的机械性能；⑥试验管段长度不宜大于1000m，试验压力不应低于系统设计压力的1.25倍，如管道系统按压力分区设计，则水压试验也应分区进行，试验压力不应小于各分区设计压力的1.25倍。压力操作必须边看压力表读数，边缓慢进行，压力接近试验压力时更应避免压力波动。水压试验时，保压时间应不少于10min，并认真检查管材、管件、接口、阀门等，如未发生破坏或明显的渗漏水现象，则可同时进行渗漏量试验。各种管道灌溉工程的试验压力及合格标准见表4-3。

表4-3　　　　　　　　各种管道灌溉工程水压及渗水量试验表

| 工程名称 | | 试验压力 | 保压时间 | 合格要求 | 允许渗水量 |
|---|---|---|---|---|---|
| 喷灌 | | 系统设计压力的1.25倍 | 10min | (1) 压力下降不大于0.05MPa；<br>(2) 无泄漏，无变形 | $q_s < [q_s]$ |
| 微灌 | 一般情况 | 系统工作压力 | 试运行 | 无破裂，无脱落 | $q_s < [q_s]$ |
| | 有条件的地方 | | 10min | (1) 压力下降不大于0.05MPa；<br>(2) 无泄漏，无变形 | |
| 低压管灌 | 塑料管、水泥预制管 | 系统工作压力 | 1h | 无集中渗漏，无破裂 | 符合管道水利用系数的要求 |
| | 现浇混凝土管 | 充水试压 | 8h | | |

2. 渗水量试验

渗水量试验是观察试验压力下单位时间内试验管段的渗水量，当渗漏量为一稳定值时，此值即为试验管段的渗漏量。试验过程中，如未发生管道破坏，且渗漏量符合要求，即认为试水合格。对于喷灌管道工程和要求较高且有条件的微灌工程，在耐水压试验保压10min 期间，如压力下降大于 0.05MPa，应进行渗水量试验。对于一般微灌工程和低压输水管道工程，在试运行或充水试压阶段，宜进行渗水量试验。

（1）试验时应先充水，排净空气，然后缓慢升压，至试验压力时立即关闭进水阀门，记录下降 0.1MPa 压力所需的时间 $T_1(\min)$；再将水压升至试验压力，关闭进水阀门并立即开启放水阀，往量水器中放水，记录下降 0.1MPa 压力所需时间 $T_2(\min)$，测量在 $T_2$ 时间内的放水量 $W(L)$，按式（4-1）计算实际渗水量。

$$q_s = \frac{W}{T_1 - T_2}\frac{1000}{L} \tag{4-1}$$

式中　　$q_s$——1000m 长度管道实际渗水量，L/mm；

$L$——试验管道长度，m。

（2）允许渗水量，按式（4-2）计算。

$$[q_s] = K_s\sqrt{d} \tag{4-2}$$

式中　　$[q_s]$——1000m 管道允许渗水量，L/min；

$K_s$——渗水系数（钢管取 0.05，硬聚氯乙烯管、聚丙烯管取 0.08，铸铁管取 0.10，聚乙烯管取 0.12，水泥制品管取 0.14）；

$d$——管道内径，mm。

$q_s < [q_s]$ 即为合格。对低压输水管道工程应符合管道水利用系数的要求。不满足上述要求，应修复后重新试水，直至合格。

### 五、管槽回填

管道水压试验（或试运行）合格后，可进行管槽回填。管槽回填应严格按设计要求和程序进行。回填的方法一般有水浸密实法和分层夯实法。

水浸密实法，是采用向沟槽充水，浸密回填土。当回填土料填至管沟深度一半时，可用横埂将沟槽分段（一般 10~20m）逐段充水。第一次充水 1~2d 后，可进行第二次回填、充水，使回填土密实后与地表齐平。

分层夯实法，是向管沟分层回填土料，分层夯实，且分层厚度不宜大于 30cm。一般回填达到管顶以上 15cm 后再进行最终回填。回填密实度应不低于最大密实度的 90%。考虑回填后的沉陷，回填土应略高于地面。

管槽回填前，应清除石块、杂物，排净积水。回填必须在管道两侧同时进行，严禁单侧回填。所填土料含水量要适中，管壁周围不得含有直径大于 2.5cm 的砖瓦碎片、石块和直径大于 5cm 的土块。塑料管道的沟槽回填前，应先使管道充水承受一定的内水压力，以防管材变形过大。回填应在地面和地下温度接近时进行，例如夏季，宜在早晨或傍晚回填，以防填土前后管道温差过大，对连接处产生不利影响。水泥预制管的土料回填应先从管口槽开始，采用夯实法或水浸密实法，分层回填到略高出地表为止。对管道系统的关键部位，如镇墩、竖管周围及冲沙池周围等的回填，应分层夯实，严格控制施工质量。

### 六、工程验收

工程验收是对工程设计、施工的全面审查，不论工程大小都应进行。工程验收由业主和水行政主管部门按规定组织设计单位、施工单位和监理单位等参加的验收小组来进行。

工程验收分为施工期间验收和竣工验收两步。

**（一）施工期间验收**

隐蔽工程必须在施工期间进行验收，合格后方可进行下道工序。对水源工程、泵站的基础尺寸和高程、预埋件和地脚螺丝的位置和深度、孔、洞、沟，沉陷缝、伸缩缝的位置和尺寸，地埋管道的管槽深度、底宽、坡向以及管床处理、施工安装质量等进行重点检查是否符合设计要求和有关规定；水压试验是否合格等。施工期间验收合格的项目应有检查、监测报告和验收报告。

**（二）竣工验收**

（1）工程竣工验收前应提交下列文件资料：

1）全套设计图纸、报告以及上级主管部门的批复文件、变更设计报告等。

2）施工期间的验收报告、水压试验报告和试运行报告。

3）工程预算和工程决算。

4）有关操作、管理规定和运行管理办法。

5）竣工图纸和竣工报告。

对于较小的工程，验收前只需提交设计文件、竣工图纸和竣工报告以及管理要求。

（2）工程竣工验收应包括下列内容：

1）审查技术文件是否齐全，技术数据是否正确、可靠。

2）检查土建工程是否符合设计要求和有关规定。

3）审查管道铺设长度、管道系统布置及田间工程配套是否合理。

4）检查设备选择是否合理，安装质量是否达到技术规范的规定。

5）对系统进行全面的试运行，对主要技术参数和技术指标进行实测。

6）工程验收后，应编写竣工验收报告，对工程验收内容、验收结论、工程运用意见及建议等如实予以说明，形成文件后，由验收组成员共同签字，加盖设计、施工、监理、使用单位公章。

工程验收合格后，方可交付使用。

# 第二节 管道灌溉工程的运行管理

管道灌溉工程建成以后，为抵御干旱、促进作物增产提供了基础条件。要使工程充分发挥效益，就必须认真做好运行管理与维护工作，保证工程设施经常处于良好的状态，以最低的成本获得最好的经济效益。

## 一、管理组织、制度与人员

实施工程管理工作，首先必须建立、健全相应的管理组织，配备专管人员，制定完善的管理制度，实行管理责任制，调动管理人员的积极性，把管理工作落在实处。工程管理一般实行专业管理和群众管理相结合，统一管理和分级负责相结合的管理体制。对于较大的具有固定性的节水灌溉工程，不论是国家所有或集体所有，都应在上级（当地水行政主管部门）统一领导下，实行分级管理；对于小型或具有移动性的管道灌溉工程系统，可在乡（村）统一领导下，实行专业承包。

**（一）管理组织**

管道灌溉工程的管理组织形式要因地制宜，以有利于工程管理和提高经济效益为原则。

（1）村级管理的工程，应成立村级管理组织。由村干部、2～3名管理人员组成灌溉专业队，包括专业电工、业务素质较好的机手等，村干部和机手任正副队长。

（2）对于规模较小的工程，可实行租赁或联户承包模式。此种模式是在灌溉工程的国家或村集体产权不变的前提下（水源、工程设施及机电设备等归国家或村集体所有），将工程或设备的经营使用权转让给个人或联户看管、养护、使用，行政村或自然村应与承包户签订管理承包合同，通过契约方式来保障工程产权所有者与承包（租赁）方利益。

（3）农户自建的灌溉工程，一般面积较小，可由农户自行管理。管理农户虽然责任心强，但往往缺乏管理知识，可由专业技术人员帮助制定灌溉制度，传授管理维修知识。地（市）、县水行政主管部门要对工程主管人员和专职管理人员进行技术培训，提高专职人员的素质，并指导他们对工程进行科学管理，及时解决管理上存在的问题，总结成功的管理经验，并予以推广。

（4）为提高土地的产出效益，可把一家一户分散经营的土地集中起来，由公司统一开发，采取公司加农户的管理组织。此种形式由具有法人资格的公司对管道灌溉工程区的土地以"反租转包"形式进行统一经营、分散管理，即通过与农户签订经济合同，获得土地长期有偿使用权，然后对土地进行集中开发、配套工程措施，再以适当的价格将部分土地包给农户，公司负责技术指导与产品销售服务。这种管理方式实现了土地合理流转、灌溉工程统一管理，达到了企业和农户双方受益的目的。

（5）为适应市场经济发展需要，实现所有权与经营权相对分离、利于强化经营管理职能，可采取股份制管理形式。股份制是指两个或两个以上的利益主体，以集股经营的方式自愿结合的一种组织管理形式。它是以成立股东大会（或股东会）、董事会和工程管理小组，严格按股份制运行方式进行的管理，明确规定股东大会是最高权力机构，主要职责是监督检查工程维修计划、用水调度方案和财务收支预算等重大事宜；董事会是由股东大会选举产生，执行股东大会决议，是股东大会代理机构，代表股东大会行使管理权限，负责制定工程管理办法、用水调度方案及收费办法、财务管理制度、管理人员的岗位责任制等规章制度；工程管理小组负责工程的管理维修、调配水源及收取水费等具体工作。这种管理方式具有经营风险共担、利益共享的特点，能极大地调动入股群众管理工程的积极性，是今后管道灌溉工程主要的管理模式。

**（二）管理制度**

工程管理机构内部应建立和健全各项规章制度，明确管理范围和职责。如建立和健全工程管理制度、设备保管、使用、维修、养护制度、用水管理制度、水费征收办法、工程运行程序、机电设备操作规程、考核与奖惩制度等。要把工程运行管理、维修、保养与工程管理人员的经济利益挂钩，充分调动管理人员的积极性。

**（三）管理人员**

管理人员是实施工程管理与调度的具体执行者。管理人员应做到"三懂"（懂机械性能、懂操作规程、懂机械管理）和"四会"（会操作、会保养、会维修、会消除故障），对管理人员实行"一专"（固定专人）、"五定"（定任务、定设备、定质量、定维修消耗费用、定报酬）的奖惩责任制。管理人员的主要任务是：

（1）管理、使用节水灌溉系统及其设备和配套建筑物，保证完好能用。

（2）按编制好的用水计划及时开机，保证作物适时灌溉。

（3）按操作规程开机放水，保证安全运行。

（4）按时记录开、停机时间、灌水流量、能耗及浇地亩数等。

（5）合理核算灌水定额、灌水总量、浇地成本，按时计收水费。

**二、用水管理**

用水管理的主要任务，是通过对灌溉系统中各种工程设施的控制、调度、运用，合理分配与使用水资源，并在田间推行科学的灌溉制度和合理的技术措施，以达到充分发挥工程作用、促进农业高产稳产和获得较高经济效益的目的。用水管理的中心内容是制定和执行用水计划，其目的是保证对作物适时、适量灌水。

**（一）科学编制用水计划**

为了指导作物合理布局，实现供需水量平衡，提高水的利用效率，灌区应在灌溉季节前，根据当年的作物种植状况以及水源条件、气象条件和工程条件，参考历年的灌水经验，编制整个灌区的用水计划。用水计划的主要内容包括灌溉面积、灌溉制度、计划供水时间、供水流量及灌溉用水总量等。作物灌溉制度的拟定，要在工程设计灌溉制度的基础上，参照历年经验或试验成果，了解当年的天气预报情况予以确定。年用水计划应结合具体情况科学合理的编制，特别是在水源紧张的情况下，应能指导水资源的合理分配和高效利用。

**（二）合理确定灌水计划**

每次灌水前，应根据年用水计划并结合当时的气象、作物等实际情况，制定灌水计划（作业计划）。灌水计划的内容包括灌水定额、灌水周期、灌水持续时间、各轮灌组的灌水量、灌水时间以及灌水次序等。对于喷灌系统，要确定同时工作的喷头数和同时工作的支管数；微灌系统要确定同时工作的毛管条数。轮灌组的划分一般维持原设计方案，不应变更，但轮灌方式则可根据田间作业及管理要求合理确定。每次灌水时，可根据当时作物生长及土壤墒情的实际情况，对灌水计划加以修正。

**（三）建立用水记录档案**

为了评价工程运行状况，提高灌溉用水管理水平，应建立灌溉用水和运行记录档案，及时填写灌水计划、机泵运行和田间灌水记录表。记录的内容应包括：灌水计划、灌水时间（开、停机时间）、种植作物、灌溉面积、灌溉水量、机泵型号、水泵流量、施肥时间、肥料用量、畦田规格、改水成数、水费征收、作物产量等，对于喷灌应观测记录喷灌强度。每次灌水结束后，应观测土壤含水率、灌水均匀度、计划湿润层深度等指标。根据记录进行有关技术指标的统计分析，以便积累经验，改进用水管理工作。

### 三、工程管理

工程管理的基本任务是保证水源工程、机泵、输水管道及建筑物、喷头、滴头、过滤器等设备的正常运行，延长工程设备的使用年限，发挥工程最大的灌溉效益。

#### （一）水源工程的使用与维护

对水源工程除经常性的养护外，每年灌溉季节前后，都应及时清淤除障或整修。若水源为机井，在管理中，要注意配置井口保护设施，修建井房，加设井台、井盖，以防地面积水、杂物对井水的污染。在机井使用过程中，要注意观察水量和水质的变化，若发生异常现象，如出水量减少，水中含沙量增大，应立即查清原因，采取相应的洗井、维修、改造及其他措施。若水源为蓄水池，应注意定期清理拦污栅、沉沙池；维护好各种设施，防止水质污染；应对防渗工程经常进行检查，对渗漏部位及时进行维修。

#### （二）机泵运行与维修

机泵运行前应进行一次全面、细致的检查，检查各固定部分是否牢固，水泵和动力机的底脚螺丝以及其他各部件螺丝是否松动；转动部分是否灵活，叶轮转动时有无摩阻的声音；各轴承中的润滑油是否充足、干净；填料压盖螺栓松紧是否合适，填料函内的盘根是否硬化变质，水封管路有无堵塞；机电设备是否正常等。

开机应按操作程序进行。开机后应观察出水量、轴承及电机的温度、机泵运转声音及各种仪表是否正常，如不正常或出现故障，应立即检修。水泵运行中应注意皮带、机组和管路的保养。运行中的传动带不要过松或过紧，过松会跳动或打滑，增加磨损，降低效率；过紧轴承要发热。同时，要注意清洁，防止油污，妥善保养。停机后，应把机泵表面的水迹擦净以防锈蚀。长期停机或冬季使用水泵后，应把水泵（打开泵壳下面的放水塞）、水管中的水放空，以防冻坏或锈蚀。油漆剥落的要进行补油漆。停灌期间，应把地面可拆卸的设备收回，妥善保管和养护。为了延长机泵的使用寿命，除正常操作外，还要对机泵进行经常的和定期的检查维修。机泵运行一年，在冬闲季节要进行一次彻底检修，清洗、除锈去垢、修复或更换损坏的零部件。

运行中要注意安全，要有安全防护设施。禁止对正在运转的水泵进行校正和修理，禁止在转动着的部件上或有压力的管路上拧紧螺栓。

#### （三）管道的运行与维修

1. 固定管道运行与维修

管道灌溉系统中的固定管道在初次投入使用或每年灌溉季节开始前，应全面进行检查、试水或冲洗，保证管道通畅，无渗水漏水现象；裸露在地面的管道部分应完整无损；闸阀及安全保护设备应启动自如；量测仪表要盘面清晰，指示灵敏。每年灌溉季节结束，对管道应进行冲洗、排放余水，进行维修；阀门井加盖保护，在寒冷地区阀门井与干支管接头处应采取防冻措施。

管道放水和停水时，常会产生涌浪和水击，很易发生管道爆裂。为防止产生水击，保证管道安全运行，应采取以下具体措施。

（1）严禁先开机或先打开进水闸门再打开出水口（或给水栓）。应该先打开排气阀和计划放水的出水口（或给水栓），必要时再打开管道上其他出水口排气，然后开机供水充水。当管道充满水后，缓慢地关闭作为排气用的其他出水口。

（2）管道为单孔出流运行时，当第一个出水口完成输水灌溉任务，需要改用第二个出水口时，应先缓慢打开第二个出水口，再缓慢关闭第一个出水口。

（3）管道运行时，严禁突然关闭闸阀、给水栓等出水口，以防爆管和毁泵。

（4）灌水结束、管道停止运行时，应先停机或先缓慢关闭进水闸门、闸阀，然后再缓慢关闭出水口（或给水栓），有多个出水口停止运行时，应自下而上逐渐关闭。有多条管道停止运行时，也应自下而上逐渐关闭闸门或闸阀，同时借助进气阀、安全阀或逆止阀向管内补气，防止产生水锤或负压破坏管道。

管道运行时，若发现有渗水漏水，应在停机后进行检查维修。

（1）硬质塑料管，材质硬脆，易老化。运行时应注意接口和局部管段是否损坏漏水，若发现漏水，可采用专用粘接剂堵漏；若管道产生纵向裂缝而漏水，则需更换新管道。

（2）双壁波纹管多在接口处发生漏水现象。处理方法是调整或更换止水橡胶环或用专用粘接剂堵漏。

（3）水泥制品管一般容易在接口处漏水。处理方法：一是用纱布包裹水泥砂浆或混凝土加固；二是用柔性连接修补。现浇混凝土管由于管材的质量或地面不均匀沉降造成局部裂缝漏水现象的处理方法：一是用砂浆或混凝土加固；二是用高标号水泥膏堵漏。

（4）石棉水泥管、灰土管材质脆，不耐碰撞和冲击，宜深埋，通常管顶距地面至少0.6m，其漏水处理方法同前。

（5）地埋塑料软管，一般在软管折线处和"砂眼点"漏水。处理的方法是用硬塑料管或软管予以更换，衔接处管段要有一定长度。更换后充满水回填灰土。

2.移动塑料软管的使用与维修

田间使用的软管，由于管壁薄，经常移动，故使用时应注意。使用前，要认真检查管子的质量，并铺平整好铺管路线，以防作物茬或石块等尖状物扎破软管。使用时，软管要铺放平顺，严禁拖拉，以防破裂。软管输水过沟时，要用架托方法保护；跨路时应挖小沟或垫土保护；转弯时要缓慢，切忌拐直角弯。使用后，要清洗干净，卷好存放在空气干燥、温度适中的地方，不得露天存放；且应平放，防止重压和磨坏软管折边；不要将软管与化肥、农药等放在一起，以防软管粘结。

软管在使用中易损坏，应及时修补。若出现漏水，可用塑料薄膜贴补，或用专用粘合剂修补。若管壁破裂过于严重，可从破裂处剪断，然后顺水流方向再把软管两端套接起来（套袖法），或剪一段长约0.5m相同管径的软管套在破裂漏水部位，充水后用细绳绑紧（即用管补管）。

**（四）管路附件与附属设备的运行管理与维护**

管道灌溉系统的管路附件与附属设备主要有分、给水装置、控制闸阀、保护装置、测量仪表、过滤设备和施肥设备等。

（1）给水装置。多为金属结构，要防止锈蚀，每年要涂防锈漆两次。对螺杆和丝扣，要经常涂黄油，防止锈固，便于开关。

（2）分水池。起防冲、分水和保护出水口及给水栓的作用，若发现损坏应及时修复，水池外壁应涂上红、白色涂料，以引人注目，防止碰坏。

（3）控制闸阀。闸阀、蝶阀应定期补充填料，螺纹和齿轮处应定期加油润滑防止锈死。逆止阀应定期检查动作是否灵活。

（4）保护装置。如安全阀、进排气阀等，要经常检查维修，保证其动作灵活，进排气畅通。阀门井应具有良好的排水或渗水条件，如有积水应及时查明原因予以解决。阀门井应加盖保护，冬季应有防冻措施。

（5）测量仪表。灌溉季节结束后，压力表、水表应卸下排空积水后存放在室内，防止冻胀破坏。电气仪表应保持清洁干燥。

（6）过滤设备。过滤器是微灌系统的关键设备之一，主要用以滤除灌溉水中的悬浮物，以防滴头（微喷头）堵塞。对滤网式过滤器，通常当过滤器上、下游水压差超过一定限度（2～5m，用压力表量测）时，即应进行冲洗。一般打开冲洗排污阀门，冲洗20～30s后关闭，即可恢复正常运行，否则应重复几次冲洗，直至正常为止。必要时用手工清洗：扳动手柄，放松螺杆，拆开压盖，取出滤芯刷洗滤网上的污物，并用清水冲洗干净。对于砂过滤器，当运行一段时间，进出口压力表超过30～50kPa时，就必须进行反冲洗。反冲洗时注意控制反冲洗水流的速度，以防冲走作为过滤用的砂砾料，必要时应及时补充砂砾滤料。

（7）施肥设备。微灌系统在施肥（或农药）中，化肥或农药的注入一定要放在水源与过滤器之间，肥（药）液必须先经过过滤器过滤后方可进入管道；施肥（农药）后必须用清水把残留液冲洗干净；在化肥（农药）输液管出口处与水源间必须安装逆止阀，以防溶液流入水源，污染环境。

**（五）喷头、滴头（微喷头）的管理与维护**

1. 喷头

（1）喷头安装前应进行检查，要求零件齐全，连接牢固；喷嘴规格无误；流道通畅；转动灵活，换向可靠；弹簧松紧适度。

（2）喷头运转中应巡回监视，发现进口连接部位和密封部位严重漏水，不转或转速过慢，换向失灵，喷嘴堵塞或脱落，支架歪斜或倾倒，全射流式喷头的负压切换失效等故障，应及时处理。

（3）喷头运转一定时期后应对各转动部分加注润滑油，通常每运转100h后应拆检。

（4）每次喷灌作业完毕后应将喷头清洗干净，更换损坏部件。每年喷灌季节结束应进行保养。

（5）喷头存放时宜松弛可调弹簧，并按不同规格、型号顺序排列，不得堆压。

2. 滴头（微喷头）

（1）滴头（微喷头）安装前应严格检查、挑选。要求滴头（微喷头）制造精度高，偏差系数应为0.03～0.07；出水量小，均匀稳定；抗堵塞性能好；结构简单，易于拆装。

（2）预防滴头（微喷头）堵塞的措施：①经常检查滴头（微喷头）的工作状况并测定其流量，如发现滴头（微喷头）出流有异应及早采取措施或更换；②加强水质检测，定期进行化验分析，注意水中污物的性质，以便采取有针对性的处理和预防措施；③经常对滴头冲洗清污。

（3）滴头（微喷头）堵塞处理的方法主要有加氯处理法和酸处理法两种。

1）加氯处理法常使用次氯酸钠（漂白粉）和次氯酸钙。它们具有很强的氧化作用，对处理因藻类、真菌和细菌等微生物所引起的滴头（微喷头）堵塞，很经济有效。同时，自由有效氯易于同水中的铁、锰、硫元素及其氯化物进行化学反应而生成不溶于水的物质，然后再清除掉。在处理藻类及有机物沉淀时，连续加氯处理的浓度一般为 $2\sim5$ mg/L；间断加氯处理的浓度一般为 $10\sim20$mg/L（每次加氯持续 30min 左右）。遇有严重堵塞或污染的水质，有时可采用更高的浓度，如 $100\sim500$mg/L。对于细菌性沉淀一般使用 $2\sim5$mg/L 的浓度即可。

2）酸处理法常使用磷酸、盐酸或硫酸。加酸处理可防止和消除因碳酸盐（如碳酸钙、碳酸镁）等沉淀或微生物生长而产生的灌水器堵塞，从而保护系统的正常运行。由于酸具有一定的腐蚀性，使用时应根据计算要求严格控制酸液的浓度，同时应注意加强管理，以防使用不当造成对整个系统的腐蚀危害。

# 小　结

管道灌溉工程的施工必须严格按设计要求和施工程序精心组织，严格执行规范和相应的技术标准，做好设备安装和工程验收工作。

管道工程施工前，应做好各项组织和准备工作。包括认真阅读设计文件，进行施工现场踏勘，进行施工组织设计，做好临时供水、供电、施工机具等设施的准备工作，制定质量检查方法和安全措施等。

施工中应严格管理，设专职或兼职的质检人员监督每道工序的施工，工程规模较大时应采用施工监理制，以确保工程质量。

施工放样是落实设计方案的重要一步。小型工程可根据设计图纸直接测量管线纵断面，大型工程现场应设置施工测量控制网，并应保留到施工完毕。放样结束后，应进行管槽开挖和管道安装。安装前应检查管材质量、管件外观、规格、工作压力是否符合设计要求，是否有材质检验合格证，管道是否有裂纹、扭折、接口崩缺等损坏现象，禁止使用不合格的管道。

管道灌溉系统所用管道按其材质，一般有塑料管、钢管、铸铁管、钢筋混凝土管、石棉水泥管、铝合金管等。材质不同，管道连接形式不同。硬塑料管的连接形式有承插连接、胶接粘接、热熔焊接等；对于承受压力较大的钢筋混凝土管可采取承插连接；铸铁管通常采用承插连接，其接头形式有刚性接头和柔性接头两种。

管道灌溉系统的首部枢纽主要包括水泵、动力机、阀门、压力表、过滤器等设备。泵房建成，经验收合格，即可在泵房内进行枢纽部分的组装。其安装顺序为：水泵→动力机→主阀门→压力表→过滤器→水表→压力表→各灌区阀门。

管道灌溉工程施工安装期间，较大的喷灌工程应对管道进行分段水压试验，施工安装结束后应进行管网水压试验，对于较小的喷灌工程可不做分段水压试验；微灌管道工程一般只做渗水量试验，有条件的可进行水压试验；低压输水管道工程，只做充水试验。

管道水压试验（或试运行）合格后，可进行管槽回填。管槽回填应严格按设计要求和程序进行。回填的方法一般有水浸密实法和分层夯实法。

工程验收是对工程设计、施工的全面审查，不论工程大小都应进行。工程验收由业主和水行政主管部门按规定组织设计单位、施工单位和监理单位等参加的验收小组来进行。验收分为施工期验收和竣工验收两步进行。

管道灌溉工程建成以后，必须认真做好运行管理与维护工作，保证工程设施经常处于良好的状态，以最低的成本获得最好的经济效益。工程管理包括用水管理、工程管理和组织管理等。

实施工程管理工作，首先必须建立、健全相应的管理组织，配备专管人员，制定完善的管理制度，实行管理责任制，调动管理人员的积极性，把管理工作落在实处。

用水管理的主要任务是通过对灌溉系统中各种工程设施的控制、调度、运用，合理分配与使用水资源，并在田间推行科学的灌溉制度和合理的技术措施，以达到充分发挥工程作用、促进农业高产稳产和获得较高的经济效益的目的。用水管理的中心内容是制定和执行用水计划，其目的是保证对作物适时、适量灌水。

工程管理的基本任务是保证水源工程、机泵、输水管道及建筑物、喷头、滴头、过滤器等设备的正常运行，延长工程设备的使用年限，发挥工程最大的灌溉效益。

# 复习思考题

1. 管道灌溉工程施工前需要做哪些准备工作？

2. 管道灌溉工程施工放样及管槽开挖程序是什么？

3. 管道安装的一般要求有哪些？

4. 管道水压试验及渗水量试验的目的及方法是什么？

5. 竣工验收需提交哪些文件资料？

6. 管道灌溉工程运行管理包括哪些基本内容？

7. 选择题

（1）管道施工中应严格管理，设专职或兼职的质检人员监督每道工序施工，工程规模较大时应采用施工（　　　），以确保工程质量。

　　A. 监理制　　　　　B. 项目负责制　　　　　C. 项目责任制　　　　　D. 合同管理制

（2）施工放样是按设计图纸要求，将各级管道、建筑物的位置布置到地面上，以便施工，它是落实设计方案的重要一步。施工放样，一般从（　　　）开始。

　　A. 测量管线　　　　B. 设计图纸　　　　　C. 首部枢纽　　　　　D. 布置测量控制网

（3）管槽开挖宽度与深度以便于施工和节约工程量为原则，一般为（　　　），管件安装部位应适当加宽。

　　A. 0.35m 左右　　　B. 0.4m 左右　　　　C. 0.45m 左右　　　　D. 0.5m 左右

（4）不属于硬塑料管连接形式的是（　　　）。

　　A. 承插连接　　　　B. 胶接粘接　　　　　C. 热熔焊接　　　　　D. 套管连接

（5）附属设备的安装方法一般有螺纹连接、承插连接、法兰连接、管箍式连接、粘合连接等。其中（　　　）拆卸比较方便。

　　A. 法兰连接　　　　B. 承插连接　　　　　C. 粘合连接　　　　　D. 套管连接

（6）首部枢纽的各项设备除化肥罐、过滤器外，沿水泵出水管中心线安装，管道中心线距地面高度以（　　　）为宜。

    A. 0.3m 左右     B. 0.4m 左右     C. 0.5m 左右     D. 0.6m 左右

（7）管道灌溉工程施工安装期间，较大的喷灌工程应对管道进行（　　　）。

    A. 管网水压试验   B. 分段水压试验   C. 渗水量试验     D. 充水试验

（8）微灌管道工程施工安装期间一般只做（　　　）。

    A. 管网水压试验   B. 分段水压试验   C. 渗水量试验     D. 充水试验

（9）管槽回填的方法一般有水浸密实法和分层夯实法。分层夯实，且分层厚度不宜大于（　　　）。

    A. 25cm     B. 30cm     C. 35cm     D. 40cm

（10）用水管理的中心内容是制定（　　　），其目的是保证对作物适时、适量灌水。

    A. 用水计划     B. 灌水计划     C. 灌水次序     D. 灌水定额

# 第五章 渠道衬砌与防渗

## 【学习指导】

**学习要求：**

1. 理解渠道防渗的意义，掌握渠道衬砌类型及其选择；

2. 熟悉土料防渗的特点及技术要求，掌握土料防渗结构施工技术；

3. 熟悉砖石与混凝土防渗特点及技术要求，了解砖石与混凝土材料性能的要求，掌握砖石与混凝土防渗工程施工技术；

4. 熟悉膜料防渗的特点及材料性能，掌握膜料防渗工程设计、膜料防渗工程施工技术。

**本章重点：**

1. 掌握土料防渗施工方法和要点；

2. 掌握砖石衬砌与混凝土衬砌的施工方法和要点；

3. 掌握膜料防渗施工方法和要点。

## 第一节 概　述

### 一、渠道防渗的意义

渠系在输水过程中，渠道渗漏水量占输水损失的绝大部分。一般情况下，渠道渗漏水量占渠首引水量的 30%～50%，有的灌区高达 60%～70%，损失水量惊人。渠系水量损失不仅减少了灌溉面积，浪费了珍贵的水资源，而且会引起地下水位上升，招致农田作物渍害。在有高矿化度地下水的地区，可能会引起土壤次生盐渍化，危害作物生长而减产。由于渠道渗漏水量大，从而增大了渠道上游建筑物尺寸和渠道工程量，增加了工程投资。水量损失还会增加灌溉成本和用水户的水费负担，降低灌溉效益。因此，在加强渠系配套和维修养护、实行科学的水量调配、提高灌区管理水平的同时，对渠道进行衬砌防渗，减少渗漏水量，提高渠系水利用系数，是节约水量、实现节水灌溉的重要措施。

大量工程实践证明，采取渠道防渗措施以后，可以减少渗漏损失 70%～90%，渠系水利用系数能得到显著提高。例如陕西省泾惠渠灌区的 4 级渠道采取防渗措施后，渠系水利用系数由 0.59 提高到 0.85；福建晋江县晋南电灌站永和二级电灌站 12km 长的干渠，砌石防渗后，渠道水利用系数由 0.55 提高到 0.8；湖南涟源县白马水库灌区 62km 长的干渠，进行防渗处理后，渠道水利用系数由 0.3 提高到 0.68，灌溉面积由原来的 0.667 万 hm² 提高到 1.2 万 hm²（设计灌溉面积），扩大了 0.533 万 hm²。因此，对渠道进行衬砌防渗，不但可以提高渠系水利用系数，节约水资源，而且是提高现有水利工程效益的重要途径。

渠道衬砌防渗的作用主要有以下几个方面：

（1）减少渠道渗漏损失水量，节省灌溉用水量，更高效地利用水资源。

（2）提高渠床的抗冲刷能力，防止渠岸坍塌，增加渠床的稳定性。

（3）减小渠床糙率，增大渠道流速，提高渠道输水能力。

（4）减少渠道渗漏对地下水的补给，有利于控制地下水位上升，防止土壤盐碱化及沼泽化的产生。

（5）防止渠道长草，减少泥沙淤积，节约工程维修费用。

（6）降低灌溉成本，提高灌溉效益。

## 二、渠道衬砌类型及其选择

### （一）渠道衬砌防渗类型

渠道衬砌防渗按其所用材料的不同，一般分为土料防渗、砌石防渗、混凝土衬砌防渗、沥青材料防渗及膜料防渗等类型。

**1. 土料防渗**

土料防渗包括土料夯实、黏土护面、三合土护面等。

（1）土料夯实防渗。土料夯实防渗是用机械碾压或人工夯实方法增加渠底和内坡土壤密度，减弱渠床表面土壤透水性。它具有造价低、适应面广、施工简便和防渗效果良好等优点。主要适用于黏性土渠道。据试验分析，经过夯实的渠道，渗漏损失一般可减少$1/3 \sim 2/3$。土料压实层越厚，压得越密实，防渗效果越显著。

（2）黏土护面防渗。黏土护面防渗是在渠床表面铺设一层黏土，以减小土壤透水性的防渗措施。它适用于渗透性较大的渠道，具有就地取材、施工方便、投资小、防渗效果较好等优点。据试验研究，护面厚度为 $5 \sim 10cm$ 时，可减小渗漏水量 $70\% \sim 80\%$；护面厚度 $10 \sim 15cm$ 时，可减少渗漏水量 $90\%$ 以上。黏土护面的主要缺点是抗冲刷能力低，渠道平均流速不能大于 $0.7m/s$；护面土易生杂草；渠道断水时易干裂。

（3）三合土护面防渗。三合土护面是用石灰、砂、黏土经均匀拌和后，夯实成渠道的防渗护面。这种方法在我国南方各省采用较多。实践证明，三合土护面的防渗效果较好，有一定抗冲刷能力，并能降低糙率，减少杂草生长，增加渠道输水能力，而且能就地取材，造价较低。三合土护面的渠道可减少渗漏损失 $85\%$ 左右。但由于其抗冻能力差，在严重冰冻地区不宜采用。

**2. 砌石防渗**

砌石防渗具有就地取材、施工简便、抗冲刷、耐久性好等优点。石料有块石、条石、卵石、石板等。砌筑方法有干砌和浆砌两种。砌石防渗适用于石料来源丰富，有抗冻、抗冲刷要求的渠道。这种防渗措施防渗效果好，一般可减少渗漏量 $70\% \sim 80\%$，使用年限可达 $20 \sim 40$ 年。

**3. 混凝土衬砌防渗**

混凝土衬砌渠道是目前广泛采用的一种渠道防渗措施，它的优点是防渗效果好，耐久性好、强度高，可提高渠道输水能力，减小渠道断面尺寸，适应性广、管理方便。

一般可减少渗漏损失量 85%～95%，使用年限可达 30～50 年。混凝土衬砌方法有现场浇筑和预制装配两种。现场浇筑的优点是衬砌接缝少，与渠床结合好；预制装配的优点是受气候条件影响小，混凝土质量容易保证，衬砌速度快，能减少施工与渠道引水的矛盾。

混凝土衬砌渠道的断面形式常为梯形或矩形，其优点是便于施工。近年来，混凝土 U 形渠道以其水力条件好、经济合理、防渗效果好等优点，得到了较快发展。U 形渠道衬砌可采用专门的衬砌机械施工，施工速度快且省工、省料。

**4. 沥青材料防渗**

沥青防渗材料主要有沥青玻璃布油毡、沥青砂浆、沥青混凝土等。沥青材料防渗具有防渗效果好、耐久性好、投资少、造价低、对地基变形适应性好、施工简便等优点。可减少渗漏量 90%～95%，使用年限可达 10～25 年。

（1）沥青玻璃布油毡防渗。沥青玻璃布油毡衬砌前应先修筑好渠床，后铺砌油毡。铺砌时，由渠道一边沿水流方向展开拉直，油毡之间搭接宽度为 5cm，并用热沥青玛琋脂粘结。为了保证粘结质量，可用木板条均匀压平粘牢，最后覆盖土料保护层。

（2）沥青砂浆防渗。沥青与砂按 1：4 的配合比配料拌匀后加温至 160～180℃，在渠道现场摊铺、压平，厚 2cm，上盖保护层。还可与混凝土护面结合，铺设在混凝土块下面，以提高混凝土的防渗效果。

（3）沥青混凝土防渗。它是把沥青、碎石（或砾石）、砂、矿粉等经加热、拌和，铺在渠床上，压实压平形成的防渗层。沥青混凝土具有较好的稳定性、耐久性和良好的防渗效果。对于中、小型渠道，护面厚度一般为 4～6cm，大型渠道 10～15cm。一般渠道防渗用沥青混凝土常用的沥青含量为 6%～9%，骨料配比范围大致是：石料 35%～50%，砂 30%～45%，矿粉 10%～15%。

**5. 膜料防渗**

膜料防渗就是用不透水的土工织物（即土工膜）来减小或防止渠道渗漏损失的技术措施。膜料按防渗材料可分为塑料类、合成橡胶类和沥青及环氧树脂类等。膜料防渗具有防渗性能好，适应变形能力强、材质轻、运输方便、施工简单、耐腐蚀、造价低等优点。膜料防渗一般可减少渠道渗漏损失 90%～95%。

塑料薄膜防渗是膜料防渗中采用最为广泛的一种，目前通用的塑料薄膜为聚氯乙烯和聚乙烯，防渗有效期可达 15～25 年。一般都采用埋铺式，保护层可用素土夯实或加铺防冲材料，总厚度应不小于 30cm。薄膜接缝用焊接、搭接及化学溶剂（如树脂等）胶结，在薄膜品种不同时只能用搭接方法，搭接长度 5cm 左右。

除以上防渗措施外，还有在砂土或砂壤土中掺入水泥，铺筑成水泥土衬砌层；也有在渠水中拌入细粒黏土，淤填砂质土渠床的土壤孔隙，减少渠床渗漏的人工挂淤防渗；还有在渠床土壤中渗入食盐、水玻璃以及大量有机质的胶体溶液，减少土壤渗透能力的化学防渗方法等。表 5－1、表 5－2 系我国 GB 50600《渠道防渗工程技术规范》规定的各种防渗材料的防渗衬砌结构的允许最大渗漏量、适用条件、使用年限，渠道防渗结构的厚度等。渠道防渗工程规划设计时，可以参考。渠道水流含推移质较多、且粒径较大时，宜按表 5－2 所列数值加厚 10%～20%。

**表 5-1　　　　渠道防渗结构的允许最大渗漏量、适用条件、使用年限**

| 防渗衬砌结构类别 | | 主要原材料 | 允许最大渗漏量 /[m³/(m²·d)] | 使用年限 /a | 适 用 条 件 |
|---|---|---|---|---|---|
| 土料类 | 黏性土 黏砂混合土 | 黏质土、砂、石、石灰等 | 0.07~0.17 | 5~15 | 就地取材，施工简便，造价低，但抗冻性、耐久性较差，工程量大，质量不易保证。可用于气候温和地区的中、小型渠道防渗衬砌 |
| | 灰土 三合土 四合土 | | | 10~25 | |
| 水泥土类 | 干硬性水泥土 塑性水泥土 | 壤土、砂壤土、水泥等 | 0.06~0.17 | 8~30 | 就地取材，施工较简便，造价较低，但抗冻性较差。可用于气候温和地区，附近有壤土或砂壤土的渠道衬砌 |
| 砌石 | 干砌卵石（挂淤） | 卵石、块石、料石、石板、水泥、砂等 | 0.20~0.40 | 25~40 | 抗冻、抗冲、抗磨和耐久性好，施工简便，但防渗效果一般不易保证。可用于石料来源丰富、有抗冻、抗冲、耐磨要求的渠道衬砌 |
| | 浆砌块石 浆砌卵石 浆砌料石 浆砌石板 | | 0.09~0.25 | | |
| 埋铺式膜料 | 土料保护层 刚性保护层 | 膜料、土料、砂、石、水泥等 | 0.04~0.08 | 20~30 | 防渗效果好，重量轻，运输量小，当采用土料保护层时，造价较低，但占地多，允许流速小。可用于中、小型渠道衬砌；采用刚性保护层时，造价较高，可用于各级渠道衬砌 |
| 沥青混凝土 | 现场浇筑 预制铺砌 | 沥青、砂、石、矿粉等 | 0.04~0.14 | 20~30 | 防渗效果好，适应地基变形能力强，造价与混凝土防渗衬砌结构相近。可用于有冻害地区、且沥青料来源有保证的各级渠道衬砌 |
| 混凝土 | 现场浇筑 | 砂、石、水泥、速凝剂等 | 0.04~0.14 | 30~50 | 防渗效果、抗冲性和耐久性好。可用于各类地区和各种运用条件下的各级渠道衬砌；喷射法施工宜用于岩基、风化岩基以及深挖方或高填方渠道衬砌 |
| | 预制铺砌 | | 0.06~0.17 | 20~30 | |
| | 喷射法施工 | | 0.05~0.16 | 25~35 | |

**表 5-2　　　　　　　渠道防渗结构的适宜厚度**

| 防 渗 结 构 类 别 | | 厚度/cm |
|---|---|---|
| 土料 | 黏土（夯实） | ≥30 |
| | 灰土、三合土 | 10~20 |
| 水泥土 | | 6~10 |
| 砌石 | 干砌卵石（挂淤） | 10~30 |
| | 浆砌块石 | 20~30 |

续表

| 防　渗　结　构　类　别 | | 厚度/cm |
|---|---|---|
| 砌石 | 浆砌料石 | 15～25 |
| | 浆砌石板 | ＞3 |
| 埋铺式膜料<br>（土料保护层） | 塑料薄膜 | 0.02～0.06 |
| | 膜料下垫层（黏土、砂、灰土） | 3～5 |
| | 膜料上土料保护层（夯实） | 40～70 |
| 沥青混凝土 | 现场浇筑 | 5～10 |
| | 预制铺砌 | 5～8 |
| 混凝土 | 现场浇筑（未配置钢筋） | 6～12 |
| | 现场浇筑（配置钢筋） | 6～10 |
| | 预制铺砌 | 4～10 |
| | 喷射法施工 | 4～8 |

**（二）渠道衬砌防渗类型的选择**

选择渠道衬砌防渗类型时，主要考虑以下要求。

（1）防渗效果好，减少渗漏量。在水费很高的地区，或渗漏水有可能引起渠基失稳，影响渠道运行时，应提高防渗标准，建议采用下部铺膜料，上部用混凝土板作保护层的防渗措施。

（2）就地取材，造价低廉。应本着因地制宜，就地取材，尽量节省工程费用的原则选用防渗措施。砂、石料丰富的地区，可采用混凝土或砌石防渗措施。

（3）能提高渠道输水能力和防冲能力。不同材料防渗渠道的糙率是不同的，不冲流速差异也很大。所以，选用的防渗措施应有利于提高渠道的输水能力和保持渠床稳定。

（4）防渗时间长、耐久性能好。防渗工程的使用年限，对工程的经济效果影响很大，所以选择防渗方式时，应特别予以考虑。

（5）施工简易，便于管理，养护维修费用要低。

（6）渠道防渗应具有一定的经济效益，选择防渗措施应进行多方案比较，择优选用。渠道防渗的经济效益，主要是节省灌溉水量和扩大灌溉面积。

# 第二节　土　料　防　渗

## 一、土料防渗的特点及技术要求

### （一）土料防渗的特点

土料防渗一般是指以黏性土、黏砂混合土、灰土（石灰和土料）、三合土（石灰、黏土、砂）和四合土（三合土中加入适量的卵石或碎石）等为材料的防渗措施。土料防渗是我国沿用已久的、实践经验丰富的防渗措施。

1. 土料防渗的优点

（1）具有较好的防渗效果。一般可减少渗漏量的 60％～90％，渗漏量为 0.07～

$0.17\text{m}^3/(\text{m}^2 \cdot \text{d})$。

（2）能就地取材。黏性土料源丰富，可就地取材。如灌区附近有石灰、砂、石料时，可采用灰土、三合土等防渗措施。

（3）技术较简单，易为群众掌握。

（4）造价低，投资少。

（5）可充分利用现有的工具和碾压机械设备施工。

2. 土料防渗的缺点

（1）允许流速较低。除黏土、黏砂混合土、灰土、三合土和四合土的允许流速较高，为 0.75～1.0m/s 外，壤土的允许流速为 0.7m/s 左右。因此，仅用于流速较低的渠道。

（2）抗冻性能差。土料防渗层往往由于冻融的反复作用，使防渗层疏松、剥蚀，几年后会失去防渗性能。因此，仅适用于气候温暖的无冻害地区。

土料防渗尽管存在上述缺点，但由于工程投资低，便于施工，所以目前仍是我国中、小型渠道的一种较简便易行的防渗措施。

**（二）土料防渗的技术要求**

（1）土料防渗的效果与防渗层的密实性有关。因此，施工中土料防渗层的干密度不应小于设计干密度。

（2）土料防渗的渗透系数不应大于 $1 \times 10^{-6}\text{cm/s}$。

（3）土料防渗的允许不冲流速与土料种类有关，应根据工程实际需要选用防渗土料，以满足渠道的防冲要求。

（4）土料防渗设计，应尽量在提高防渗效果及防渗层的耐久性方面采取措施。

**二、土料防渗工程设计**

土料防渗工程设计的主要内容包括防渗材料的选用、混合土料配合比设计和土料防渗层厚度的确定等。

**（一）土料防渗原材料的选用**

1. 土料

选用的土料一般为高、中、低液限的黏质土和黄土。其中，高液限土包括：黏土和重黏土；中液限土包括：砂壤土，轻、中、重粉质壤土，轻壤土和中壤土。无论选用何种土料，都必须清除含有机质多的表层土和草皮、树根等杂物。

为了提高土料防渗层的防渗能力，选用土料时一般要进行颗粒分析，进行塑性指数、最大干密度、最优含水率、渗透系数的测定等；必要时还要测定有机质和硫酸盐的含量。一般土料中黏粒（粒径 $d < 0.005\text{mm}$）含量应大于 20%；素土和黏砂混合土防渗层，土料的塑性指数应大于 10，土料中有机质的含量应小于 3%；灰土、三合土防渗层有机质含量应控制在 1% 以内。渠道防渗工程采用的土料，应符合表 5-3 的规定。

2. 石灰

石灰应采用煅烧适度、色白质纯的新鲜石灰或贝灰。其质量应符合Ⅱ级生石灰的标准，即石灰中的氧化钙和氧化镁的总含量（按干重计）不应小于 75%。贝灰中氧化钙含量不应小于 45%。试验表明，煅烧的石灰露天堆放半个月，活性氧化物可降低 30%；堆

| 项　　目 | 黏性土、黏砂混合土防渗 | 灰土、三合土、四合土防渗 | 膜料防渗土保护层及过渡层 | 水泥土防渗 |
|---|---|---|---|---|
| 黏粒含量/% | 20～30 | 15～30 | 3～30 | 8～12 |
| 砂粒含量/% | 10～60 | 10～60 | 10～60 | 50～80 |
| 塑性指数 $I_P$ | 10～17 | 7～17 | 1～17 | — |
| 土料最大粒径/mm | ＜5 | ＜5 | ＜5 | ＜5 |
| 有机质含量/% | ＜3.0 | ＜1.0 | — | ＜2.0 |
| 可溶盐含量/% | ＜2.0 | ＜2.0 | ＜2.0 | ＜2.5 |
| 钙质结核、树根、草根含量 | 不允许 | 不允许 | 不允许 | 不允许 |

表 5-3　　　　　　　　　　　　　土 料 的 技 术 要 求

注　经过论证，采用风化砂和页岩渣配制水泥土时，可不受表中土料最大粒径的限制。

放一个月活性氧化物可减少 40％以上。所以，施工全过程（包括水化、拌和、闷料、铺料和夯实过程）最好不要超过半个月，而且要选用新鲜石灰，妥为堆放，最好随到随用。

3. 砂石和掺和料

砂石宜采用天然级配的天然砂或人工砂。天然砂的细度模数（表征天然砂粒径的粗细程度的指标，细度模数越大，表示砂粒越粗）宜为 2.2～3.0，人工砂的细度模数宜为 2.4～2.8，人工砂饱和面干含水率不宜超过 6％。砂在灰土中主要起骨架作用，可以降低其孔隙率，减少灰土的干缩。另外，长期作用时，在砂的表面也可以与石灰中的活性氧化钙发生一定的水化反应，提高灰土的强度。在缺乏中、粗砂地区，渠道流速小于 3m/s 时，可采用细砂或特细砂。极细砂因颗粒小，比表面积大，掺和后会相对降低土的胶凝作用和胶结能力，所以一般不宜采用。

三合土、四合土或黏砂混合土中掺入适量的卵石或碎石，对防渗层可起骨架作用，并减少土的干缩，增强其抗拉及防冻能力。但所掺卵石和碎石的粒径不宜过大，一般以 10～20mm 为宜。

为提高灰土的早期强度和防渗层在水中的稳定性，可在灰土中加入硅酸盐水泥、粉煤灰等工业废渣，同时满足施工期短、用水紧迫、渠道提前通水的要求。

**（二）混合土料配合比设计**

混合土料配合比通常是根据选定的黏土、砂石料、石灰的颗粒级配，通过试验确定在不同配合比下各种土料的最大干密度和最优含水率，并对其进行强度、渗透、注水等实验，选用密实、稳定、强度最高、渗透系数最小的配合比作为最优设计配合比。小型工程或无条件试验时，土料配合比可按经验选值。

1. 最优含水率的确定

土料防渗中的水分含量，是控制防渗层密实度的主要指标。若含水量太小，土粒间的黏聚力和摩阻力大，很难压实；若含水量太大，夯实时易形成橡皮土，也很难达到理想的密实度。因此，只有含水量合适时，即所谓最优含水率时，才能使土料在较小的压实功能下获得较大的密实度。

一般地说，细颗粒占总颗粒比例越大，最优含水率越大；灰土和三合土中，石灰含量大的比含量小的最优含水率大。黏土和黏砂混合土的最优含水率可参照表5-4选用。灰土的最优含水率可采用20%～30%，三合土、四合土的最优含水率可采用15%～20%。

**表5-4**　　　　　　　　　　　黏性土、黏砂混合土的最优含水率

| 土　质 | 最优含水率/% | 土质 | 最优含水率/% |
|---|---|---|---|
| 低液限黏质土 | 12～15 | 高液限黏质土 | 23～28 |
| 中液限黏质土 | 15～25 | 黄土 | 15～19 |

**注**　土质轻的宜选用小值，土质重的宜选用大值。

2. 配合比的确定

（1）黏砂混合土的配合比。当采用高液限黏质土作黏砂混合土防渗时，黏质土与砂的重量比宜为1∶1。

（2）灰土的配合比。灰土的强度、透水性主要与灰土中加入石灰的多少有关。同一条件下，灰土比大强度高，渗透系数小，抗冲刷能力强，抗冻性较高。设计灰土配合比时，应选用渗透系数较小、强度较高、抗冲刷较好的配合比。灰土的配合比还应视石灰的质量、土的性质及工程要求的不同而定。一般可采用石灰∶土＝1∶3～1∶9。使用时，石灰用量还应根据石灰储存期的长短适量增减，其变动范围宜控制在±10%以内。表5-5为各地采用的灰土配合比，可供设计中参考。

**表5-5**　　　　　　　　　　　我国各地灰土的配合比

| 资　料　来　源 | 配合比<br>（重量比，石灰∶土） | 备　　注 |
|---|---|---|
| 江苏 | 1∶5～1∶9 | 根据各种土类试验结果，上限1∶5，下限1∶9，活性土壤最优配合比为1∶9 |
| 湖南株洲 | 1∶6 | 黄土 |
| 陕西水科所 | 1∶3～1∶6 | 黄土，用于暗渠，用灰量宜为25.0%～14.3% |
| 贵州红枫电灌站 | 1∶3～1∶4 | 认为1∶1～1∶3为好，可以采用较薄厚度 |
| 山西 | 1∶6 | 黄土 |
| 浙江 | 1∶5～1∶10 | |
| 广东连县<br>广东汕头市 | 1∶6<br>1∶5～1∶9 | 汕头为贝灰，认为最优配合比为1∶5 |
| 《渠道防渗技术》（李安国，建功，曲强编著，北京：中国水利水电出版社，1999） | 1∶3～1∶6<br>1∶2～1∶6 | 北方多采用<br>南方多采用 |

（3）三合土的配合比。三合土的配合比宜采用石灰与土砂总重之比为1∶4～1∶9。其中，土重宜为土砂总重的30%～60%；高液限黏质土，土重不宜超过土砂总重的50%。因为纯黏土的含量过高，会加大灰土的干缩变形值。根据湖南韶山灌区的经验，一般纯黏土与纯砂的比例以4.5∶5.5为好。表5-6为各地采用的三合土配合比，可供设计中参考。

表 5 - 6　　　　　　　　　　　我国各地三合土的配合比

| 地　区 | 配合比<br>（重量比，石灰：土：砂） | 土与砂百分比/% | 备　注 |
|---|---|---|---|
| 四川 | 1：9：10<br>1：9：5<br>1：5：3<br>1：5：6 | 48：52<br>65：35<br>62：38<br>46：54 | |
| 湖南韶山 | 1：2：3<br>1：2.7：6.3<br>1：4.5：4.5<br>1：4.95：4.05<br>1：1：2<br>1：1：5<br>1：3：7 | 40：60<br>30：70<br>50：50<br>55：45<br>30：70<br>20：80<br>30：70 | |
| 山东冶源 | 1：2：6<br>1：2.5：1.5<br>1：2：3 | 25：75<br>60：40<br>40：60 | |
| 贵州 | 1：2：2 | 50：50 | |
| 福建菱溪 | 1：2：3 | 40：60 | |
| 陕西 | 1：1：6<br>1：6：1 | 14：86<br>86：14 | |
| 广西来宾 | 1：4：1<br>1：6：1 | 80：20<br>86：14 | |
| 海南翁龙 | 1：1：3<br>1：1.2：2.8<br>1：1.6：2.4 | 25：75<br>30：70<br>40：60 | |
| 广东英德长湖<br>广东汕头 | 1：2：4<br>1：1：4<br>1：1：3 | 30：70<br>20：80<br>25：75 | 贝灰<br>三合土 |

（4）四合土的配合比。四合土的配合比设计一般是在三合土配合比设计的基础上，再掺加 25%～35% 的卵石或碎石而成。

**（三）土料防渗结构层厚度的确定**

土料防渗结构层的厚度对防渗效果影响很大，应根据防渗要求，通过试验确定。确定防渗层厚度时，还应考虑施工条件、气候条件和耐久性的要求，从投资、效益、施工、管理等方面全面比较，并参考本地区经验，选取最合理的防渗层厚度。

中、小型渠道或无条件试验的渠道，土料防渗结构层的厚度可参照表 5 - 7 选用。

表 5 - 7　　　　　　　　　　　土料防渗结构层的厚度　　　　　　　　　　　单位：cm

| 土料种类 | 渠底 | 渠坡 | 侧墙 |
|---|---|---|---|
| 高液限黏质土 | 20～40 | 20～40 | — |
| 中液限黏质土 | 30～40 | 30～60 | — |
| 灰土 | 10～20 | 10～20 | — |
| 三合土 | 10～20 | 10～20 | 20～30 |
| 四合土 | 15～20 | 15～25 | 20～40 |

### 三、土料防渗结构工程施工

**1. 施工准备**

土料防渗工程施工前应做好以下准备工作。

（1）施工前应根据设计所选定的材料和施工工艺，合理安排运输路线，做好取土场、堆料场、拌和场的规划和劳力的组织安排，并准备好模具、模板和施工工具。

（2）根据工程量和进度计划作好材料的进场和储备，并及时进行抽样检测。土料的原材料应进行粉碎加工。加工后的粒径，黏性土不应大于 2.0cm，石灰不应大于 0.5cm。

（3）做好渠道基础的填、挖及断面修整工作，达到设计要求的标准。

**2. 配料**

施工时，应按设计要求严格控制配合比，同时测定土料含水率与填筑干密度，其称量误差为：土、砂、石不得超过±（3%～5%），石灰不得超过±3%，拌和水须扣除原材料中的含水量，其称量误差不得超过±2%。

**3. 拌和**

混合土料可采用机械拌和或人工拌和，一般按下述要求进行：

（1）黏砂混合土宜将砂石洒水润湿后，与粉碎过筛的土拌和，再加水拌和均匀。

（2）灰土应先将石灰消解过筛，加水稀释成石灰浆，洒在粉碎过筛的土上，拌和至色泽均匀，并闷料 1～3d。如其中有见水崩解的土料，可先将土在水中崩解，然后加入消解的石灰拌和均匀。

（3）三合土和四合土宜先拌石灰和土，然后加入砂、石料干拌，最后洒水拌至均匀，并闷料 1～3d。

（4）贝灰混合土宜干拌后，过孔径为 10～12mm 筛，然后洒水拌至均匀，闷料 24h。

无论是灰土、三合土还是贝灰混合土，都应充分拌和，闷料熟化。人工拌和要"三干三湿"，机械拌和要洒水匀细，加水量要严格控制在最优含水率的范围内，使拌和后的混合料能"手捏成团，落地即散"。

**4. 铺筑**

（1）铺筑前，要求处理渠道基面，清除淤泥，削坡平整。为增强渠基土与防渗结构层之间的结合，可用锄头等工具在基土表面打出点状陷窝。

（2）铺筑时，灰土、三合土、四合土宜按先渠坡后渠底的顺序施工；黏性土、黏砂混合土则宜按先渠底后渠坡的顺序施工。各种土料防渗层都应从上游向下游铺筑。

（3）当防渗结构厚度大于 15cm 时，应分层铺筑。人工夯实时，虚土每层铺料厚度不应大于 20cm；机械夯实时，不宜大于 30cm。为了加强层面间的结合，层面间应刨毛洒水。

（4）夯实时，应边铺料边夯实，不得漏夯。夯压后土料的干密度应达到设计值。一般黏土、灰土应达到 1.45～1.55g/cm³，三合土和黏砂混合土应达到 1.55～1.70g/cm³。土料防渗结构夯实后，厚度应略大于设计厚度，并修整成设计的过水渠道断面。

（5）如遇黏土料过湿时，应先摊铺上渠，待土料稍干后再进行夯压；灰土、三合土夯压时要反复拍打，直到不再出现裂纹、拍打出浆、指甲刻画不进为止。为增强土料的防渗、防冲及抗冻能力，可以在土料防渗层表面用 1：4～1：5 的水泥砂浆、1：3：8 的水泥石灰砂浆或 1：1 的贝灰砂浆抹面，抹面厚度一般为 0.5～1.0cm。

5. 养护

土料防渗结构铺筑完成后，应加强养护工作。新施工的灰土、三合土应用草席和稻草等物覆盖养护，并注意防风、防晒、防冻，以免裂缝或脱壳，影响质量。一般灰土、三合土阴干后，在表面涂上一层 1：10～1：15 的青矾水（硫酸亚铁溶液）以提高防水性、表面强度和耐久性。经试验，灰土防渗渠道一般养护 21～28d 即可通水。

# 第三节　砖石与混凝土衬砌防渗

## 一、砖石与混凝土防渗特点及技术要求

### （一）砖砌防渗

砖砌防渗是一种因地制宜，就地取材的防渗衬砌措施，其优点是造价低廉，取材方便，施工技术简单，防渗效果较好。防渗用砖有普通的黏土砖及特制的陶砖和釉砖。普通砖的抗冻性较差，护面易受冰冻剥蚀破坏；特制砖的抗渗性好、糙率小、强度大。衬砌厚度视边坡设计要求而定，一般为单砖平砌或单砖立砌，砖的标号不低于 MU10，砌筑砂浆标号为 M5。大型渠道可采用双层砖衬砌，在双层砖之间夹一层 2～2.5cm 厚的标号为 M7.5～M10 的水泥砂浆，底层另铺一层 1cm 厚的 M2.5 砂浆垫层。

### （二）砌石防渗

砌石防渗具有就地取材、施工简单、抗冲、抗磨、耐久、耐腐蚀等优点，具有较强的稳定渠道的作用，能适应渠道流速大、推移质多、气候严寒的特点。石料有卵石、块石、条石、石板等。砌石防渗结构，宜采用外形方正、表面凸凹不大于 10mm 的料石；上下面平整、无尖角薄边、块重不小于 20kg 的块石；长径不小于 20cm 的卵石；矩形、表面平整、厚度不小于 30mm 的石板等。砌筑方法有干砌和浆砌两种。虽然石料衬砌不易采用机械化施工，造价较高，但在石料资源丰富的地区，还大量采用。

石料衬砌的防渗效果比混凝土、塑膜、油毡、水泥土差。这主要是由于砌石缝隙较多、砌筑、勾缝等施工质量不易保证造成的。砌石防渗主要依靠施工的高质量才能保证其防渗效果。一般情况下，浆砌块石防渗好于干砌块石，条石好于块石，块石好于卵石。干砌石防渗在其竣工后未被水中泥沙淤填以前，如果砌筑质量不好，不仅防渗能力很差，而且会在水流的作用下，使局部石料松动而引起整体砌石层发生崩塌，甚至溃散的情况。因此，砌石防渗必须保证施工质量，且渗透系数不大于 $1 \times 10^{-6}$cm/s。

大、中型砌石防渗渠道，宜采用水泥砂浆、水泥石灰混合砂浆或细粒混凝土砌筑，用水泥砂浆勾缝。砌筑砂浆的抗压强度一般为 5.0～7.5MPa，勾缝砂浆的抗压强度一般为 10～15MPa。有抗冻要求的工程应采用较高强度的砂浆。小型浆砌石防渗渠道有采用水泥黏土、石灰黏土混合砂浆，甚至采用黏土砂浆砌筑的，但勾缝必须采用较高强度的水泥砂浆。

### （三）混凝土衬砌防渗

混凝土衬砌防渗是目前广泛采用的一种渠道防渗措施，它的优点是防渗效果好、耐久

性好、强度高、输水阻力小，管理方便。一般可减少渗漏损失 85%～95%，使用年限 30～50 年，糙率为 0.014～0.017，允许不冲流速 3～5m/s。其缺点是混凝土衬砌板适应变形能力差；在缺乏砂、石料的地区，造价较高。

混凝土防渗结构，应采用最大粒径不大于混凝土板厚度的 1/3～1/2（钢筋混凝土应采用不大于钢筋净间距的 2/3、板厚的 1/4）、抗压强度为混凝土强度 1.5 倍的石料。温暖地区中、小型渠道的混凝土防渗结构，当没有合格石料时，允许采用抗压强度大于 10.0MPa 的石料拌制抗压强度为 7.5～10.0MPa 的混凝土。

混凝土衬砌防渗常采用板形、槽形等结构形式，如图 5-1 和图 5-2 所示。防渗层一般采用等厚板，当渠基有较大膨胀、沉陷等变形时，除采取必要的地基处理措施外，大、中型渠道宜采用楔形板、肋梁板、中部加厚板、Ⅱ形板，小型渠道应采用整体式 U 形或矩形渠槽，槽长不宜小于 1.0m。矩形板适用于无冻胀地区的渠道；楔形板和肋形板适用于有冻胀地区的渠道；槽形板用于小型渠道的预制安装。

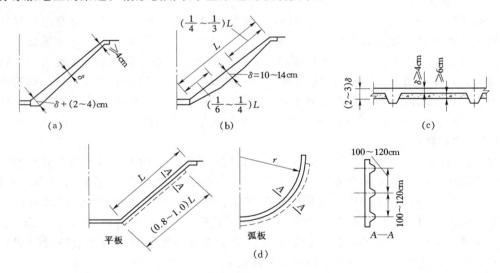

图 5-1　混凝土防渗层的结构形式

（a）楔形板；（b）中部加厚板；（c）Ⅱ形板；（d）肋梁板

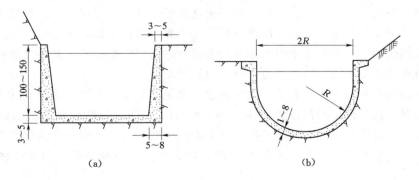

图 5-2　混凝土渠槽防渗示意图（单位：cm）

（a）矩形；（b）半圆形

混凝土衬砌方法有现场浇筑或预制装配两种。现场浇筑的优点是衬砌接缝少，与渠床结合好，造价较低；预制安装的优点是受气候条件影响小，混凝土质量容易保证，并能减少施工与行水的矛盾。一般预制板构件装配的造价比现场浇筑约高10%。

混凝土衬砌层的厚度与施工方法、气候、混凝土标号等因素有关。混凝土标号一般采用C7.5～C15。现场浇筑的衬砌层比预制安装的厚度稍大，有冻胀破坏地区的衬砌层厚度比无冻胀破坏地区的衬砌层要厚一些。预制混凝土板的厚度一般为5～10cm，无冻胀破坏地区可采用4～8cm。预制混凝土板的大小以容易搬动、施工方便为宜，最小为50cm×50cm，最大为100cm×100cm。

刚性材料渠道防渗结构应设置伸缩缝。伸缩缝的间距应依据渠基情况、防渗材料和施工方式按表5-8选用；伸缩缝的宽度应根据缝的间距、气温变幅、填料性能和施工要求等因素，采用2～3cm。伸缩缝宜采用黏结力强、变形性能大、耐老化、在当地最高气温下不流淌、最低气温下仍具柔性的弹塑性止水材料，如焦油塑料胶泥填筑，或缝下部填焦油塑料胶泥、上部用沥青砂浆封盖，还可用制品型焦油塑料胶泥填筑。有特殊要求的伸缩缝宜采用高分子止水带或止水管等。

表 5-8　　　　　　　　　　防渗渠道的伸缩缝间距　　　　　　　　　　单位：m

| 防渗结构 | 防渗材料和施工方式 | 纵缝间距 | 横缝间距 |
|---|---|---|---|
| 土料 | 灰土，现场填筑 | 4～5 | 3～5 |
| | 三合土或四合土，现场填筑 | 6～8 | 4～6 |
| 水泥土 | 塑性水泥土，现场填筑 | 3～4 | 2～4 |
| | 干硬性水泥土，现场填筑 | 3～5 | 3～5 |
| 砌石 | 浆砌石 | 只设置沉降缝 | |
| 沥青混凝土 | 沥青混凝土，现场浇筑 | 6～8 | 4～6 |
| 混凝土 | 钢筋混凝土，现场浇筑 | 4～8 | 4～8 |
| | 混凝土，现场浇筑 | 3～5 | 3～5 |
| | 混凝土，预制铺砌 | 4～8 | 6～8 |

注　1. 膜料防渗不同材料保护层的伸缩缝间距同本表。
　　2. 当渠道为软基或地基承载力明显变化时，浆砌石防渗结构宜设置沉降缝。

水泥土、混凝土预制板（槽）和浆砌石，应用水泥砂浆或水泥混合砂浆砌筑，水泥砂浆勾缝。混凝土U形槽也可用高分子止水管及其专用胶安砌，不需勾缝。浆砌石还可用细粒混凝土砌筑。细粒混凝土强度等级不低于C15，最大粒径不大于10mm。沥青混凝土预制板宜采用沥青砂浆或沥青胶（也称沥青玛𤦹脂）砌筑。砌筑缝宜采用梯形或矩形缝，缝宽1.5～2.5cm。

U形渠槽由于具有水力条件好、省工省料、占地少、整体性好、便于管理、防渗效果好等优点，目前在我国广泛应用。U形渠槽可埋设于土基中，也可置于地面上，还可采用架空式渠槽。衬砌施工可采用预制法或现浇法，若采用专门的衬砌机械施工，会加快施工速度。

### 二、砌石与混凝土材料性能要求

#### (一) 砌石防渗对石料质量要求

砌石用石料，要求质地坚硬、没有裂纹、表面洁净。料石应外形方正、六面平整，表面凸凹不大于10mm，厚度不小于20mm。块石应上下面大致平整、无尖角薄边，块重不小于20kg，厚度不小于20cm。选用卵石时，其外形以矩形的最好，其后依次为椭圆形、锥形、扁平形。球形的卵石，因运输不便、不易砌紧，且易受水流冲动，故不宜选用。卵石的长径大小与防渗层厚度及料源情况有关，一般长径应大于20cm。石板应选用矩形的，表面平整且厚度不小于3cm。

砌石胶结材料常用水泥砂浆或石灰砂浆，所用的水泥、石灰、砂料等均应符合各自的质量要求。

#### (二) 混凝土材料性能要求

在渠床土质较密实、地下水位较低的情况下，渠道大都采用素混凝土衬砌。只有在地质条件较差时，才采用钢筋混凝土衬砌。

大、中型渠道防渗工程，混凝土的配合比应按 DL/T 5150《水工混凝土试验规程》进行试验确定。小型渠道混凝土的配合比，可参照当地类似工程的经验选用。选择混凝土的配合比时，应根据工程环境条件，分别满足强度、抗渗、抗冻、抗裂（抗拉）、抗冲耐磨、抗风化、抗侵蚀等设计要求以及施工和易性的要求，并采取措施合理降低水泥用量。

混凝土的性能指标不应低于表 5-9 中的数值。严寒和寒冷地区的冬季过水渠道，抗冻等级应比表内数值提高一级。渠道流速大于3m/s，或水流中挟带较多推移质泥沙时，混凝土的抗压强度不应低于15MPa。

表 5-9　　　　　　　　　　混凝土性能指标的允许最小值

| 工程规模 | 渠道设计流量/(m³/s) | 混凝土性能 | 严寒地区 | 寒冷地区 | 温和地区 |
|---|---|---|---|---|---|
| 小型 | <2 | 强度 (C) | 10 | 10 | 10 |
| | | 抗冻 (F) | 50 | 50 | — |
| | | 抗渗 (W) | 4 | 4 | 4 |
| 中型 | 2~20 | 强度 (C) | 15 | 15 | 10 |
| | | 抗冻 (F) | 100 | 50 | 50 |
| | | 抗渗 (W) | 6 | 6 | 6 |
| 大型 | >20 | 强度 (C) | 20 | 15 | 10 |
| | | 抗冻 (F) | 200 | 150 | 50 |
| | | 抗渗 (W) | 6 | 6 | 6 |

注　1. 强度等级 (C) 的单位为 MPa。

　　2. 抗冻等级 (F) 的单位为冻融循环次数。

　　3. 抗渗等级 (W) 的单位为 0.1MPa。

　　4. 严寒地区为最冷月平均气温低于 −10℃；寒冷地区为最冷月平均气温高于或等于 −10℃但低于或等于 −3℃；温和地区为最冷月平均气温高于 −3℃。

### 三、砌石与混凝土防渗设计

#### （一）砌石防渗层的厚度及结构设计

浆砌块石（片石）护面有护坡式和挡土墙式两种，如图 5-3 所示。前者工程量小，投资少，应用较普遍；后者多用于容易滑塌的傍山渠段和石料比较丰富的地区。具有耐久、稳定和不易受冰冻影响等优点。

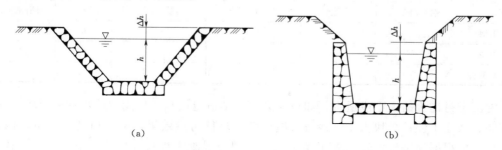

图 5-3 浆砌块石渠道护面

（a）护坡式梯形断面；（b）挡土墙式渠道断面

护面式防渗结构的厚度，浆砌料石采用 15～25cm；浆砌块石宜采用 20～30cm；浆砌石板的厚度不宜小于 3cm（寒区浆砌石板厚度不宜小于 4cm）。浆砌卵石、干砌卵石挂淤护面式防渗结构的厚度，应根据使用要求和当地料源情况确定，可采用 15～30cm。挡土墙式防渗结构一般为浆砌料石、浆砌块石，其厚度应根据使用要求确定。例如，山西省汾河一坝灌区东、西干渠浆砌石挡土墙式防渗渠道，边坡系数为 0.3～0.5，顶宽 20～30cm，边墙高 1.5～1.7m，底宽 0.6～0.7m。

砌石防渗渠道往往由于水流穿过砌筑缝而冲刷渠基，造成防渗结构破坏。因此，宜采用下列措施防止渠基淘刷，提高防渗效果。

（1）干砌卵石挂淤渠道，可在砌体下面设置砂砾石垫层，或铺设复合土工膜料层。

（2）浆砌石板防渗层下，可铺厚度为 2～3cm 的砂料，或低标号砂浆作垫层。

（3）对防渗要求高的大、中型渠道，可在砌石层下加铺黏土、三合土、塑性水泥土或塑膜层。

（4）对已砌成的渠道，可采用人工或机械灌浆的办法处理。浆料有水泥浆、黏土浆或水泥黏土混合浆。

护面式浆砌石防渗因砌筑缝很多，因而可以承受或者消除由于气温变化引起的胀缩变形，故一般不设置伸缩缝。但软基上挡土墙式浆砌石防渗体宜设沉降缝，缝距可采用 10～15m。砌石防渗结构与建筑物的连接处，应按伸缩缝结构要求处理。

#### （二）混凝土防渗层结构尺寸设计

1. 等厚板

等厚板因施工简便，质量控制容易，在我国南、北方均普遍采用。

等厚板的厚度，与工程环境及施工条件、渠道大小及重要性等有关，目前尚无适当的计算方法，一般根据经验选用。综合国内外工程实践经验，GB 50600《渠道防渗工程技术规范》要求：渠道流速小于 3m/s 时，梯形渠道混凝土等厚板的最小厚度应符合表

5-10的规定；流速为 3~4m/s 时，最小厚度宜为 10cm；流速为 4~5m/s 时，最小厚度宜为 12cm；水流中含有砾石类推移质时，渠底板的最小厚度为 12cm；渠道超高部分的厚度可适当减小，但不应小于 4cm。

表 5-10 　　　　　　　　　　　　　混凝土防渗层的最小厚度 δ 　　　　　　　　　　　单位：cm

| 工程规模 | 温和地区 | | | 寒冷地区 | | |
|---|---|---|---|---|---|---|
| | 钢筋混凝土 | 混凝土 | 喷射混凝土 | 钢筋混凝土 | 混凝土 | 喷射混凝土 |
| 小型 | | 4 | 4 | | 6 | 5 |
| 中型 | 7 | 6 | 5 | 8 | 8 | 7 |
| 大型 | 7 | 8 | 7 | 9 | 10 | 8 |

混凝土衬砌板的大小应适宜。如板块太大，则适应地基变形能力差，容易损坏，且预制安装、搬运不便；板块太小，势必接缝增多，降低防渗效果，增加填缝工作量。因此，板块尺寸应根据地基稳定性和施工条件选定。现浇混凝土板尺寸以 3~5m 为宜；预制混凝土板的尺寸，根据安装、搬运条件确定，人工施工时，一般不宜超过 1m。

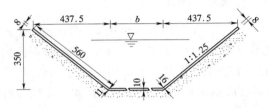

图 5-4　陕西省宝鸡峡灌区楔形板
衬砌渠坡（单位：cm）

**2. 楔形板**

楔形板是在等厚板的基础上，为了使其承载能力更加合理而改进的结构形式，主要用于渠坡现浇法施工。为了减少工作量，渠道的阴、阳坡可以区别对待，一般阴坡冻胀量大，板的厚度可以大些。楔形板在坡脚处的厚度，比中部宜增加 2~4cm。陕西省宝鸡峡灌区，在砂砾石基础的挖方渠段，采用了楔形板，如图 5-4 所示。楔形板的尺寸可根据工程具体条件按图 5-1（a）和表 5-10 选用。

**3. 中部加厚板**

采用中部加厚板，可以增强混凝土板经常发生裂缝部位的承载能力，防止冻胀破坏，如图 5-1（b）所示。中部加厚板主要用于现浇法施工的渠道阴坡，阳坡仍可采用楔形板。加厚的部位，因工程环境条件不同而异，加厚部位的厚度宜为 10~14cm。中部加厚板曾在陕西省冯家山灌区采用，效果较好。

**4. 肋梁板**

在楔形板下，每隔 1m 左右增加肋梁，即成为肋梁板。肋梁板的厚度比等厚板可适当减小，但不应小于 4cm。肋高宜为板厚的 2~3 倍。肋梁板较楔形板承载能力强，是目前较好一种衬砌形式，主要用于现浇法施工，在我国北方地区广泛应用。它的主要优点是抗冻胀破坏性能好，裂缝少。缺点是施工中增加了挖渠槽的工序，肋梁浇筑时质量不易保证。肋梁板的结构尺寸，可根据工程条件，按图 5-1（d）和表 5-10 选定。

**5. U 形渠道**

U 形渠道一般适用于流量为 10m³/s 以下的各级渠道及微冻胀和非冻胀地区，但在冻胀和严重冻胀地区，采用防冻措施后仍然适用。U 形渠槽的结构包括半圆形、U 形、平底 U 形等形式。黏性土基中的 U 形渠槽，当渠深较小时，土质边坡能自行维持稳定，防渗结构只起表面护砌作用，承受的外部土压力很小。U 形渠防渗层的最小厚度，应按表 5-10 选用；如果渠基土不稳定或存在较大外压力，一般宜采用钢筋混凝土结构，并根据外荷载进行结构强度、稳定性及裂缝宽度验算。

## 四、砌石与混凝土防渗工程施工

### （一）砌石防渗工程施工

砌石防渗工程施工时，应先洒水润湿渠基，然后在渠基或垫层上铺一层厚度 2～5cm 的低标号混合砂浆，再铺砌石料。砌石砂浆应按设计配合比拌制均匀，随拌随用，自出料到用完，其允许间歇时间不应超过 1.5h。

**1. 干砌石**

干砌石分干砌卵石和干砌块石两种，具体要求如下。

（1）干砌卵石。一般用于梯形渠道衬砌。砌筑时，应在衬砌层下铺设垫层，在砂砾石渠床上，当流速小于 3.5m/s 时，可不设垫层；当流速超过 3.5m/s 时，需设厚 15cm 的砂砾石垫层。干砌卵石的砌筑要点是卵石的长径垂直于边坡或渠底，大面朝下，并砌紧、砌平、错缝，使干砌卵石渠道的断面整齐、稳固。卵石中间的空隙内，要填满砾石、沙子和黏土。施工顺序应先砌渠底后砌渠坡。干砌卵石砌筑完毕，经验收合格后，即可进行灌缝和卡缝，使砌体更密实和牢固。灌缝可采用 10mm 左右的钢钎，把根据孔隙大小选用的粒径 1～5cm 的小砾石灌入砌体的缝内，灌至半满，但要灌实，防止小石卡在卵石之间。卡缝宜选用长条形和薄片形的卵石，在灌缝后，用木榔头轻轻打入砌缝，要求卡缝石下部与灌缝石接触，三面紧靠卵石，同时较砌体卵石面低约 1～2cm。

（2）干砌块石。干砌块石与干砌卵石施工方法相似，但干砌块石施工技术要求较高。在土质渠床上必须铺设砂砾石垫层，厚度不小于 5cm。砌筑时，要根据石块形状，相互咬紧、套铆、靠实，不得有通缝。块石之间的缝隙要用合适的小石块填塞。干砌块石衬砌厚度小于 20cm 时（小型渠道），只能用一层块石砌筑，不能用二层薄块石堆垒。如衬砌厚度很大时，砌体的石面应选用平整、较大的石块砌筑，腹石填筑要做到相互交错，衔接紧密，把缝隙堵塞密实。砌渠底时，宜采用横砌法，将块石的长边垂直于水流方向安砌，坡脚处应用大块石砌筑。渠底块石也可以平行水流方向铺砌，但为了增强抗冲能力，必须在平砌 3～5m 后，扁直竖砌 1～2 排，同时错缝填塞密实。在渠坡砌石的顶部，可平砌一层较大的压顶石。干砌块石同样也要进行灌缝和卡缝。

**2. 浆砌石**

浆砌石施工方法有灌浆法和坐浆法两种。灌浆法是先将石料干砌好，再向缝中灌注细石混凝土或砂浆，用钢钎逐缝捣实，最后原浆勾缝。坐浆法是先铺砂浆 2～5cm 厚，再安砌石块，然后灌缝（缝隙宽 1～2cm），最后原浆勾缝。如果用混合砂浆砌筑，则随手剔缝，另外用高标号水泥砂浆勾缝。无论采用何种施工方法，为了控制好衬砌断面及渠道坡降，砌石前都要隔一段距离（直段 10～20m，弯段可以更短一些）先砌筑一个标准断面，然后拉线开始砌筑。施工时，梯形明渠，先砌渠底后砌渠坡。U 形和弧形明渠、拱形暗渠，从渠底中线开始，向两边对称砌筑；矩形明渠，先砌两边侧墙，后砌渠底；拱形和箱形暗渠，先砌侧墙和渠底，后砌顶拱或加盖板。砌渠坡时，应从坡脚开始，由下而上分层砌筑。

（1）浆砌块石。用坐浆法进行浆砌块石施工时，首先在渠道基础上铺好砂浆，其厚度约为石料高度的 1/3～1/2，然后砌石。一般采用花砌法分层砌筑，即先砌面石，再砌填腹石。砌缝要密实紧凑，上、下错开，不能出现通缝，缝宽一般为 1～3cm，缝宽超过 5cm 时，应填塞小片石。砌筑完毕，砂浆初凝前应及时勾缝。缝形有平缝、凸缝、凹缝三种。为减小糙率，多用平缝。勾缝应在剔好缝（剔缝深度不小于 3cm）并清刷干净、保持湿润的情况下进行。勾缝结束后，应立即作好养护工作，防止干裂。一般应覆盖草帘或草席，经常洒水保湿，时间不少于 14d，冬季还应注意保温防冻。

灌浆法的基本要求与坐浆法相同，但需注意每砌一层，应及时灌浆，不能双层并灌。灌浆所用的砂浆应保持一定的强度、配比及稠度，不能任意加水。灌浆时，要边灌边填塞小碎石，并仔细插捣，直至碎石填实、砂浆填饱为止。

（2）浆砌料石。浆砌料石渠道多为矩形断面，一般渠坡应纵砌（料石长边平行于水流方向），渠底应横砌（料石长边垂直于水流方向）。料石应干摆试放分层砌筑，坐浆饱满，每层铺浆厚度宜为 2～3cm。砌体表面平整，错缝砌筑，错缝距离宜为料石长的 1/2。砌缝要均匀、紧凑，一般缝宽 1～3cm。

（3）浆砌卵石。浆砌卵石与浆砌块石的施工方法及质量要求基本相同，但为了提高浆砌卵石的强度和防渗抗冲能力，施工时可采用坐浆干靠挤浆法、干砌灌浆法及干砌灌细粒混凝土法，而不采用宽缝坐浆砌卵石法。浆砌卵石，相邻两排应错开茬口，并选择较大的卵石砌于渠底和渠坡下部，大头朝下，挤紧靠实。浆砌卵石宜勾凹缝，缝面宜低于砌石面 1～2cm。

为适应温度的变化，浆砌石每隔 20～50m 应留一条伸缩缝，缝宽 2～3cm，以沥青：水泥：砂按重量比 1∶1∶4 的掺和料作为止水材料填缝。为了降低砌体背后的水压和水量，砌体中应设排水孔，排水孔的位置要适当，位置高了作用不大，位置低了会增加渗漏通道。

**（二）混凝土防渗工程施工**

混凝土防渗层的施工应依据设计及 SL 677《水工混凝土施工规范》进行。现将主要施工工序概述如下。

**1. 施工准备**

（1）混凝土用的碎石，要冲洗干净，不能含有风化石，砂的含泥量在 3% 以内。

（2）定线放样。严格测定渠道中线和纵横断面各点的位置和高程。

（3）清基整坡。无论是铺筑预制块或是现浇混凝土，都要进行清基整坡，并开挖好上、下齿墙。

（4）混凝土预制场要整平或用低标号砂浆打平，保证预制板均匀等厚。

**2. 混凝土的浇筑**

（1）分块立模。应根据设计图和选定的施工方法制作稳定坚固、经济合理的模板。其允许偏差应符合 GB/T 50600《渠道防渗工程技术规范》的规定。

（2）配料拌和。按设计配合比控制下料，严格控制水灰比。混凝土应采用机械拌和，拌和时间不应少于 2min。掺用掺和料、减水剂、引气剂的混凝土及细砂、特细砂混凝土用机械拌和的时间，应较中、粗砂混凝土延长 1～2min。如人工拌，其拌和顺序及翻拌次数应遵守"三三"制。即首先把砂料和水泥干拌 3 次，直至颜色一致；再加适量的水，湿拌 3 次，使砂浆干湿均匀；最后加入石子及剩余水量，拌和 3 次，直至均匀。混凝土应随拌、随运、随用。因故发生分离、漏浆、严重泌水和坍落度降低等问题时，应在浇筑地点重新拌和。若混凝土初凝，应按废料处理。

（3）浇筑振捣。通常是先浇边坡，后浇渠底。渠坡、渠底一般都采用跳仓法浇筑（即先浇单数块，后浇双数块），渠底有时也按顺序分块连续浇筑。浇筑混凝土前，土渠基应先洒水湿润；岩石渠基、或需要与早期混凝土接合时，应将基岩与早期混凝土凿毛刷洗干净，铺一层厚度为 1～2cm 的水泥砂浆，水泥砂浆的水胶比应较混凝土小 0.03～0.05。混凝土宜采用机械振捣，使用表面式振动器时，振板行距宜重叠 5～10cm。振捣边坡时，应上行振动，下行不振动。使用小型插入式振捣器或人工捣固边坡混凝土，入仓厚度每层不应大于 25cm，并插入下层混凝土 5cm 左右。振捣器不要直接碰撞模板、钢筋及预埋件。使用插入式振捣器捣固时，边角部位及钢筋预埋件周围应辅以人工捣固。机械和人工捣固的时间，应以混凝土开始泛浆时为准。衬砌机的振动时间和行进速度，宜经过试验确定。

（4）收面养护。现场浇筑混凝土完毕，应及时收面。细砂和特细砂混凝土应进行二次收面。收面后，混凝土表面应密实、平整、光滑，且无石子外露。混凝土预制板初凝后即可拆模，拆模后应指定专人立即洒水养护至少 14d。强度达到设计强度的 70％以上时方可运输。

（5）混凝土预制板铺砌。应用水泥砂浆或水泥混合砂浆砌筑，水泥砂浆勾缝，安砌平整、稳固。砌缝宜用梯形或矩形缝，水平缝要一条线，垂直缝上、下错开，缝宽 1.5～2.5cm。缝内砂浆应填满、捣实、压平、抹光，初凝后定期洒水保养。

混凝土伸缩缝应按设计要求施工。采用衬砌机浇筑混凝土时，可用切缝机或人工切制半缝形的伸缩缝，并按规范的规定填充。伸缩缝填充前，应将缝内杂物、粉尘清除干净，并保持缝壁干燥。伸缩缝宜用弹塑性止水材料，如焦油塑料胶泥填筑，或缝下部填焦油塑料胶泥，上部用沥青砂浆填筑。

3．U 形渠槽浇筑

U 形渠槽浇筑方法与等厚板基本相同。其施工顺序是先立边挡板架，浇筑底部中间部分；再立内模架，安装弧面部分的模板，两边同时浇筑；最后立直立段模板，直至顶部。其他如浇捣要求、拆模、收面、养护等同等厚板浇筑。U 形渠道砌体薄，曲面多，人工浇筑较困难。近年来，用衬砌机浇筑较为广泛。它具有混凝土密实、质量好、效率高、模板用材少、施工费用低等优点。目前常用的衬砌机主要有 D40、D60、D80、D100和 D120 等几种，可根据工程实际情况选用。

# 第四节　膜　料　防　渗

## 一、膜料防渗的特点及材料性能

### （一）膜料防渗的特点

膜料防渗就是用不透水的土工织物（即土工膜）来减小或防止渠道渗漏损失的技术

措施。

土工膜是一种薄型、连续、柔软的防渗材料。具有以下主要特点。

（1）防渗性能好。膜料防渗渠道一般可减少渗漏损失90％～95％。

（2）适应变形能力强。土工膜具有良好的柔性、延伸性和较强的抗拉能力，不仅适用于各种不同形状的渠道断面，而且适用于可能发生沉陷和位移的渠道。

（3）质轻、用量少、运输量小。土工膜薄质轻，故单位重量的膜料衬砌面积大，用量少，同时运输量也小。

（4）施工简便，工期短。土工膜质轻、用量少，施工主要是挖填土方、铺膜和膜料接缝处理等，不需要复杂的技术，方法简便易行，能大大缩短工期。

（5）耐腐蚀性强。土工膜具有较好的抵抗细菌侵害和化学作用的性能，它不受酸、碱和土壤微生物的侵蚀。因此，特别适用于有侵蚀性水文地质条件及盐碱化地区的渠道或排污渠道的防渗工程。

（6）造价低。据经济分析，每平方米塑膜防渗的造价为混凝土防渗的1/10～1/5，为浆砌卵石防渗的1/10～1/4左右。一层塑膜的造价仅相当于1cm厚混凝土板的造价。

以上为膜料防渗的优点，其缺点是抗穿刺能力差，易老化，与土的摩擦系数小，不利于渠道边坡稳定。

**（二）膜料材料的种类及性能要求**

膜料的基本材料是聚合物和沥青，但种类很多，可按下述两种方法分类。

1. 按防渗材料分

（1）塑料类。如聚乙烯、聚氯乙烯、聚丙烯和聚烯烃等。

（2）合成橡胶类。如异丁烯橡胶、氯丁橡胶等。

（3）沥青和环氧树脂类。

2. 按加强材料组合分

（1）不加强土工膜。①直喷式土工膜。在施工现场直接用沥青、氯丁橡胶混合液或其他聚合物液喷射在渠床上，一般厚度为3mm；②塑料薄膜。在工厂制成聚乙烯、聚氯乙烯、聚丙烯等薄膜，一般厚度为0.12～0.24mm。

（2）加强土工膜。用土工织物（如玻璃纤维布、聚酯纤维布、尼龙纤维布等）作加强材料。如用玻璃纤维布上涂沥青玛蹄脂压制而成的沥青玻璃纤维布油毡，厚度0.60～0.65mm；用聚酯平布加强，上涂氯化聚乙烯，膜料厚度0.75mm；用裂膜聚酯编织布加强，上涂氯磺化聚乙烯，膜料厚度0.9mm等。

（3）复合型土工膜。用土工织物作基料，将不加强的土工膜或聚合物，用人工或机械方法，把两者合成的膜料称为复合土工膜。可分单面复合土工膜（在土工织物上复合一层不加强的土工膜）和双面复合土工膜（在不加强土工膜的两面复合土工织物的土工膜）。

目前我国渠道防渗工程普遍采用聚乙烯和聚氯乙烯塑料薄膜，其次是沥青玻璃纤维布油毡。此外，复合土工膜和线性低密度聚乙烯等其他塑膜，近几年也在陆续采用。聚乙烯和聚氯乙烯塑膜的性能应符合表5-11的要求。沥青玻璃纤维布油毡的性能除应符合表5-12的要求外，还应厚度均匀，无漏涂、划痕、折裂、气泡及针孔，在0～40℃气温下易于展开。

**表 5 - 11** 　　　　　　　　　　　　　　塑膜的性能要求

| 技 术 项 目 | 聚乙烯 | 聚氯乙烯 |
|---|---|---|
| 密度/(kg/m³) | ≥900 | 1250~1350 |
| 断裂拉伸强度/MPa | ≥12 | 纵≥15，横≥13 |
| 断裂伸长率/% | ≥300 | 纵≥220，横≥200 |
| 撕裂强度/(kN/m) | ≥40 | ≥40 |
| 渗透系数/(cm/s) | <10⁻¹¹ | <10⁻¹¹ |
| 低温弯折性 | −35℃无裂纹 | −20℃无裂纹 |
| −70℃低温冲击脆化性能 | 通过 | — |

**表 5 - 12** 　　　　　　　　　　　　　　油毡的性能要求

| 技 术 项 目 | 技 术 指 标 |
|---|---|
| 单位面积涂盖材料重量/(g/m²) | ≥500 |
| 不透水性（动水压法，保持 15min）/MPa | ≥0.3 |
| 吸水性[24h,(18±2)℃]/(g/100cm²) | ≤0.1 |
| 耐热度（80℃，加热 5h） | 涂盖无滑动，不起泡 |
| 抗剥离性（剥离面积） | ≤2/3 |
| 柔度（0℃下，绕直径 20mm 圆棒） | 无裂纹 |
| 拉力[(18±2)℃下的纵向拉力]/(kg/2.5cm) | ≥54.0 |

## 二、膜料防渗工程设计

### （一）材料选择

塑膜的变形性能好、质轻、运输量小，宜优先选用。因深色塑膜的透明度差，较浅色膜的吸热量大，有利于抑制杂草生长和防止冻害，所以中、小型渠道宜用厚度为 0.18~0.22mm 的深色塑膜，大型渠道宜用厚度为 0.3~0.6mm 的深色塑膜，小型渠道也可选厚度不小于 0.12mm 的塑膜。特种土基，应结合基土处理情况采用厚度 0.2~0.6mm 的深色塑膜。在寒冷和严寒地区，可优先采用聚乙烯膜；在芦苇等穿透性植物丛生地区，可优先采用聚氯乙烯膜。

沥青玻璃纤维布油毡（简称油毡），抗拉强度较塑膜大，不易受外力破坏，施工方便，工程中也可选用，中、小型渠道宜用厚度为 0.6~0.65mm 的。为了提高油毡抗老化能力，保证工程寿命，应选用无碱或中碱玻璃纤维布机制的油毡。

有特殊要求的渠基，宜采用复合土工膜。复合土工膜具有防渗和平面导水的综合功能，抗拉强度较高，抗穿透和老化等性能好，可不设过渡层，但价格较高，适用于地质及水文地质条件差、基土冻胀性较大或标准较高的渠道防渗工程。根据工程具体条件可选用单面复合或双面复合土工膜。如用塑膜复合无纺布而成的复合土工膜，其厚度一般为 1~3mm。

**（二）防渗结构类型**

膜料防渗结构分为明铺式和埋铺式两种。明铺式的优点是渠床糙率小、工程量小、铺设简便；缺点是膜料易老化和受外力破坏，使用寿命很短。因此，一般都采用埋铺式膜料防渗。

埋铺式膜料防渗结构如图 5-5 所示，一般包括膜料防渗层、过渡层、保护层等。无过渡层的防渗结构〔图 5-5（a）〕适用于土渠基和用黏性土、水泥土作保护层的防渗工程；有过渡层的防渗结构〔图 5-5（b）〕适用于岩石、砂砾石、土渠基和用石料、砂砾石、现浇碎石混凝土或预制混凝土作保护层的防渗工程；当采用复合土工膜作防渗层时，可不再设过渡层。过渡层材料，在温和地区宜选用灰土或水泥土；在寒冷和严寒地区宜选用水泥砂浆。采用素土及砂料作过渡层时，应采取防止淘刷的措施。

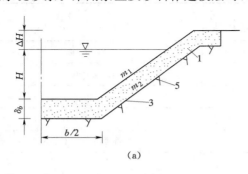
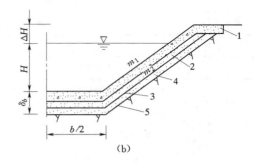

（a）　　　　　　　　　　　　　　　（b）

图 5-5　埋铺式膜料防渗结构

（a）无过渡层的防渗结构；（b）有过渡层的防渗结构

1—粘性土、水泥土、灰土或混凝土、石料、砂砾石保护层；2—膜上过渡层；3—膜料防渗层；

4—膜下过渡层；5—土渠基或岩石、砂砾石渠基

膜料防渗层按铺膜范围分有全铺式、半铺式和底铺式三种。全铺式为渠坡、渠底全铺，渠坡铺膜高度与渠道正常水位齐平；半铺式为渠底全铺，渠坡铺膜高度为渠道正常水位的 1/2~2/3；底铺式仅铺渠底。一般多采用全铺式膜料防渗渠道，半铺式和底铺式主要适用于宽浅式渠道，或渠坡有树木的改建渠道。

素土渠基铺膜基槽断面形式，有梯形、台阶形、锯齿形和五边形等，如图 5-6 所示。在设计中应根据渠道的流量、流速、渠基土质、边坡系数、保护层材料、芦苇生长等因素，综合分析选择。全铺式塑膜防渗宜选用梯形、台阶形、五边形和锯齿形铺膜断面；半铺式和底铺式膜料防渗，可选用梯形铺膜基槽断面。油毡防渗宜选用梯形和五边形铺膜基槽断面。

**（三）保护层厚度及干密度**

根据国内外工程实践资料，并考虑我国南、北方气候不同等因素，土保护层厚度应按下列要求选定。

（1）当 $m_1=m_2$ 时，全铺式的梯形、台阶形、锯齿形断面，半铺式的梯形和底铺式断面，保护层厚度、边坡与渠底相同。根据渠道流量大小和保护层土质情况，按表 5-13 选用。

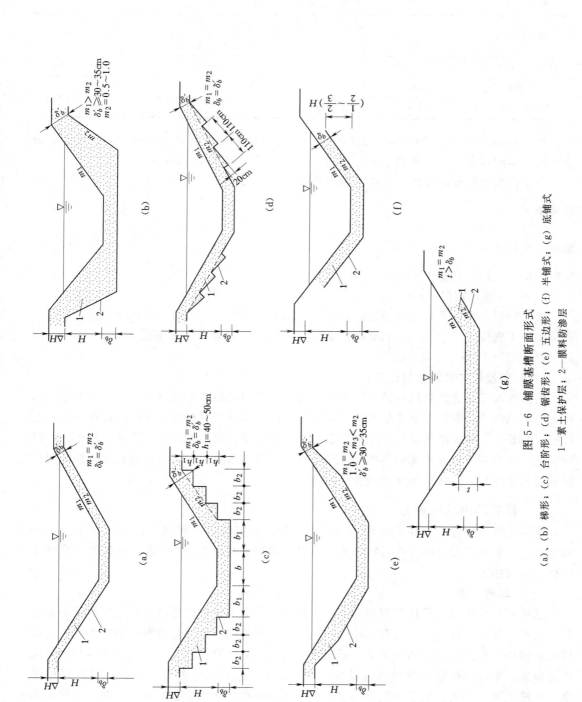

图 5-6 铺膜基槽断面形式

(a)、(b) 梯形；(c) 台阶形；(d) 锯齿形；(e) 互边形；(f) 半铺式；(g) 底铺式

1—素土保护层；2—膜料防渗层

表 5 - 13　　　　　　　　　　　　土保护层的厚度（cm）

| 保护层土质 | 渠道设计流量/(m³/s) | | | |
|---|---|---|---|---|
| | <2 | 2～5 | 5～20 | >20 |
| 砂壤土、轻壤土 | 45～50 | 50～60 | 60～70 | 70～75 |
| 中壤土 | 40～45 | 45～55 | 55～60 | 60～65 |
| 重壤土、黏土 | 35～40 | 40～50 | 50～55 | 55～60 |

（2）当 $m_1 \neq m_2$ 时，梯形和五边形渠底土保护层的厚度按表 5 - 13 选用，渠坡膜层顶部土保护层的最小厚度，温和地区为 30cm，寒冷和严寒地区为 35cm。

土保护层的厚度还可根据渠道水深用式（5 - 1）、式（5 - 2）计算

温暖地区 $$\delta_b = \frac{h}{12} + 25.4 \qquad (5-1)$$

寒冷或严寒地区 $$\delta_b = \frac{h}{10} + 35.0 \qquad (5-2)$$

式中　$\delta_b$——土保护层厚度，cm；

$h$——渠道水深，cm。

土保护层的设计干密度应通过试验确定。无试验条件时，采用压实法施工时，砂壤土和壤土的干密度不小于 1.50g/cm³；砂壤土、轻壤土、中壤土，采用浸水泡实法施工时，其干密度宜为 1.40～1.45g/cm³。

**（四）防渗体与建筑物的连接**

防渗体与渠系建筑物的连接是否正确，将直接影响渠道防渗效果和工程使用寿命。因此，应用粘结剂将膜料与建筑物粘牢，建筑物不过水部分与膜料应有足够的搭接宽度。土保护层与跌水、闸、桥连接时，应在建筑物上下游改用石料、水泥土、混凝土保护层，以防流速、流态变化及波浪淘刷等影响，引起边坡滑塌等事故。水泥土、石料和混凝土保护层与建筑物连接，应按规范要求设置伸缩缝。

**三、膜料防渗工程施工**

膜料防渗工程施工过程大致可分为基槽开挖、膜料加工及铺设、保护层施工三个阶段。岩石、砂砾石基槽或用砂砾料、刚性材料作保护层的膜料防渗工程，在铺膜前后还要进行过渡层施工。

**（一）基槽开挖**

基槽开挖应按渠道设计断面和防渗结构设计，沿渠道纵向分段进行，必须清除渠床杂草、树根、瓦砾、碎砖、料姜石、硬土块等杂物和淤积物。各种基槽断面形式的开挖，均应保证渠坡的稳定，且有利于施工。渠道填方部分，先填到铺膜高度，其上部可与保护层一起填筑。渠槽开挖应严格控制基槽的高程和断面尺寸，防止超挖，并保证保护层的厚度。渠槽土基要夯实、整平、顺直。岩石或砂砾石基槽，要用适宜材料（砂浆、水泥土和砂等）整平，并铺设过渡层。

**（二）膜料加工和铺设**

膜料加工主要是指剪裁和接缝等工作。成卷膜料应根据铺膜基槽断面尺寸大小及每段

长度剪裁。剪裁时，应考虑膜料的伸缩性、搭接、搬运、铺设等因素，一般应比基槽实际轮廓长度长 5%。

膜料连接的处理方法有搭接法、焊接法和粘接法等。搭接法主要用于小型的膜料防渗渠道，或大块膜料施工中的现场连接，搭接宽度一般为 20cm。膜层应平整，层间要洁净，且上游一幅压下游一幅，并使缝口吻合紧密，接缝垂直于水流方向铺设膜层。焊接法是用专用焊接机或电熨斗焊接。焊接温度可在现场试验决定，一般为 160～180℃，焊接宽度一般为 5～6cm。粘接法是用专门的或配制的粘胶剂进行粘接，粘接宽度一般为 15～20cm，粘接面必须干净。油毡多采用热沥青或沥青玛瑞脂粘接。

铺膜基槽检验合格后，可在基槽表面洒水湿润，先将膜料下游端与已铺膜料或原建筑物焊接（或粘接）牢固，再向上游拉展铺开，自渠道下游向上游，由渠道一岸向另一岸铺设膜料，不要拉得太紧，特别是塑膜要留有均匀的小褶皱。铺膜速度应和过渡层、保护层的填筑速度相配合，当天铺膜，当天应填筑好过渡层和保护层，以免膜层裸露时间过长。无论什么基槽形式和铺膜方式，都必须使膜料与基槽紧密吻合和平整，并将膜下空气完全排出来。注意检查并粘补已铺膜层的破孔，粘补膜应超出破孔周边 10～20cm。施工人员应穿胶底鞋或软底鞋，谨慎施工。

**（三）保护层施工**

土保护层施工，一般采用压实法；如果保护层土料为砂土、湿陷性黄土等不易压实的土类，可采用浸水泡实法。

（1）压实法。填土时，应先将土中的草根、苇根、树根、乱砾等杂物拣出。第一层最好使用湿润松软的土料，从上游向下游填土，并注意排气。根据保护层的厚度，可一次回填或分层回填。人工夯实，每次铺土厚为 20cm；履带式拖拉机碾压，每次铺土厚度30cm。禁止使用羊角碾压实。各回填段接茬处应按斜面衔接。

（2）浸水泡实法。这种方法是一次性填筑好保护层，然后往渠中放水浸泡。填筑过程中，应将填土稍加拍实。填筑尺寸预留 10%～15%的沉陷量。放水时注意逐渐抬高水位，待保护层反复浸水沉陷稳定后，再缓慢泄水，填筑裂缝，并拍实，整修成设计断面。

砂砾料保护层施工时，首先将膜料铺好，再铺膜面过渡层，最后铺筑符合级配要求的砂砾料保护层，并逐层插捣或振压密实。压实度不应小于 0.93，渠道断面应符合设计要求。

# 小　结

渠道渗漏水量占渠系损失水量的绝大部分，一般占渠首引水量的 30%～50%，有的灌区高达 60%～70%，损失水量惊人。因此，在加强渠系配套和维修养护，实行科学的水量调配，提高灌区管理水平的同时，对渠道进行衬砌防渗，减少渗漏水量，提高渠系水利用系数，是节约水量、实现节水灌溉的重要措施。渠道衬砌防渗按其所用材料的不同，一般分为土料防渗、砌石防渗、混凝土防渗、沥青材料防渗及膜料防渗等类型。

土料防渗一般是指以黏性土、黏砂混合土、灰土（石灰和土料）、三合土（石灰、黏土、砂）和四合土（三合土中加入适量的卵石或碎石）等为材料的防渗措施。土料防渗是我国沿用已久的、实践经验丰富的防渗措施。土料防渗工程设计的主要内容包括防渗材料的选用、混合土料配合比设计和土料防渗层厚度的确定等。土料防渗工程施工前应做好准备工作。土料防渗结构施工应按配料、拌和、铺筑、养护的技术要求进行。

砖砌防渗是一种因地制宜，就地取材的防渗衬砌措施，其优点是造价低廉，取材方便，施工技术简单，防渗效果较好。砌石防渗具有就地取材、施工简单、抗冲、抗磨、耐久、耐腐蚀等优点，具有较强的稳定渠道的作用，能适应渠道流速大、推移质多、气候严寒的特点。砌石分干砌石和浆砌石。干砌石又分干砌卵石和干砌块石。浆砌石施工方法有灌浆法和坐浆法两种。一般防渗效果，浆砌块石好于干砌块石，条石好于块石，块石好于卵石。砌石防渗主要依靠施工的高质量才能保证其防渗效果。浆砌块石（片石）护面有护坡式和挡土墙式两种。砌石用石料，要求质地坚硬，没有裂纹，表面洁净。砌石胶结材料常用水泥砂浆或石灰砂浆，所用的水泥、石灰、砂料等均应符合各自的质量要求。

混凝土衬砌防渗是目前广泛采用的一种渠道防渗措施，它的优点是防渗效果好、耐久性好、强度高、输水阻力小、管理方便。混凝土衬砌防渗常采用板形、槽形等结构形式。混凝土衬砌方法有现场浇筑或预制装配两种。混凝土衬砌层的厚度与施工方法、气候、混凝土标号等因素有关。U形渠槽由于具有水力条件好、省工省料、占地少、整体性好、便于管理、防渗效果好等优点，目前在我国广泛应用。U形渠道一般适用于流量为 $10m^3/s$ 以下的各级渠道及微冻胀和非冻胀地区；在冻胀和严重冻胀地区，采用防冻措施后仍然适用。选择混凝土配合比时，应根据工程环境条件，分别满足强度、抗渗、抗冻、抗裂（抗拉）、抗冲耐磨、抗风化、抗侵蚀等设计要求，以及施工和易性的要求，并采取措施合理降低水泥用量。刚性材料渠道防渗结构应设置伸缩缝。

膜料防渗就是用不透水的土工织物（即土工膜）来减小或防止渠道渗漏损失的技术措施。土工膜是一种薄型、连续、柔软的防渗材料。膜料的基本材料是聚合物和沥青。目前我国渠道防渗工程普遍采用聚乙烯和聚氯乙烯塑料薄膜，其次是沥青玻璃纤维布油毡。此外，近几年也在陆续采用复合土工膜和线性低密度聚乙烯等其他塑膜。塑膜的变形性能好、质轻、运输量小，宜优先选用。有特殊要求的渠基，宜采用复合土工膜。膜料防渗结构分为明铺式和埋铺式两种。膜料防渗层按铺膜范围分，有全铺式、半铺式和底铺式三种。膜料防渗工程施工过程大致可分为基槽开挖、膜料加工及铺设、保护层施工三个阶段。岩石、砂砾石基槽或用砂砾料、刚性材料作保护层的膜料防渗工程，在铺膜前后还要进行过渡层施工。

# 复 习 思 考 题

1. 渠道防渗的意义及作用是什么？
2. 渠道衬砌防渗的类型有哪些？选择依据是什么？
3. 土料防渗有哪些优缺点？防渗技术要求有哪些？
4. 怎样确定土料配合比及土料防渗结构厚度？
5. 土料防渗工程施工前应做好哪些准备工作？施工的技术要求有哪些？
6. 砖石与混凝土防渗特点有哪些？防渗技术要求有哪些？
7. 砌石防渗对石料的质量有什么要求？砌石防渗宜采用哪些措施防止渠基淘刷？

8. 混凝土防渗对混凝土材料的性能有什么要求？施工工序有哪些？

9. 膜料防渗有哪些特点？防渗材料的性能有哪些要求？怎样选择防渗膜料材料？

10. 膜料防渗材料的性能有哪些要求？怎样选择膜料防渗结构类型？膜料防渗工程施工有何要求？

11. 选择题

（1）（　　　）是大多数国家采用的提高灌溉水利用率的主要措施。

A. 渠道防渗　　　B. 管道输水　　　C. 喷、微灌技术　　　D. 地面灌水

（2）采用渠道防渗措施，渗漏损失可减少（　　　）。

A. 40％～60％　　　B. 50％～70％　　　C. 60％～80％　　　D. 70％～90％

（3）（　　　）能就地取材，造价低，施工简便，但抗冻和耐久性较差。

A. 土料防渗　　　B. 水泥土防渗　　　C. 砌石防渗　　　D. 混凝土防渗

（4）（　　　）抗冻和抗冲性能好，施工简易，耐久性强，但一般防渗能力较难保证，需劳动力多。

A. 土料防渗　　　B. 水泥土防渗　　　C. 砌石防渗　　　D. 混凝土防渗

（5）（　　　）是目前国内外广泛采用的一种渠道防渗方法。

A. 土料防渗　　　B. 水泥土防渗　　　C. 砌石防渗　　　D. 混凝土防渗

# 第六章　地面灌溉节水技术

【学习指导】

**学习要求：**

1. 了解地面灌溉的概念和分类；

2. 掌握入渗的概念和累计入渗过程的描述；

3. 了解沟畦灌溉的灌水技术要素，掌握灌水质量评价指标；

4. 了解沟灌系统设计，掌握畦灌系统设计；

5. 了解波涌灌溉和覆膜灌溉技术。

**本章重点：**

1. 入渗的数学模型；

2. 灌水质量评价指标及其计算；

3. 畦灌系统的设计。

地面灌溉是指利用沟、畦等地面设施对作物进行灌水，水流沿地面流动，边流动边入渗的灌溉方法。在地面灌溉过程中，灌溉水向土壤中的入渗主要借助于重力作用，兼有毛细管作用，因此地面灌溉也称重力灌水方法。

地面灌溉是最古老的，也是世界上应用最广泛的农田灌溉技术措施。据统计，全世界地面灌溉面积约占总灌溉面积的 95%。我国现有的灌溉面积中也有 85% 以上属于地面灌溉，除水稻外，小麦、玉米、棉花、油料等主要旱作物大多采用畦灌或沟灌。

与喷灌、滴灌等灌水方法相比，地面灌溉具有投资少、运行费用低的优点，但管理粗放、灌水均匀性和有效性不易控制是其主要缺点。实践表明，如果运用得当，地面灌溉的均匀性和有效性也可以达到较高的水平。

随着土地集约化规模经营的发展，大型农业机具的使用以及激光平地技术的应用，使得地面灌溉的均匀性和有效性有了很大的提高。计算机技术在地面灌溉设计和管理中的应用，为改进地面灌溉提供了更为有力的工具。同时，一些先进的地面灌水技术，如波涌灌溉技术、水平畦田灌溉技术和田间闸管系统等，在发达国家得到较为广泛的应用，节水效果显著。

## 第一节　基　本　概　念

### 一、地面灌溉的分类

按照灌溉水向田间输送的形式及湿润土壤的方式，地面灌溉可分为畦灌、沟灌和淹灌三类。

**（一）畦灌**

畦灌是指将田块用畦埂分割成许多矩形条状地块，灌溉水以薄层水流的形式输入田间，并借助重力作用渗入土壤的灌水方法，如图6-1所示。畦灌分尾端封堵和自由排水两种，我国的畦灌多属于前者，称封闭畦灌。畦灌通常适用于大田作物。

根据畦田方向与地形等高线的关系，畦灌也可以分为顺坡畦灌和横坡畦灌两种。当地面坡度较小（不超过2%）时，畦长方向一般垂直于等高线布置，这种畦灌称为顺坡畦灌；当地面坡度较大（大于2%）

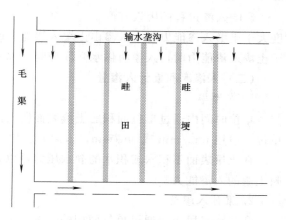

图6-1 畦灌布置示意图

时，为了避免田面水流过快，畦长方向常与等高线平行布置，这种畦灌称为横坡畦灌。

根据畦田长度，畦灌又可以分为长畦灌和短畦灌两种。一般畦长小于或等于70m的畦灌称为短畦灌，否则称为长畦灌。

**（二）沟灌**

沟灌是指将灌溉水引入田间灌水沟，并借助重力作用及毛细管作用向灌水沟四周土壤入渗的灌水方法，如图6-2所示。沟灌有尾端封堵和自由排水两种，我国的沟灌多属于前者，称封闭沟灌。沟灌主要适用于宽行距作物，如玉米、棉花及薯类等。由于垄沟密布，所以沟灌通常不如畦灌便于机械化耕作与收割。

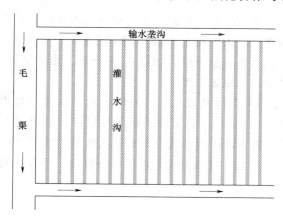

图6-2 沟灌布置示意图

根据灌水沟方向与地形等高线的关系，沟灌也可以分为顺坡沟灌和横坡沟灌两种。当地面坡度较小（不超过3%）时，沟的方向一般垂直于等高线布置，这种沟灌称为顺坡沟灌；当地面坡度较大（大于3%）时，沟的方向常与等高线平行或斜交布置，这种沟灌称为横坡沟灌。

**（三）淹灌**

淹灌是在田间用较高的土埂筑成方格格田，一般引入较大流量迅速在格田内建立起一定厚度的水层，水主要借助重力作用下渗的灌水方法。淹灌主要适于水稻及水生作物的灌溉。

**二、土壤的入渗规律**

**（一）入渗的概念**

入渗是指水分从土壤表面进入土壤的过程。入渗是灌溉过程中非常重要的一个环节，因为灌溉水正是通过入渗才被转化为土壤水分从而被作物吸收利用的。

影响入渗过程的因素有两个：一个是供水强度；另一个是土壤的入渗能力。当供水强度大于土壤入渗能力时，入渗由土壤入渗能力所控制，称为充分供水入渗；当供水强度小于土壤入渗能力时，入渗由供水强度控制，称为非充分供水入渗。

**（二）入渗率和累计入渗量**

1. 入渗率

单位时间内通过单位面积的土壤表面所入渗的水量，称为入渗率，常用 $i$ 来表示，其单位一般用 mm/min 或 cm/min，入渗率也称入渗强度。

在土壤表面不积水或积水的静水压力可以忽略的情况下，充分供水条件下的入渗率反映土壤的入渗能力。

2. 累计入渗量

在某一时段内，通过单位面积的土壤表面入渗的水量，称为累计入渗量，常用 $I$ 来表示，单位一般用 mm 或 cm。

显然，入渗率与累计入渗量之间的关系为

$$i = \frac{\mathrm{d}I}{\mathrm{d}t} \tag{6-1}$$

或

$$I = \int_0^t i(t)\,\mathrm{d}t \tag{6-2}$$

式中　$t$——入渗历时，min；

　　　$i$——入渗率，mm/min；

　　　$I$——累计入渗量，mm。

**（三）入渗规律描述**

在入渗过程中，土壤的入渗能力是随着入渗历时而变化的。考察充分供水条件下的垂直入渗过程可以发现，在入渗开始时，入渗率 $i$ 较大，随着入渗历时 $t$ 的延长，入渗率 $i$ 逐渐减小，最后趋近于一个较稳定的数值 $i_D$，不再继续下降，如图 6-3 所示。由此可见，土壤的入渗能力随着入渗历时逐渐降低，直至达到稳定入渗率 $i_D$。

按图 6-3 所示的入渗率随入渗历时变化的关系以及式（6-2）所表示的入渗率与累计入渗量之间的关系，可以得出累计入渗量随入渗历时变化的关系，即累计入渗过程曲线，如图 6-4 所示。由图 6-4 可以看出，随着入渗历时的延长，累计入渗量的增长速度由快变缓。理论上，随着入渗历时的延长，累计入渗过程曲线趋近于一条直线，该直线的斜率即为稳定入渗率 $i_D$。

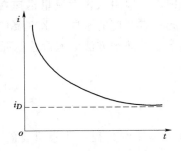　　　　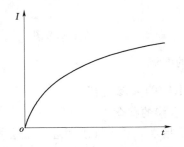

图 6-3　入渗率随入渗历时变化示意图　　　图 6-4　累计入渗过程曲线示意图

土壤的入渗能力还与土壤质地、容重、初始含水率有关。一般地，砂土的入渗能力较强，黏土的入渗能力较低，壤土的入渗能力居中；对于同一种质地的土壤来讲，容重越小入渗能力越高，反之亦然；在土壤质地和容重相同的情况下，土壤的入渗能力与初始含水率呈负相关的关系。

**（四）入渗的数学模型**

自20世纪初以来，不少研究者提出了经验性的、理论性的，或半经验、半理论性的入渗模型，其中影响较大的有考斯加可夫（Kostiakov）模型、考斯加可夫-列维斯（Kostiakov-Lewis）模型、格林-阿姆特（Green-Ampt）模型、菲利普（Philip）模型、霍顿（Horton）模型等。这里只对应用最为广泛的考斯加可夫模型加以介绍。

考斯加可夫模型属于经验模型，是1932年由苏联的考斯加可夫提出的，其表达式为

$$I = Kt^{\alpha} \tag{6-3}$$

式中　$t$——入渗历时，min；

　　　$I$——累计入渗量，mm；

　　　$\alpha$——入渗指数，无因次；

　　　$K$——入渗系数，mm/min$^{\alpha}$。

$\alpha$、$K$统称为入渗参数，属于经验常数，本身并无物理含义，一般由试验或实测资料拟合求得。

由式（6-1）可得考斯加可夫模型的入渗率形式为

$$i = \alpha Kt^{\alpha-1} \tag{6-4}$$

式中　$i$——入渗率，mm/min；

　　　其他各符号意义同前。

虽然考斯加可夫模型在理论上不太严密，但是简单、实用，所以应用非常广泛。考斯加可夫入渗参数一般需要通过土壤入渗试验确定，其大小与土壤质地、土壤容重、初始含水率等因素有关。入渗指数 $\alpha$ 的值一般为 0.2～0.7；入渗系数 $K$ 的值一般为 2～20mm/min$^{\alpha}$。表6-1是根据室内试验资料得到的陕北榆林黄土（干密度为 1.4g/cm$^3$）的考斯加可夫入渗参数。

在参阅国内有关文献时，须注意参数 $\alpha$、$K$ 的意义，有的书籍中这两个参数的意义分别相当于式（6-4）中的（$\alpha-1$）和 $\alpha K$。

表6-1　　　　　　　　　陕北榆林黄土的考斯加可夫入渗参数

| 初始的体积含水率/% | $K/(mm/min^{\alpha})$ | $\alpha$ |
|---|---|---|
| 2.14 | 4.591 | 0.544 |
| 9.17 | 3.324 | 0.566 |

需要特别指出的是，对于沟灌来讲，由于其入渗界面是一个曲面而非平面，所以用前述定义的入渗率、累计入渗量来表示入渗性能存在一定的困难。简化的方法有两种：①将沟灌的累计入渗量定义为单位沟长上的入渗水量，单位为 m$^3$/m；②将沟灌的入渗概化为以沟为中心，以沟距为宽度范围内的均匀入渗。按照此概化模型，累计入渗量为

$$I = 1000 \times \frac{I_L}{d} \qquad\qquad (6-5)$$

式中　$I$——累计入渗量，mm；

　　　$I_L$——单位沟长上的入渗水量，$m^3/m$；

　　　$d$——灌水沟的沟距，m。

采用上述第 2 种表示方法比较方便，本章后面对沟灌的累计入渗量按该方法表示。沟灌的入渗率仍按式（6-4）计算。

### 三、灌水技术要素

地面灌溉的灌水技术要素主要包括畦田（沟）规格、入畦（沟）流量、灌水持续时间和改水成数。地面灌溉设计的任务就是以完成计划灌水定额为前提，确定合理的灌水技术要素，以得到较高的灌水质量。

**（一）畦田（沟）规格**

1. 畦田规格

畦田规格是指畦田的宽度和长度。

畦田的宽度，即畦宽，取决于畦田的横向坡度、土壤的入渗能力、农业机械的宽度等因素，一般约 2~4m；畦田的长度，即畦长，取决于畦田的纵向坡度、土壤的入渗能力、水源可提供的灌水流量等因素，一般可在 30~100m 范围内选取。

2. 灌水沟的规格

灌水沟的规格是指灌水沟的间距、灌水沟的长度以及灌水沟的断面结构。

灌水沟的间距（相邻灌水沟中心之间的距离），即沟距，应和灌水沟的湿润范围相适应，并满足农作物的耕作和栽培要求，一般在 50~80cm 范围内选取。入渗能力较高的轻质土壤的湿润形状为上下方向较长的长椭圆形，因此沟距应取小值；入渗能力较低的重质土壤的湿润形状为水平方向较长的长椭圆形，因此沟距应取大值，有时也可以超过 1m；中质土壤的入渗能力居中，沟距也应居中选取。

灌水沟的长度，即沟长主要取决于土壤的入渗能力和灌水沟的纵向坡度。当灌水沟纵向坡度较大，土壤入渗能力较低时，沟长可以取大些；当灌水沟纵向坡度较小，土壤入渗能力较强时，沟长应取小些。一般砂壤土上的沟长取 30~50m，黏性土壤上的沟长取 50~100m 或更长。

灌水沟的断面形状有三角形、梯形以及近似为抛物线形几种，可用灌水沟断面水深与水面宽度的关系反映。灌水沟的深度一般为 25cm 左右，宽度一般为 30cm 左右。

**（二）灌水流量**

对于畦灌和沟灌来讲，灌水流量分别称为入畦流量和入沟流量。

1. 入畦流量

入畦流量是指畦首的供水流量，一般以单位畦宽上的入流量（即单宽流量）表示。入畦单宽流量的大小主要取决于土壤的入渗能力、畦长、纵向坡度以及土壤的不冲流速等因素，一般取 3~6L/(m·s)。土壤入渗能力高、畦较长、纵坡较小的，取大值；反之取小值。

**2. 入沟流量**

入沟流量是指灌水沟首端的供水流量，一般以一个沟的入流量（即单沟流量）表示。和畦灌相同，单沟流量的大小主要取决于土壤的入渗能力、沟长、纵向坡度以及土壤的不冲流速等因素，一般取 0.5～3.0L/s。土壤入渗能力高、沟较长、纵坡较小的，取大值；反之取小值。

入沟流量的另外一种表示方法为，将沟灌的入流量概化为以沟为中心，以沟距为宽度范围内均匀入流。按照此概化模型，单宽流量为单沟流量除以沟距。

**（三）灌水持续时间**

灌水持续时间是指从向畦田或灌水沟放水开始到停水为止的时间长度，单位为 min。灌水持续时间取决于灌水定额、土壤入渗能力等因素。

**（四）改水成数**

改水成数是指封口（切断入流）时田面水流推进长度占总长度的成数。改水成数与灌水定额、土壤入渗能力、坡度等条件有关，一般有七成改水、八成改水、九成改水和满流改水。改水成数也可用封口来表示，即切断灌水流量时田面水流推进的相对长度。与七成改水、八成改水、九成改水和满流改水相对应，封口一般取 0.7～1.0。一般情况下，在土壤入渗能力较强的沙土地区采用满流改水。

# 第二节　灌水质量评价

## 一、地面灌溉的灌水过程

以末端封堵的畦灌为例，其灌水过程可分为推进、成池、消退、退水四个阶段。

**（一）推进阶段**

从放水入畦时刻开始，田面的水流前锋在到达畦尾前一直向前推进，这一阶段称为推进阶段。

**（二）成池阶段**

水流前锋到达畦尾后，开始积水成池，直至畦首切断灌水流量为止，这一阶段称为成池阶段。

**（三）消退阶段**

畦首切断灌水流量后，土壤入渗使得田面积水逐渐减少，直至畦首的地表水深为 0，露出地面为止，这一阶段称为消退阶段。

**（四）退水阶段**

畦首露出地面后，畦田的积水部分的土壤入渗仍然在持续，田面积水逐渐减少，退水前锋不断地由畦首向畦尾移动，直至达到畦尾为止，这一阶段称为退水阶段。

在实际灌水过程中，成池阶段和消退阶段不一定存在，对于顺坡畦灌通常为非满流改水，因此没有这两个阶段。当 $t_\infty > t_L$ 时，有成池阶段；当 $t_\infty \leqslant t_L$ 时，无成池阶段。对于土壤入渗能力中等以上的顺坡畦灌，为了提高灌水均匀度，常常在水利推进到田块末端以前切断灌水流量，即 $t_\infty \leqslant t_L$，所以无成池阶段。对于没有成池阶段的顺坡畦灌，畦首切断灌水流量后，畦首的水深很快为 0，即 $t_D \approx t_\infty$，所以也可以认为不存在消退阶段。地面灌溉的灌水过程如图 6-5 所示，图 6-5（a）为有成池阶段的情况，图 6-5（b）为无成池阶段的情况。坐标 $T$ 为从开始放水的时刻算起的时间，坐标 $x$ 为沿畦长方向离畦首的距离，$t_D$ 表示退水阶段开始的时间，$t_R$ 表示退水阶段结束的时间，$t_\infty$ 表示停水时间，$t_L$ 表示水流前锋推进到畦尾的时间。以上各时间均从开始放水的时刻算起。

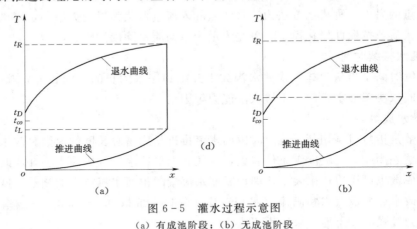

图 6-5 灌水过程示意图
（a）有成池阶段；（b）无成池阶段

## 二、灌水质量评价指标

一般来说，灌入水量沿畦（沟）长的分布是不均匀的，从而使得有的地方入渗水量过大渗到根系贮水层以下，产生了浪费，有的地方入渗水量偏小，出现了欠灌。

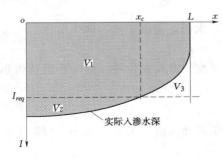

图 6-6 入渗水量分布示意图

入渗水量分布如图 6-6 所示。图中，$x$ 表示沿畦长方向离畦首的距离，m；$L$ 为畦长，m；$I$ 为某点的入渗水量，mm；$I_{req}$ 为按灌水定额计算的需要入渗水量，mm；$V_1$ 表示畦田中渗入根系贮水层的水量，$\text{m}^3$；$V_2$ 表示畦田中渗到根系贮水层以外的深层渗漏水量，$\text{m}^3$；$V_3$ 表示畦田中根系贮水层欠灌的水量，$\text{m}^3$；$x_c$ 为超灌与欠灌分界点对应的坐标 $x$，m。该图也同样适合于沟灌。

目前，地面灌溉灌水质量的评价，最常用的指标有灌水均匀度和灌水效率。

### （一）灌水均匀度

灌水均匀度是指灌溉范围内，田间土壤湿润的均匀程度，通常用沿畦（沟）长多点入渗水深的值进行计算

$$E_d = 1 - \frac{\Delta I}{\bar{I}} = 1 - \frac{\dfrac{1}{n}\sum\limits_{j=1}^{n}|I_j - \bar{I}|}{\bar{I}} \tag{6-6}$$

其中

$$\bar{I} = \frac{1}{n}\sum_{j=1}^{n}I_j$$

式中 $E_d$——灌水均匀度，无量纲；

    $n$——沿畦（沟）长测量的入渗水深的横断面个数；

    $I_j$——第 $j$ 个横断面上的平均入渗水深，沟灌的入渗水深为单位沟长上的入渗水量除以沟距计算得到，mm；

    $\bar{I}$——沿畦（沟）长各横断面的平均入渗水深，mm；

    $\Delta I$——沿畦（沟）长各横断面的入渗水深的平均离差，mm。

**（二）灌水效率**

灌水效率是指灌溉范围内，根系贮水层内增加的水量与灌入田间的水量之比，其计算式为

$$E_a = \frac{V_1}{0.06qt_{\omega}} \qquad (6-7)$$

其中

$$V_1 = \frac{1}{1000}\Big[ I_{req}x_c + \sum_{j=n_c}^{n-1}\Big( \frac{I_j + I_{j+1}}{2}\Delta x_j \Big) \Big]$$

式中 $E_a$——灌水效率，无量纲；

    $V_1$——单位宽度上渗入根系贮水层的水量，$\text{m}^3/\text{m}$；

    $q$——入畦（沟）单宽流量，沟灌的入沟单宽流量应以单沟流量除以沟距求得，$\text{L}/(\text{m}\cdot\text{s})$；

    $t_{\omega}$——灌水持续时间，min；

    $I_{req}$——按灌水定额计算的需要入渗水量，mm；

    $x_c$——超灌与欠灌分界点对应的离畦首的距离，m；

    $n$——沿畦（沟）长测量的入渗水深的横断面个数；

    $n_c$——$x_c$ 对应的横断面序号；

    $\Delta x_j$——沿畦（沟）长方向第 $j$ 个横断面和第 $j+1$ 个横断面之间的距离，m；

$I_j$、$I_{j+1}$——第 $j$ 个横断面、第 $j+1$ 个横断面上的平均入渗水深，沟灌的入渗水深为单位沟长上的入渗水量除以沟距计算得到，mm。

此外，作为评价灌水质量的附加指标，还有需水效率、深层渗漏率和尾水率。

### 三、入渗水深的估算

在进行灌水质量评价过程中，各断面的入渗水深可以通过测定灌水前后的根层土壤含水率计算得到，也可以通过观测灌水过程的推进曲线和退水曲线，结合入渗模型计算得到。

图 6-7 描述了无成池阶段的畦灌过程。坐标 $T$ 为从开始放水的时刻算起的时间，坐标 $x$ 表示沿畦长方向离畦首的距离。对于任一横断面，退水时间与推进时间之差即为该断面的入渗历时，即

$$t_j = T_{dj} - T_{aj} \qquad (6-8)$$

式中 $t_j$——第 $j$ 个横断面的入渗历时，min；

    $T_{dj}$——第 $j$ 个横断面的退水时间，min；

    $T_{aj}$——水流推进到第 $j$ 个横断面的时间，min。

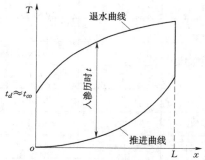

图 6-7 入渗历时计算示意图

于是，在已知土壤入渗参数的情况下，根据考斯加可夫入渗模型便可求得第 $j$ 个横断面的入渗水深

$$I_j = K t_j^{\alpha} \qquad (6-9)$$

式中　$I_j$——第 $j$ 个横断面的入渗水深，mm；

　　　$t_j$——第 $j$ 个横断面的入渗历时，min；

　　　$\alpha$——入渗指数，无因次；

　　　$K$——入渗系数，mm/min。

入渗参数 $\alpha$、$K$ 的确定，有很多种方法。利用双套环田间下渗仪测定畦田入渗参数是比较方便的方法。根据水量平衡原理，利用灌水的推进、退水过程观测资料以及灌水流量也可以反算出畦灌、沟灌的入渗参数，有兴趣的读者可以参考有关文献。

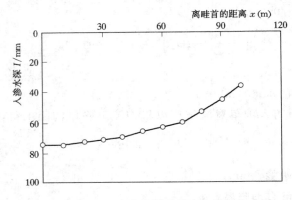

图 6-8　入渗水量沿畦长方向的分布

【**例 6-1**】　研究人员进行畦灌试验，畦长 $L = 100\text{m}$，单宽流量 $q = 3.0\text{L/(m·s)}$，灌水持续时间 $t_\infty = 35\text{min}$，按灌水定额计算的需要入渗水量 $I_{req} = 60\text{mm}$。通过灌溉前后对根系贮水层土壤含水率观测结果计算，得出沿畦长各点的入渗水量，如图 6-8 所示，具体数据见表 6-2。试计算灌水均匀度和灌水效率。

表 6-2　　　　　　　　　　灌水均匀度及灌水效率计算表

| $j$ | $x/\text{m}$ | $I_j/\text{mm}$ | $\Delta I_j/\text{mm}$ | $\dfrac{I_j + I_{j+1}}{2}/\text{mm}$ | $\dfrac{I_j + I_{j+1}}{2}\Delta x_j/(10^{-3}\,\text{m}^3/\text{m})$ |
|---|---|---|---|---|---|
| 1 | 0 | 74.2 | 11.9 | 74.2 | 742 |
| 2 | 10 | 74.2 | 11.9 | 73.6 | 736 |
| 3 | 20 | 72.9 | 10.6 | 72.0 | 720 |
| 4 | 30 | 71.0 | 8.7 | 70.6 | 706 |
| 5 | 40 | 70.1 | 7.8 | 68.1 | 681 |
| 6 | 50 | 66.1 | 3.8 | 64.7 | 647 |
| 7 | 60 | 63.3 | 1.0 | 61.7 | 617 |
| 8 | 70 | 60.0 | 2.3 | 56.5 | 565 |
| 9 | 80 | 52.9 | 9.4 | 48.9 | 489 |
| 10 | 90 | 44.8 | 17.5 | 40.4 | 404 |
| 11 | 100 | 36.0 | 26.3 | | |
| 平均 | | 62.3 | 10.1 | | |

1. 灌水均匀度计算

入渗水量沿畦长方向的分布如图6-8所示。由入渗水量沿畦长分布的数据，可以计算出11个断面入渗水量的平均值为$\bar{I}=62.3\text{mm}$。按$\Delta I_j=|I_j-\bar{I}|$计算沿畦长各断面的入渗水深离差，结果见表6-2，均值为$\Delta I=10.1\text{mm}$。利用式（6-6）计算灌水均匀度为

$$E_d=1-\frac{\Delta I}{\bar{I}}=1-\frac{10.1}{62.3}=0.84$$

2. 灌水效率计算

由所给数据可以看出，超灌与欠灌分界点对应的离畦首的距离$x_c=70\text{m}$，即$n_c=8$。单位宽度上渗入根系贮水层的水量

$$V_1=\frac{1}{1000}\Big[I_{req}x_c+\sum_{j=n_c}^{n-1}\Big(\frac{I_j+I_{j+1}}{2}\Delta x_j\Big)\Big]$$

$$=\frac{1}{1000}[60\times70+(565+489+404)]=5.66(\text{m}^3)$$

利用式（6-7）计算灌水效率为

$$E_a=\frac{V_1}{0.06qt_\infty}=\frac{5.66}{0.06\times3.0\times35}=0.90$$

# 第三节 地 面 灌 溉 设 计

地面灌溉设计就是根据实际资料，以完成计划灌水定额为前提，以灌水质量较高为目标，确定合理的灌水技术要素，包括沟畦规格、流量、持续灌水时间和改水成数。

## 一、畦灌系统设计

### （一）畦田（沟）规格

畦宽取决于畦田的横向坡度、土壤的入渗能力、农业机械的宽度等因素，一般约2～4m。

畦长取决于畦田的纵向坡度、土壤的入渗能力、水源可提供的灌水流量等因素，一般可在30～100m范围内选取，土壤入渗能力高、纵坡较小的，取短些，反之取大些。畦长可以参考表6-3中的数值来确定。

**表6-3**                畦 田 灌 水 要 素 表

| 土壤透水性 | 地 面 坡 度 | | | | | |
|---|---|---|---|---|---|---|
| | ≤0.002 | | 0.002～0.005 | | 0.005～0.01 | |
| | 畦长/m | 单宽流量/[L/（s·m）] | 畦长/m | 单宽流量/[L/（s·m）] | 畦长/m | 单宽流量/[L/（s·m）] |
| 强 | 25～50 | 5～6 | 30～60 | 5～6 | 50～70 | 4～5 |
| 中 | 30～60 | 5～6 | 40～70 | 4～5 | 60～80 | 4～5 |
| 弱 | 40～60 | 4～5 | 50～80 | 3～4 | 80～100 | 3～4 |

### （二）灌水持续时间

灌水持续时间取决于灌水定额、土壤入渗能力等因素。在假定灌水均匀度为1的前提

下，各处的土壤入渗历时等于灌水持续时间，累计入渗水深等于灌水定额，即

$$Kt^\alpha = m \tag{6-10}$$

式中 $t$——灌水持续时间，min；

$\alpha$——入渗指数，无因次；

$K$——入渗系数，$mm/min^\alpha$。

根据式（6-10）推导，得估算灌水持续时间的公式

$$t = \left(\frac{m}{K}\right)^{\frac{1}{\alpha}} \tag{6-11}$$

**（三）单宽流量**

对于畦灌，按照水量平衡原理，有

$$60qt = mL \tag{6-12}$$

式中 $t$——灌水持续时间，min；

$q$——入畦单宽流量，$L/(m \cdot s)$；

$m$——计划灌水定额，mm；

$L$——畦长，m。

根据式（6-12），可得单宽流量为

$$q = \frac{mL}{60t} \tag{6-13}$$

单宽流量还应保证不冲刷土壤，而且又能分散覆盖于整个田面，其最大、最小单宽流量分别为

$$q_{max} = \frac{0.1765}{s_0^{0.75}} \tag{6-14}$$

$$q_{min} = \frac{0.00595L\sqrt{s_0}}{n} \tag{6-15}$$

式中 $q_{max}$——最大单宽流量，$L/(m \cdot s)$；

$s_0$——地面坡度，无量纲；

$L$——畦长，m；

$n$——糙率系数。

畦首的水深不应超过畦埂高度。畦首水深的计算式为

$$y_0 = \left(\frac{qn}{1000s_0^{0.5}}\right)^{0.6} \tag{6-16}$$

式中 $y_0$——畦首水深，m；

其余各符号意义同前。

如果由式（6-13）计算出的单宽流量不满足最大、最小单宽流量的要求，或畦首水深超过了畦埂高度，则应调整灌水定额、畦田规格等，以满足要求。

**（四）改水成数**

改水成数与灌水定额、土壤入渗能力、坡度、畦长、单宽流量等条件有关，一般有七成改水、八成改水、九成改水和满流改水。改水成数需要通过田间试验或其他更复杂的理论计算来确定。一般对于地面坡度大、单宽流量大、土壤入渗能力低的畦田，改水成数取

低值，反之取高值。

河南省引黄灌区根据畦灌试验，给出了不同土壤质地、不同坡度条件下的灌水技术要素，列于表 6-4 以供参考。

表 6-4                河南省引黄灌区畦田灌水技术要素表

| 土 壤 质 地 | $i<0.002$ | | $i=0.002\sim0.010$ | | $i=0.010\sim0.025$ | |
|---|---|---|---|---|---|---|
| | 畦长/m | 单宽流量 /[L/(m·s)] | 畦长/m | 单宽流量 /[L/(m·s)] | 畦长/m | 单宽流量 /[L/(m·s)] |
| 强透水性轻壤土 | 30~50 | 5~6 | 50~70 | 5~6 | 70~80 | 3~4 |
| 中透水性土壤 | 50~70 | 5~6 | 70~80 | 4~5 | 80~100 | 3~4 |
| 弱透水性重质土壤 | 70~80 | 4~5 | 80~100 | 3~4 | 100~130 | 3 |

【例 6-2】 冬小麦畦田的起身—拔节期间，灌水定额确定为 60mm。畦田规格为畦宽 3m，畦长 70m，畦埂高度 0.20m，畦田纵坡 0.001。土壤为粘壤土，经田间实际测定，考斯加可夫模型的入渗指数 $\alpha=0.377$，入渗系数 $K=18.6mm/min^{\alpha}$，糙率系数 $n=0.084$。试确定灌水持续时间和入畦单宽流量。

根据式（6-11）计算灌水持续时间 $t$。将灌水定额 $m=60mm$，入渗指数 $\alpha=0.377$，入渗系数 $K=18.6mm/min^{\alpha}$ 代入公式，得灌水持续时间为

$$t=\left(\frac{m}{K}\right)^{\frac{1}{\alpha}}=\left(\frac{60}{18.6}\right)^{\frac{1}{0.377}}=22.3(min)$$

根据式（6-13）计算单宽流量。将灌水定额 $m=60mm$，畦长 $L=70m$，灌水持续时间 $t=22.3min$ 代入公式，得入畦单宽流量为

$$q=\frac{mL}{60t}=\frac{60\times70}{60\times22.3}\approx3.1[L/(m\cdot s)]$$

将畦田纵坡 $s_0=0.001$ 代入式（6-14），计算最大单宽流量为

$$q_{max}=\frac{0.1765}{s_0^{0.75}}=\frac{0.1765}{0.001^{0.75}}\approx31.4[L/(m\cdot s)]$$

将畦田纵坡 $s_0=0.001$，畦长 $L=70m$，糙率系数 $n=0.084$ 代入式（6-15），计算最小单宽流量为

$$q_{min}=\frac{0.00595L\sqrt{s_0}}{n}=\frac{0.00595\times70\sqrt{0.001}}{0.084}\approx0.2[L/(m\cdot s)]$$

将入畦单宽流量 $q=3.1L/(m\cdot s)$，畦田纵坡 $s_0=0.001$，糙率系数 $n=0.084$ 代入式（6-16），计算畦首水深为

$$y_0=\left(\frac{qn}{1000s_0^{0.5}}\right)^{0.6}=\left(\frac{3.1\times0.084}{1000\times0.001^{0.5}}\right)^{0.6}\approx0.06(m)$$

入畦单宽流量为 3.1L/(m·s) 满足最大、最小限制，畦首水深不超过畦埂高度，于是入畦单宽流量取 3.1L/(m·s)，相应的灌水持续时间为 22.3min。

## 二、沟灌系统设计

### （一）灌水沟的规格

沟距应和灌水沟的湿润范围相适应，并满足农作物的耕作和栽培要求，一般在 50～80cm 范围内选取。入渗能力较低的重质土壤的湿润形状为水平方向较长的长椭圆形，因此沟距应取大值；中质土壤的入渗能力居中，沟距也应居中选取。沟距可以参考表 6-5 中的数值来确定。

表 6-5　　　　　　　　　不同土壤质地条件下的灌水沟间距　　　　　　　单位：cm

| 土壤质地 | 轻质土壤 | 中质土壤 | 重质土壤 |
|---|---|---|---|
| 沟距 | 50～60 | 65～75 | 75～80 |

灌水沟的断面形状一般采用三角形、梯形。灌水沟的深度一般在 25cm 左右，宽度一般在 30cm 左右。

沟长主要取决于土壤的入渗能力和灌水沟的纵向坡度。当灌水沟纵向坡度较大，土壤入渗能力较低时，沟长可以取大些；当灌水沟纵向坡度较小，土壤入渗能力较强时，沟长应取小些。一般砂壤土上的沟长取 30～50m，黏性土壤上的沟长取 50～100m。沟长可以参考表 6-6 中的数值来确定。

表 6-6　　　　　　　　　　　　沟灌灌水要素表

| 土壤透水性 | 沟底坡度 | | | | | |
|---|---|---|---|---|---|---|
| | ≤0.002 | | 0.002～0.005 | | 0.005～0.01 | |
| | 沟长/m | 流量/[L/s] | 沟长/m | 流量/[L/s] | 沟长/m | 流量/[L/s] |
| 强 | 30～40 | 1.0～1.5 | 40～60 | 0.7～1.0 | 60～80 | 0.6～0.9 |
| 中 | 40～60 | 0.7～1.0 | 70～90 | 0.5～0.6 | 80～100 | 0.4～0.6 |
| 弱 | 50～60 | 0.5～0.6 | 80～100 | 0.4～0.5 | 90～120 | 0.2～0.4 |

### （二）灌水持续时间

灌水持续时间取决于灌水定额、土壤入渗能力等因素。本书在讲述入渗数学模型内容时已经提及，沟灌的入渗可以概化为以沟为中心，以沟距为宽度范围内的均匀入渗。按照此概化模型，累计入渗量为

$$I = 1000 \times \frac{I_L}{d} \qquad (6-17)$$

式中　$I$——累计入渗量，mm；

　　　$I_L$——单位沟长上的入渗水量，m³/m；

　　　$d$——灌水沟的沟距，m。

将概化的累计入渗量用考斯加可夫模型表示，即 $I = Kt^a$，并考虑灌水停止时刻沟中尚存蓄一定的水量的情况，则按照水量平衡原理有

$$mdL = (b_0 h + dKt^a)L \qquad (6-18)$$

式中　$m$——沟灌的灌水定额，mm；

  $d$——沟距，m；

  $L$——沟长，m；

  $b_0$——灌水沟中蓄水的平均水面宽度，m；

  $h$——灌水沟平均蓄水深度，mm；

  $t$——灌水持续时间，min；

  $\alpha$——概化模型的入渗指数，或称为沟灌的折引入渗指数，无因次；

  $K$——概化模型的入渗系数，或称为沟灌的折引入渗系数，mm/min$^\alpha$。

灌水沟平均蓄水深度 $h$，一般在沟深度的 1/3～2/3 范围内选取，土壤入渗能力较低、灌水沟坡度较大的选小值，反之选大值。

于是，沟灌的灌水持续时间计算为

$$t = \left(\frac{md - b_0 h}{dK}\right)^{\frac{1}{\alpha}} \qquad (6-19)$$

式中 各符号意义同前。

**（三）灌水流量**

入沟流量一般以单沟流量来表示。和畦灌相同，单沟流量的大小主要取决于土壤的入渗能力、沟长、纵向坡度以及土壤的不冲流速和不淤流速等因素，一般取 0.5～3.0L/s，土壤入渗能力高、沟较长、纵坡较小的取大值，反之取小值。

对于沟灌，则按照水量平衡原理有

$$60qt = mdL \qquad (6-20)$$

式中 $t$——灌水持续时间，min；

  $q$——单沟流量，L/s；

  $m$——计划灌水定额，mm；

  $d$——沟距，m；

  $L$——沟长，m。

根据上式，可得单沟流量为

$$q = \frac{mdL}{60t} \qquad (6-21)$$

单沟流量还应保证不冲刷土壤，因此也应该用灌水沟允许的最大流速校核。对于易侵蚀的淤泥土，灌水沟允许的最大流速为 8m/min；对于砂土、黏土，灌水沟允许的最大流速为 13m/min。

如果由式（6-21）计算出的单沟流量不满足最大流速的要求，则应调整灌水定额、畦田规格等，以满足要求。

**（四）改水成数**

根据沟灌的灌水定额、土壤入渗能力，灌水沟的纵坡，沟长和入沟流量等条件，改水成数可采用七成改水、八成改水、九成改水或满流改水。一般对于地面坡度大、入沟流量大、土壤入渗能力低的灌水沟，改水成数取低值，反之取高值。

河南省引黄灌区根据沟灌试验，给出了不同土壤质地、不同坡度条件下的灌水技术要素，列于表 6-7 以供参考。

表6-7 河南省引黄灌区沟灌技术要素表

| 土壤质地 | $i < 0.002$ | | $i = 0.002 \sim 0.004$ | | $i = 0.004 \sim 0.010$ | |
|---|---|---|---|---|---|---|
| | 沟长/m | 单沟流量/(L/s) | 沟长/m | 单沟流量/(L/s) | 沟长/m | 单沟流量/(L/s) |
| 强透水性轻壤土 | 30~40 | 1.0~1.5 | 40~60 | 0.7~1.0 | 60~80 | 0.6~0.9 |
| 中透水性土壤 | 40~60 | 0.7~1.0 | 70~90 | 0.5~0.6 | 80~100 | 0.4~0.6 |
| 弱透水性重质土壤 | 50~80 | 0.5~0.6 | 80~100 | 0.4~0.5 | 90~120 | 0.2~0.4 |

# 第四节　波涌灌溉技术简介

波涌灌溉（Surge Irrigation）是一种改进的地面灌溉，又称涌流灌溉或间歇灌溉，它是把灌溉水按一定周期间歇地向畦田（沟）供水，逐段湿润土壤，直到水流推进到畦田（沟）末端为止的一种节水型地面灌水新技术。

波涌灌溉是20世纪70年代末期由美国犹他州立大学首先提出的。美国从1986年开始推广这一地面灌水新技术。1987年开始，我国的有关高校和科研院所在河南商丘、河南人民胜利渠及陕西的泾惠渠管理局、宝鸡峡灌区、洛惠渠灌区等地进行了大量的试验研究，试验表明，和连续灌比较，波涌灌的灌水均匀度可提高10%~20%。

## 一、波涌灌溉的方式

在波涌灌溉的过程中，以波涌流实行间歇性灌水，水流不再是一次推进到田块末端，而是分段逐次地由首端向末端推进。一次的放水历时 $T_{on}$ 称为灌水运行时间；一次放水及之后的一次停水，称为一个循环周期，因此周期时间 $T$ 为灌水运行时间 $T_{on}$ 与停水的历时 $T_{off}$ 之和，即 $T = T_{on} + T_{off}$；灌水运行时间 $T_{on}$ 与周期时间 $T$ 之比称为循环率 $r$，即 $r = T_{on}/T$。

目前，波涌灌溉的方式有三种。

1. 定时段—变流程方式

在灌水的全过程中，每个灌水周期的放水流量和灌水运行时间一定，而每个周期的水流推进长度则不相同。目前，波涌灌溉多采用此方式。

2. 定流程—变时段方式

在灌水的全过程中，每个灌水周期的放水流量和水流新推进的长度一定，而每个周期的灌水运行时间则不相同。

3. 增量灌水方式

在第一个周期内增大流量，使得水流快速推进到田块总长的3/4位置后停水，在随后的几个循环周期中再按定时段—变流程方式或定流程—变时段方式，以较小的放水流量运行。

## 二、波涌灌溉的节水机理

试验观测结果表明，在波涌灌溉过程中，经过一个循环周期，经历了田面的湿润和变干两个阶段，土壤的入渗能力降低、糙率系数减小，从而使得水流界面流畅，推进速度加快。也就是说，当灌水量一定时，以波涌灌溉实行的间歇性灌水，水流可以更快地推进到田块末端。与连续灌相比，这使得田块上游端的入渗历时减少，而下游端的入渗历时增加，从而上游端的深层渗漏和下游端根系层的欠灌水量均有所减少，提高了灌水均匀度。

### 三、波涌灌溉的技术要素

很多试验表明，黏土的波涌灌溉效果和连续灌几乎无差异，因此波涌灌溉不适用于黏土质地的农田。对于田块较长、土壤入渗能力较强的情况，波涌灌溉具有比较明显的优越性。

西安理工大学在陕西泾惠渠灌区对畦田进行了波涌灌溉试验，分头水灌溉和非头水灌溉，结果分别列于表 6-8 和表 6-9 以供参考。

表 6-8　泾惠渠灌区波涌畦灌技术要素表（适于作物头水灌溉）

| 坡　度 | 单宽流量/[L/(m·s)] 畦长为 160m | 周期数 | 循环率 |
| --- | --- | --- | --- |
| 0.002 | 10~12 | 2 | 1/3 |
| 0.003~0.004 | 8~10 | 2 | 1/2 或 1/3 |
| 0.005 | 4~8 | 2 | 1/2 |
| 0.002 | 12~14 | 3 | 1/3 |
| 0.003~0.004 | 10~13 | 3 | 1/2 或 1/3 |
| 0.005 | 6~10 | 3 | 1/2 |
| 0.002 | 12~14 | 3 或 4 | 1/3 |
| 0.003~0.004 | 10~12 | 3 | 1/2 或 1/3 |
| 0.005 | 8~10 | 3 | 1/2 |

表 6-9　泾惠渠灌区波涌畦灌技术要素表（适于作物非头水灌溉）

| 坡　度 | 单宽流量/[L/(m·s)] 畦长为 160m | 周期数 | 循环率 |
| --- | --- | --- | --- |
| 0.002 | 6~8 | 2 | 1/3 |
| 0.003~0.004 | 4~6 | 2 | 1/2 或 1/3 |
| 0.005 | 3~5 | 2 | 1/2 |
| 0.002 | 8~10 | 3 | 1/3 |
| 0.003~0.004 | 6~8 | 3 | 1/2 或 1/3 |
| 0.005 | 4~6 | 3 | 1/2 |
| 0.002 | 10~12 | 3 或 4 | 1/3 |
| 0.003~0.004 | 8~10 | 3 | 1/2 或 1/3 |
| 0.005 | 6~8 | 3 | 1/2 |

## 第五节　覆膜灌溉技术简介

### 一、覆膜灌溉的发展

日本首先于 1948 年开始对地膜覆盖栽培技术进行研究，1955 年开始在全国推广这一技术。到 20 世纪 60 年代，其他一些发达国家也开始推广该项技术。我国于 1978 年自日本引进地膜覆盖栽培技术。这是一项成功的农业增产技术，是我国"六五"期间在农业科技战线上应用作物种类多、适用范围广、增产幅度大的一项重大科技成果，并取得了巨大的经济效益和社会效益。据统计，2015 年我国地膜覆盖种植面积为 1832 万 $hm^2$，农用塑料薄膜使用量 260 万 t，其中地膜用量为 145 万 t，居世界首位。

起初，地膜覆盖栽培技术主要用于蔬菜和旱地种植。随着该项技术的推广，覆膜作物的灌溉以揭膜灌的方式进行。在 20 世纪 80 年代初期，我国新疆维吾尔自治区首创了膜上灌溉技术，它是在地膜覆盖栽培的基础上，将地膜铺在畦（沟）内，灌溉时水从膜上流动，并通过渗水孔等入渗的一种灌水方式。与此同时，全国其他一些省市也进行了覆膜灌溉试验研究，河北、河南等地还研究出了麦棉套种情况下的覆膜灌溉方式。

### 二、覆膜灌溉的优缺点

**1. 优点**

可以讲，凡是适于覆膜栽培的作物，都可以进行覆膜灌溉。目前，采用覆膜灌溉方式较多的作物有棉花、小麦以及多种蔬菜。

由于地膜覆盖具有保温保墒的效果，所以节水增产效果显著。另外，由于覆膜灌溉的投入较少，直接经济效益显著，有利于推广。

随着超薄膜的出现，地膜价格一再降低，目前已经降到 0.06 元/$m^2$ 左右。按种棉花计算，与露地灌溉相比，膜孔灌可增产 10%～15%，增收 750～1800 元/$hm^2$，并节水 30%以上，而地膜投入只有 600 元/$hm^2$。因此经济效益相当显著。

**2. 缺点**

覆膜灌溉主要存在两个方面的缺点：①容易造成残膜污染；②覆膜以后不便施肥。随着残膜回收机具的研制与改进，可降解薄膜成本的进一步降低，残膜污染将不至于成为阻碍覆膜灌溉推广的主要因素。近年来研究的缓释肥料可以实现一次大量施肥，之后缓慢释放，因此其研制与推广将为覆膜灌溉施肥不便的问题提供解决途径。

### 三、覆膜灌溉的形式

覆膜灌溉属于地面灌溉的一种方式。膜上灌已衍生出了开沟扶埂膜上灌、培埂膜上灌、膜缝灌、膜孔灌、膜上膜侧灌等许多形式。目前，覆膜灌溉的主要形式有膜孔灌和膜上膜侧灌两种。

**1. 膜孔灌**

膜孔灌是将地膜平铺在畦中，畦田全部被地膜所覆盖，从而实现了利用水在膜上流动，并通过作物的出苗孔、专用灌水孔入渗来进行灌溉的方法。

膜孔灌适于土壤入渗能力较高的农田。当土壤的入渗能力较低时，由于膜孔灌的渗水面积小，所以渗水太慢，往往不能满足灌水定额的要求。这就要增加专用的灌水孔以加大开孔率，或改用别的覆膜灌溉形式。

**2. 膜上膜侧灌**

膜上膜侧灌是将地膜平铺在畦中，但是由于地膜宽度小于畦宽，所以畦田不完全被地膜所覆盖，膜两侧露地作为专用的渗水带，从而实现了水通过膜上的膜孔、膜侧的专用渗水带入渗来进行灌溉的方法。

膜上膜侧灌克服了膜孔灌渗水太慢的缺点，比较适合于土壤入渗能力中等及偏下的农田。

### 四、覆膜灌溉的技术要素

和普通的地面灌溉类似，覆膜灌溉的灌水技术要素主要有畦田规格、灌水持续时间、入畦单宽流量、改水成数等。

在覆膜条件下，畦田表面全部或部分被一个开有多个孔的塑料薄膜覆盖，从而构成了一个复杂的入渗上界面。为了应用方便，在覆膜灌溉的试验、设计过程中，将覆膜条件下的入渗界面概化为一个均匀的渗水界面，累计入渗量以折算成单位畦田面积上的入渗水量来表示。试验与理论分析表明，与相同条件下的露地灌溉相比，覆膜灌溉入渗模型中的入渗指数 $\alpha$ 较大，而入渗系数 $K$ 较小。

目前，对覆膜灌溉的试验资料还较少。在对入渗上界面进行上述概化处理以后，覆膜灌溉的设计方法和普通地面灌溉（或称为露地灌溉）相同，只是入渗参数、糙率系数有所不同。

表 6-10 为西安理工大学等单位在新疆的乌兰乌苏农业气象试验站棉田进行的覆膜灌溉试验结果。试验田的土壤质地为壤土，畦宽为 1.4m，畦长为 115m，每畦 4 行棉花，株距为 12cm，纵坡为 0.004，膜上膜侧灌的膜侧渗水带占畦田面积的 22.2%。

表 6-10 覆膜灌溉的灌水技术方案

| 灌水季节 | 灌水定额/(m³/hm²) | 单宽流量/[L/(m·s)] | 灌水历时/min | 灌水均匀度 | 灌水效率 |
|---|---|---|---|---|---|
| | | 膜孔灌 | | | |
| 第1水 | 600 | 3.4 | 33.8 | 0.96 | 0.98 |
| 第2水 | 600 | 2.4 | 47.9 | 0.95 | 0.97 |
| 第3水 | 525 | 1.7 | 59.2 | 0.93 | 0.97 |
| | | 膜上膜侧灌 | | | |
| 第1水 | 600 | 4.0 | 28.7 | 0.96 | 0.98 |
| 第2水 | 600 | 3.7 | 31.1 | 0.92 | 0.96 |
| 第3水 | 525 | 2.2 | 45.7 | 0.95 | 0.98 |

# 小　　结

地面灌溉是指利用沟、畦等地面设施对作物进行灌水，水流沿地面流动，边流动边入渗的灌溉方法。该灌溉方法可分为畦灌、沟灌和淹灌三类。

入渗是指水分从土壤表面进入土壤的过程，是灌溉过程中非常重要的一个环节。影响入渗过程的因素有供水强度和土壤入渗能力，根据它们之间的相对大小关系可以将入渗过程分为充分供水灌溉和非充分供水入渗。入渗过程可以由入渗率过程曲线和累计入渗量过程曲线来定量描述，入渗率和累计入渗量可以相互转换，考斯加可夫模型是最常用的入渗模型之一。

畦灌的灌水技术要素包括畦田规格（长、宽）、入畦流量、灌水持续时间和改水成数；沟灌的灌水技术要素包括灌水沟规格（沟距、沟断面结构）、单沟流量、灌水持续时间和改水成数。以末端封堵的畦灌为例，其灌水过程可分为推进、成池、消退、退水四个阶段，对于顺坡畦灌一般都是非满流改水而没有成池阶段和消退阶段。对于地面灌溉的灌水质量评价，最常用的指标有灌水均匀度和灌水效率。

地面灌溉设计就是根据实际资料，以完成计划灌水定额为前提，以灌水质量较高为目标，确定合理的灌水技术要素，包括沟畦规格、流量、持续灌水时间和改水成数。对于畦灌，畦宽取决于畦田的横向坡度、土壤的入渗能力、农业机械的宽度等因素；畦长取决于畦田的纵向坡度、土壤的入渗能力、水源可提供的灌水流量等因素；灌水持续时间取决于灌水定额、土壤入渗能力等因素；单宽流量根据计划灌水定额、灌水持续时间、畦长按照水量平衡方程计算确定；改水成数与灌水定额、土壤入渗能力、坡度、畦长、单宽流量等条件有关，一般通过田间试验或理论计算来确定。对于沟灌，沟距的确定主要考虑土壤质地和农作物的耕作栽培的要求，断面形状一般采用三角形或梯形；沟长主要取决于土壤的入渗能力和灌水沟的纵向坡度等因素；灌水持续时间、单沟流量的确定和畦灌类似，不过需要考虑沟距问题；改水成数与灌水定额。土壤入渗能力，以及灌水沟的纵坡，沟长和单沟流量等条件有关，一般也需通过田间试验或理论计算来确定。

波涌灌溉是把灌溉水按一定周期间歇地向畦田（沟）供水，逐段湿润土壤，直到水流推进到畦田（沟）末端为止的一种节水型地面灌水新技术。由于经过一个波涌灌溉循环周期后，土壤的入渗能力降低、糙率系数减小，地表水流推进速度加快，使田块上游端的入渗历时减少，而下游端的入渗历时增加，从而提高了灌水均匀度。

覆膜灌溉是在地膜覆盖栽培技术基础上发展起来的一种节水灌水方法，包括膜孔灌等多种形式，具有保温保墒的效果，节水增产效果显著，缺点是容易造成残膜污染，覆膜以后不便施肥。覆膜灌溉的灌水技术要素主要有畦田规格、灌水持续时间、入畦单宽流量、改水成数等。

# 复 习 思 考 题

1. 地面灌溉的概念是什么？一般可以分为几类？

2. 入渗的概念是什么？入渗率和累计入渗量的定义是什么？

3. 畦灌的灌水技术要素有哪些？沟灌的灌水技术要素有哪些？

4. 地面灌溉的灌水过程一般包括哪几个阶段？

5. 最常用的灌水质量评价指标有哪些？是如何定义的？

6. 根据土壤入渗试验资料，拟合考斯加可夫模型为 $I = 8.42t^{0.53}$（其中：$I$ 为累计入渗量，mm；$t$ 为入渗历时，min），试计算入渗 40min 时的累计入渗量。欲使灌水定额达到 90mm（折合 60m³/亩），需要灌水的持续时间是多少？

7. 对某畦田在长度上均匀设置 10 个观测点，观测灌水前后的土壤水分，并计算出了各点的灌水入渗量，见下表。试计算该畦田的灌水均匀度。

**某畦各点入渗水量表**

| 观测点编号 $j$ | 1 | 2 | 3 | 4 | 5 | 6 | 7 | 8 | 9 | 10 |
|---|---|---|---|---|---|---|---|---|---|---|
| 入渗水量 $I$/mm | 68.5 | 67.4 | 63.1 | 58.4 | 58.3 | 61.2 | 57.6 | 51.2 | 50.3 | 64.3 |

8. 选择题

（1）灌水沟的断面形状一般采用三角形、梯形。灌水沟的深度一般在（　　　）。

A. 20cm 左右　　　B. 25cm 左右　　　C. 30cm 左右　　　D. 40cm 左右

（2）沟灌一般要比畦灌节省水量（　　）。

A. 15％左右　　　B. 20％左右　　　C. 25％左右　　　D. 30％左右

（3）适用于穴播的作物是（　　）。

A. 玉米　　　　　B. 小麦　　　　　C. 谷子　　　　　D. 油菜

（4）改水成数是指封口（切断入流）时田面水流推进长度占总长度的百分数，有七成改水、八成改水、九成改水和满流改水，一般情况下在土壤入渗能力较强的砂土地区采用（　　）。

A. 七成改水　　　B. 八成改水　　　C. 九成改水　　　D. 满流改水

（5）（　　）方法仍是当今世界大多数国家采用的方法。

A. 渠道防渗　　　B. 管道输水　　　C. 喷、微灌技术　　D. 地面灌水

# 参 考 文 献

［1］ 徐文静，王翔翔，施六林，等．中国节水灌溉技术现状与发展趋势研究．中国农学通报，2016，32（11）：184－187.

［2］ 蔡鸿毅，程诗月，刘合光．农业节水灌溉国别经验对比分析．世界农业，2017，（12）：4－10.

［3］ 贺城，廖娜．我国节水灌溉技术体系概述．农业工程，2014，（2）：39－44.

［4］ 范永申，王全九，周庆峰，等．中国喷灌技术发展面临的主要问题及对策．排灌机械工程学报，2015，（5）：450－455.

［5］ 李龙昌，王彦军，李永顺，等．管道输水工程技术．北京：中国水利水电出版社，1998.

［6］ 于纪玉．节水灌溉技术．郑州：黄河水利出版社，2006.

［7］ 王庆河．农田水利．北京：中国水利水电出版社，2006.

［8］ 水利部农村水利司，中国灌溉排水发展中心．节水灌溉工程实用手册．北京：中国水利水电出版社，2005.

［9］ 罗全胜，汪明霞．节水灌溉技术．北京：中国水利水电出版社，2014.

［10］ 刘建明，梁艺．节水灌溉技术．北京：中国水利水电出版社，2015.

［11］ 缴锡云，等．覆膜灌溉理论与技术要素试验研究．北京：中国农业科技出版社，2001.

［12］ 郭旭新，樊惠芳，要永在．灌溉排水工程技术．郑州：黄河水利出版社，2016.

［13］ 罗金耀．节水灌溉理论与技术（2版）．武汉：武汉大学出版社，2003.